白話演算法！

培養程式設計的邏輯思考

白話演算法！

培養程式設計的邏輯思考

白話演算法！

培養程式設計的邏輯思考

Grokking Algorithms: An illustrated guide for programmers and other curious people

全新編譯版

Aditya Y. Bhargava 著
郭柏堅 譯
施威銘研究室 監修

MANNING

感謝您購買旗標書，記得到旗標網站

www.flag.com.tw

更多的加值內容等著您…

<請下載 QR Code App 來掃描>

- FB 官方粉絲專頁：旗標知識講堂
- 旗標「線上購買」專區：您不用出門就可選購旗標書！
- 如您對本書內容有不明瞭或建議改進之處，請連上旗標網站，點選首頁的 聯絡我們 專區。

  若需線上即時詢問問題，可點選旗標官方粉絲專頁留言詢問，小編客服隨時待命，盡速回覆。

  若是寄信聯絡旗標客服 email，我們收到您的訊息後，將由專業客服人員為您解答。

  我們所提供的售後服務範圍僅限於書籍本身或內容表達不清楚的地方，至於軟硬體的問題，請直接連絡廠商。

學生團體　訂購專線：(02)2396-3257 轉 362
　　　　　傳真專線：(02)2321-2545

經銷商　服務專線：(02)2396-3257 轉 331
　　　　將派專人拜訪
　　　　傳真專線：(02)2321-2545

國家圖書館出版品預行編目資料

白話演算法！培養程式設計的邏輯思考 /
Aditya Y. Bhargava 著；郭柏堅 譯. -- 初版. -- 臺北市：
旗標科技股份有限公司, 2021.04　面；　公分

譯自：Grokking Algorithms：An illustrated guide for programmers and other curious people

ISBN 978-986-312-654-6(平裝)

1.演算法

318.1　　109021870

作　　者／Aditya Y. Bhargava

翻譯著作人／旗標科技股份有限公司

發 行 所／旗標科技股份有限公司

　　　　　台北市杭州南路一段15-1號19樓

電　　話／(02)2396-3257(代表號)

傳　　真／(02)2321-2545

劃撥帳號／1332727-9

帳　　戶／旗標科技股份有限公司

監　　督／陳彥發

執行企劃／陳彥發

執行編輯／林佳怡

美術編輯／林美麗

封面設計／林美麗

校　　對／林佳怡

新台幣售價：520 元

西元 2022 年 9 月 初版 5 刷

行政院新聞局核准登記-局版台業字第 4512 號

ISBN　978-986-312-654-6

當初開始寫程式我只是當成興趣。我從『Visual Basic 6 for Dummies』(Visual Basic 6 入門）這本書先學會一些基本概念，再參考其它書籍學習更多寫程式的技巧，但是我一直無法跨越演算法這堵高牆。還記得我買了第一本演算法的書後，一邊看目錄一邊告訴自己，「我終於要來破解這門學問了！」。但是內容實在太過艱深，幾個禮拜後我就放棄了。直到後來我遇到一位優秀的演算法教授後，我才發現原來演算法一點都不無聊，還相當有趣！

幾年前我在部落格寫了一篇插圖文章。我是視覺型學習者 (Visual Learner)，而且很喜歡插畫風格的插圖。繼第一篇文章後，我陸續以函數式程式設計、Git、機器學習以及平行處理為主題撰寫了多篇插圖文章。先聲明一下，初出茅廬的我，寫作能力並不優秀。要解釋技術概念本身就相當不容易了，還要絞盡腦汁才能想到好的範例，更別提要解釋複雜的概念有多費時了，所以最省事的做法就是跳過這些複雜的概念。正當我覺得自己寫得還不錯時，一位同事看了我一篇頗受歡迎的文章後對我說，「我看了你的文章，但是我無法理解內容。」，可見我的寫作能力還有很大的進步空間。

在撰寫這些文章時，Manning 出版社找上我，並問我是否想寫一本插畫技術書。Manning 出版社的編輯對講解技術概念很有一套，並教會我如何表達。寫這本書時心中有個願望，希望能將複雜的技術變得淺顯易懂，希望讀者也會覺得這是一本容易閱讀的演算法書籍。

致謝 Acknowledgments

非常感謝 Manning 出版社給我寫這本書的機會，並給我極大的自由發揮空間。感謝出版人 Marjan Bace 和 Mike Stephens 讓我有機會出版此書，也感謝 Bert Bates 教我寫作的技巧，感謝 Jennifer Stout 對我積極的回應及協助。也要感謝 Manning 出版社的出版團隊：Kevin Sullivan、Mary Piergies、Tiffany Taylor、Leslie Haimes 以及所有幕後人員。此外，也感謝試讀草稿並提供建議的所有人：Karen Bensdon、Rob Green、Michael Hamrah、Ozren Harlovic、Colin Hastie、Christopher Haupt、Chuck Henderson、Pawel Kozlowski、Amit Lamda、Jean-François Morin、Robert Morrison、Sankar Ramanathan、Sander Rossel、Doug Sparling 和 Damien White。

感謝一路上幫助我的所有人：感謝 Flashkit 遊戲版的玩家們教我寫程式，感謝幫我審稿，建議我嘗試不同解釋方法，以及給予我各種幫助的朋友，Ben Vinegar、Karl Puzon、Alex Manning、Esther Chan、Anish Bhatt、Michael Glass、Nikrad Mahdi、Charles Lee、Jared Friedman、Hema Manickavasagm、Hari Raja、Murali Gudipati、Srinivas Varadan。此外，感謝 Gerry Brady 教我演算法，以及特別感謝演算法學者 CLRS、Donald E. Knuth 和 Gilbert Strang，因為有他們，我才能站在巨人的肩膀上。感謝我的父母、Priyanka 和其他家人，謝謝你們一直以來的支持。特別是我的妻子 Maggie，未來還有許多驚奇等著我們，相信未來不會每週五晚上都只能窩在家裡熬夜改稿。

最後，要感謝購買本書的讀者，以及在線上論壇提供我許多寶貴意見的讀者們，因為有你們讓此書內容更正確、更豐富。

關於本書

About this book

本書以容易理解為宗旨，並盡量避免跳躍式的思考邏輯。在介紹新概念時，我會立刻解釋或是提醒讀者哪一頁有相關說明。本書的核心概念都會透過習題及多種解釋方法加深印象，讓讀者能檢視自己的理解是否有誤，並確認是否已掌握該概念。

我不使用太多符號或數學來說明，而是用範例來引導讀者輕鬆將概念視覺化，並避免無謂又複雜的敘述。我相信回想起生活中熟悉的事物可以加強學習效果，而透過範例能夠幫助我們回想。例如，你要回想陣列與鏈結串列的差異時 (參考第 2 章)，只要聯想到在電影院找位置的情境，就會想起其差異了！還有，我是視覺型學習者，所以在這本書中繪製滿滿的插圖，以幫助你理解複雜的概念。

本書的內容經過精心挑選，我覺得沒有必要寫一本介紹所有演算法的書，因為維基百科和可汗學院 (Khan Academy) 已經有很多參考資料了。本書介紹的演算法都非常實用，而且是身為軟體工程師的我在工作上會用到的演算法，看完本書可以幫你打好演算法的基礎，有助於日後學習更進階的演算法。祝你閱讀愉快！

導讀 Guide

演算法 (Algorithm) 是為了完成任務而下達的一組指令。每個程式碼都可稱為一種演算法，但是本書將介紹更多有趣的東西。書中的演算法都是我精挑細選出來的，有些是執行速度快，有些是能解決有趣的問題，或是兩者皆有。以下是本書的幾個特色：

了解各個演算法的優缺點

本書中的演算法實作，已經用 Python 語言編寫完成，所以你不需要親自撰寫每個演算法。但是若不懂得每個演算法的優缺點，那麼這些實作就沒意義了。

本書將教你比較不同演算法之間的差異：該用合併排序法還是快速排序法呢？該用陣列還是串列呢？光是選擇不一樣的資料結構就會產生很大的差異。

學習解決問題的方法

你將學會解決一些原本可能無法解決的問題。例如：

- 喜歡設計電玩，你可以用圖形演算法設計一套跟隨玩家的 AI 系統。
- 學習用 **K 最近鄰** (K-Nearest Neighbor) 演算法打造一套推薦系統。
- 有些問題無法立即解決。本書將在 **NP 完備問題** (NP-Complete Problem) 的章節 (參考第八章)，為你示範如何辨識這些問題，並提出一個能給予近似答案的演算法。

看完本書，你將了解一些廣泛應用的演算法，並運用這些知識繼續鑽研為 AI 或資料庫所設計的特定演算法，甚至可以在工作上處理具有挑戰性的任務。

必備技能

在開始閱讀本書前，必須具備基本的代數概念。舉例來說，若 $f(x) = x \times 2$。請問 f(5) 等於多少？如果你回答 10，那麼表示你已經準備好了。

再來，熟悉任何一個程式語言對理解本書會很有幫助。本書的所有範例都是用 Python 撰寫。如果你還不會寫程式並且想要學習寫程式，建議可以從 Python 開始，它非常適合新手。若你熟悉其他的程式語言，例如 Ruby，也沒問題。

本書的章節架構

本書前三章在奠定基礎：

- **第一章**：你將學會第一個實用的演算法 -- **二元搜尋法**，並學習如何使用 Big O notation (大 O 符號) 分析演算法的執行速度。

- **第二章**：介紹兩個最基本的資料結構，陣列和鏈結串列。這些資料結構會時常出現在本書中，而它們也是進階資料結構的基礎，例如雜湊表 (參考第五章)。

- **第三章**：介紹**遞迴** (recursion)。我的經驗告訴我，Big O notation 和遞迴對初學者而言都是較難掌握的概念。所以我會特別著墨並多花些時間在這些章節上。

其他章節會介紹演算法的各種應用：

- **解決問題的技巧**：會在第四、八和九章介紹。如果遇到不知道該如何有效解決問題時，可以嘗試各個擊破法 (第四章) 或是動態規劃演算法 (第九章)。如果找不到有效的解決辦法，可試試用貪婪演算法 (第八章) 取得近似答案。

- **雜湊表**：會在第五章介紹。雜湊表是非常實用的資料結構。雜湊表是由一或多組的「鍵」和對應的「值」所組成的，例如一個人的名字與其對應的電子郵件或是一組帳號和密碼。雜湊表非常實用，每當我遇到問題時，就是先問自己「可以用雜湊表嗎？」或是「可以轉換成圖形嗎？」。

- **圖形演算法**：會在第六和第七章介紹。圖形可用來模擬關係，例如社群關係、道路網路、腦神經網路等。廣度優先搜尋 (第六章) 和 Dijkstra 演算法 (第七章) 可用來找出兩點之間的最短距離。

- **K- 最近鄰演算法 (KNN)**：會在第十章介紹。這是一個簡易的機器學習演算法。你可以用 KNN 來做預測 (例如，我們猜測 Adit 會給這部電影 4 顆星評價) 或是進行分類 (這個字母應該是 Q)。你可以用 KNN 來打造推薦系統或是股票預測系統。

- **推薦十種進階演算法**：第十一章會介紹一些值得繼續鑽研的演算法。

如何閱讀本書

How to use this book

本書的章節順序和內容都是經過精心設計的。若你對某個主題特別有興趣，可以直接跳過前面的章節，否則我們建議照著順序閱讀，因為內容是環環相扣的。

我強烈建議讀者務必執行書中的程式碼。這樣會加深你的印象。

下載本書的範例程式碼

https://www.flag.com.tw/bk/st/F1709

或是透過作者的 GitHub 網站下載：

https://github.com/egonschiele/grokking_algorithms

※ **編註**：本書除了提供各章的 Python 程式碼外，也提供 C、C++、Javascript、Haskell、PHP、…等不同程式語言的程式碼，你可以下載自己熟悉的程式語言來執行。

強烈建議讀者最好完成書中的練習題，這些練習都很短，大約只要 1 ～ 2 分鐘的時間就能完成，有些可能需要 5 ～ 10 分鐘，多做練習可以幫助你檢視自己是不是真正理解書中的內容，如果對了答案發現有錯，可以及時修正自己的觀念。

誰適合看這本書

本書是寫給對程式撰寫有基本概念的人或是任何想瞭解演算法的人看的。你可能正在想辦法解決某個程式問題，並嘗試找出適合的演算法，又或者你可能想要知道演算法能拿來做什麼。例如：

- 業餘程式愛好者。
- 正在學習程式的學生。
- 想重溫演算法的程式設計師、工程師。
- 非資工系(如:物理學、數學或其他科系)，但對寫程式有興趣的人。

關於作者

Aditya Y. Bhargava 任職於 Etsy 電商公司(以手工藝品為主)的軟體工程師。他取得芝加哥大學 Computer Science (CS) 碩士學位。也是人氣插畫技術文章部落格 adit.io 的版主。

※ **編註**：本書作者會不定期補充相關內容並更正書中的錯誤，本書的中文版在出版前已更正相關的錯誤，若想獲取最新的資訊，可以連到作者的網站：

https://adit.io/errata.html

目錄 Contents

3 chapter 遞迴 (Recursion)

4 chapter Divide-and-Conquer 與快速排序法 (Quicksort)

5 chapter 雜湊表 (Hash table)

6 chapter 廣度優先搜尋 (Breadth-First Search)

7 chapter 戴克斯特拉 (Dijkstra) 演算法

8 chapter 貪婪演算法 (Greedy Algorithm)

9 chapter 動態規劃演算法 (Dynamic Programming Algorithm)

10 chapter K-最近鄰演算法 (K-Nearest Neighbors Algorithm)

11 chapter 進階之路：推薦十種演算法

A appendix 習題與解答

二元搜尋法 (Binary Search) 與演算法執行時間

1

chapter

本章重點：

- 教你撰寫第一個搜尋演算法 — 二元搜尋法 (Binary Search)。
- 如何用 Big O notation (大 O 符號) 分析演算法的執行時間？

1-1 二元搜尋法 (Binary Search)

假設要從電話簿裡（現在還有人在用電話簿嗎？）搜尋某個人，這個人的名字是 K 開頭。你可以從第一頁開始不斷地翻頁，直到 K 開頭的頁面。但是你應該會直覺地從電話簿的中間位置開始翻吧！因為你知道 K 這個字母應該會排在電話簿比較中間的位置。

或者，想在字典裡找一個 O 開頭的單字，你應該也會直接從中間的位置開始查找吧！

當你在登入 Facebook 時，Facebook 必須驗證你是否已經註冊過帳號。因此，它會在資料庫中搜尋使用者名稱。假設你的使用者名稱是 Karlmageddon，Facebook 可以從 A 開始搜尋，但更合乎常理的做法是從中間的某個位置開始搜尋。

以上所舉的例子就是搜尋問題，這些都可以用**二元搜尋** (Binary Search) 演算法來處理。

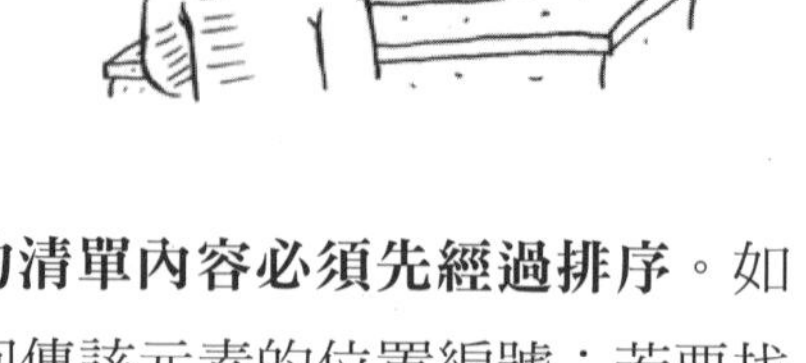

二元搜尋是一種演算法，**但是被搜尋的清單內容必須先經過排序**。如果你要找的元素在清單內，二元搜尋就會回傳該元素的位置編號；若要找的元素不在清單內則會回傳 **null**。例如：

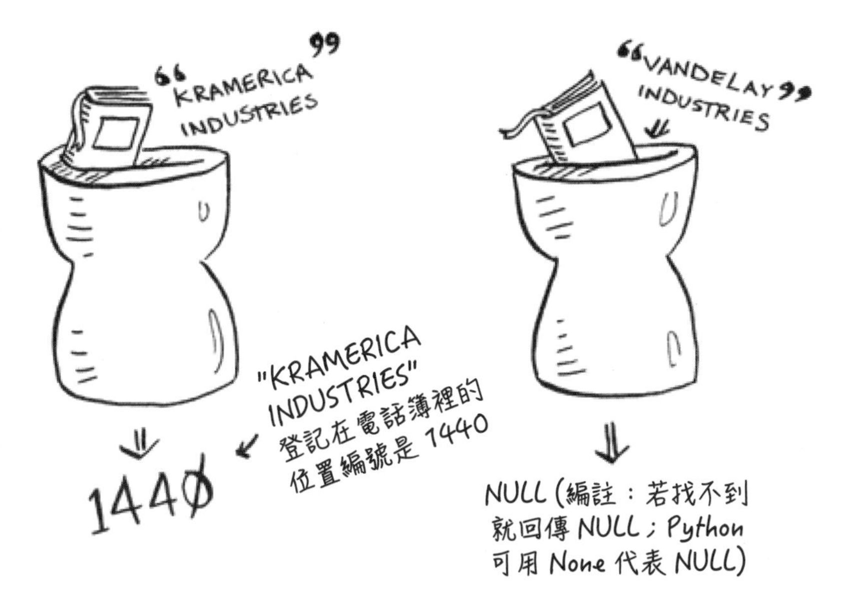

▲ 用二元搜尋法搜尋電話簿內的公司名稱

範例：猜數字

以下的範例將說明二元搜尋法如何運作。

例如，在我腦海裡有個介於 1 到 100 的整數，請試著用最少的次數猜出我腦海中的數字。每猜一次，我就會回覆你猜的數字是否太高、太低或正確。如果按照 1、2、3、4…… 的順序逐一猜下去，那麼過程如下：

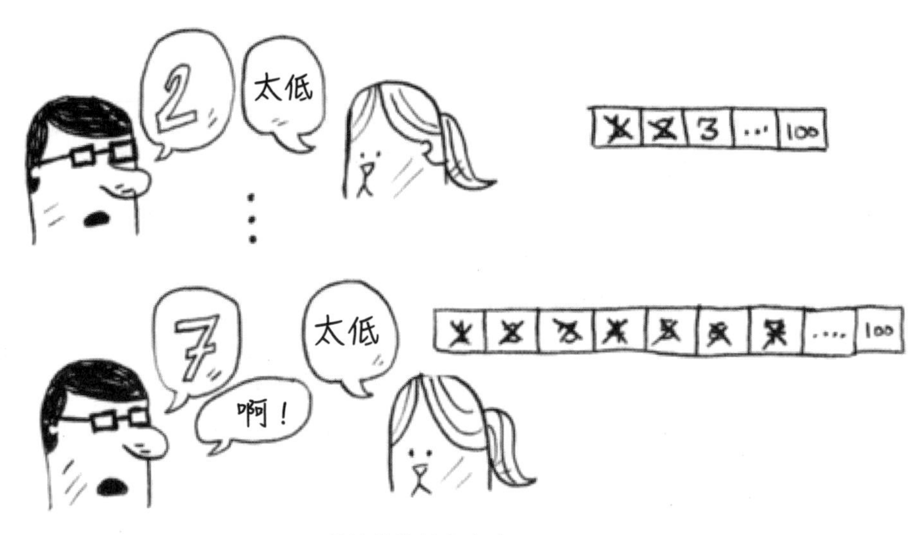

▲ 很笨的猜數字方法

這就是**簡易搜尋法**（還是應該稱為「傻瓜搜尋法」比較貼切呢？）。每次猜完，只排除掉一個數字。如果我腦海中的數字是 99，那麼你得猜 99 次才會猜到！

更快的搜尋方式

接著，介紹一個更快的搜尋方式，請從 50 開始猜。

雖然 50 太低了，但是這麼一來你也排除掉一半的數字了！既然知道 1 到 50 都太低了。那麼接著從 75 開始猜。

猜 75 太高了！但是你又再次排除掉 75 ～ 100 這一半的數字了！**用二元搜尋法，你可以從中間的數字開始猜，每次都會排除掉一半的數字**。接下來猜 63 (介於 51 到 74 的中間數)。

以上就是二元搜尋法。恭喜你，學會了第一個演算法！

我們再以下圖做個總結：如果 1 到 100 的數字中，我腦海裡想的數字是 1，用二元搜尋法每次會排除掉多少數字？

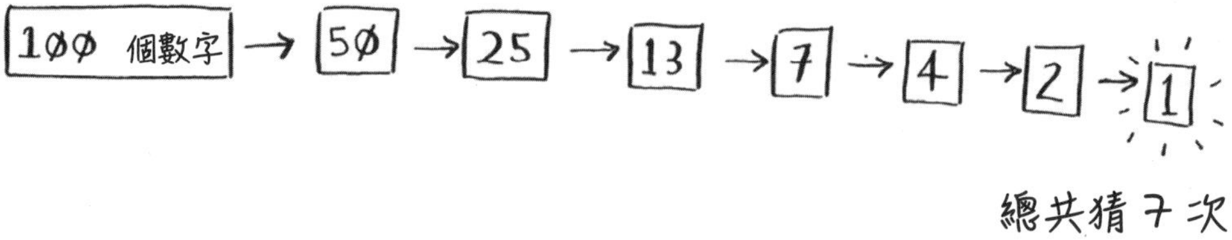

100 個數字 → 50 → 25 → 13 → 7 → 4 → 2 → 1

總共猜 7 次

▲ 用二元搜尋法，每次都會排除掉一半的數字

不論我腦海裡想的數字是多少，你最多只要猜 7 次就一定能猜中，因為每猜一次就能排除一半的數字。

範例：查單字

如果想在字典中查一個單字，而字典裡總共有 24 萬個字。**在最差的情況**，簡易搜尋法及二元搜尋法分別需要多少步驟，才能找到你要的單字呢？

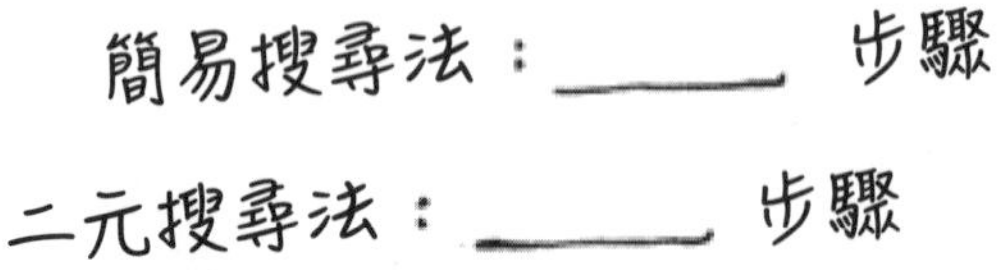

簡易搜尋法：＿＿＿＿ 步驟

二元搜尋法：＿＿＿＿ 步驟

如果你要找的單字剛好是最後一個字（最差的情況），那麼簡易搜尋法需要 24 萬個步驟。而使用二元搜尋法，由於每個步驟都會排除掉一半的單字，最後只剩下一個單字，你最多只要 18 個步驟就能找到所要的單字了！

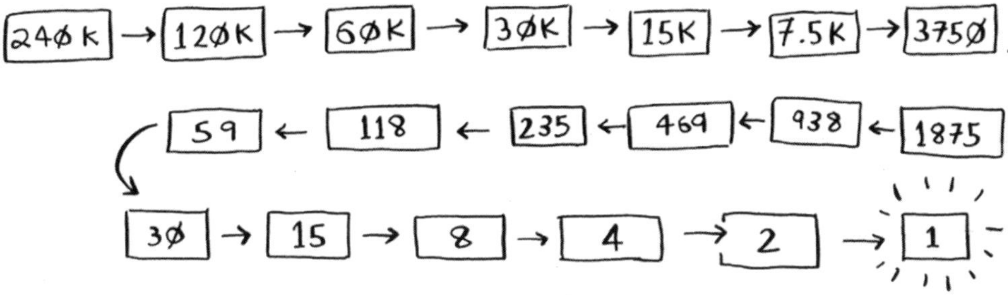

240K → 120K → 60K → 30K → 15K → 7.5K → 3750 → 1875 → 938 → 469 → 235 → 118 → 59 → 30 → 15 → 8 → 4 → 2 → 1

最多 18 個步驟

用二元搜尋法只需要 18 個步驟，跟簡易搜尋法比起來差很多吧！總結來說，用二元搜尋法來搜尋含有 n 個元素的清單時，最差的情況下會需要 $\log_2 n$ 個步驟，而簡易搜尋法則需要 n 個步驟。

對數

你可能忘記對數是什麼了，但你可能還記得指數是什麼。$\log_{10} 100$ 就是指「多少個 10 相乘會得到 100 ？」，答案是 2，因為 $10 \times 10 = 10^2$，所以 $\log_{10} 100 = 2$。請記住，對數和指數是相反的運作，在數學上稱為反函數。

$10^2 = 100 \leftrightarrow \log_{10} 100 = 2$

$10^3 = 1000 \leftrightarrow \log_{10} 1000 = 3$

$2^3 = 8 \leftrightarrow \log_2 8 = 3$

$2^4 = 16 \leftrightarrow \log_2 16 = 4$

$2^5 = 32 \leftrightarrow \log_2 32 = 5$

▲ 對數和指數是反函數

▼接下頁

當本書用 Big O notation（大 O 符號）討論演算法的執行時間時（別急！馬上就會解釋），log 都是以 2 為底 (log_2)。

當你用簡易搜尋法搜尋某個元素時，最差的情況就是要逐一搜尋每個元素。如果有 8 個數字，在最差的情況下就要搜尋 8 次。

如果用二元搜尋法，最差的情況下就是猜 log n 次。若要搜尋含有 8 個數字的清單時，則 log 8 = 3，因為 $2^3 = 8$。所以搜尋含有 8 個數字的清單，最多只要比對 4 次※。若要搜尋的清單中含有 1,024 個元素，則 log 1,024 = 10，因為 $2^{10} = 1{,}024$。所以搜尋含有 1,024 個元素的清單，只要比對 11 次。

※ **編註：**為什麼 log 8 = 3，不是比對 3 次，而是比對 4 次呢？因為 log n 指的是「搜尋次數」，但是最後一次搜尋還需要比對是不是我們要找的值，如果不是要找的值，要回傳 NULL (在 Python 中可用 None)，所以還要加上一次「確認」的次數。

Note 本書會經常提到 log，所以請務必確認自己已經充分瞭解 log 的概念。若還不瞭解 log，可在 Youtube 以「對數」或「log」為關鍵字，搜尋相關的教學影片。

Note **二元搜尋法只能用在經過排序的清單**。例如電話簿裡的姓名順序或字典中的單字，都是依照字母排序好的，所以才可以用二元搜尋法搜尋，若資料未事先排序，則二元搜尋法就無法使用了！

用 Python 實作「二元搜尋法」

接著，我們要用 Python 來實作二元搜尋法。在此會用到**陣列** (Array) 的概念，若你還不瞭解陣列，別擔心！下一章會做說明。你只要知道陣列就像一排連續的水桶，這些水桶可以存放元素，每個水桶都用號碼標示，由 #0 開始編號。第一個水桶是 #0、第二個水桶是 #1，第三個水桶是 #2、……，依此類推。

※ **編註：**不同程式語言用來記錄連續排列資料的方法不同，像 C 或 C++ 等程式語言，會使用**陣列** (Array) 來記錄連續排列的資料；而 Python 則是用**串列** (list) 來儲存連續排列的資料。

請開啟本章的程式範例執行看看，我們稍後會做說明：

▶ **File：Python\Ch01\01_binary_search.py**
(下載網址：https://www.flag.com.tw/bk/st/F1709)

```
def binary_search(list, item):
  low = 0  <------------------------- low 和 high 持續追蹤要搜尋的 list 元素
  high = len(list)-1  <--------------

  While low <= high:  <-------------- 還沒有縮小範圍到只剩一個元素時，
    mid = (low + high) //2  <-------- 就檢查中間的元素
    guess = list[mid]
    if guess == item:  <------------- 找到想找的元素
       return mid  <----------------- return 元素的索引值
    if guess > item:  <-------------- 猜太高了
       high = mid - 1
    else:  <------------------------- 猜太低了
       low = mid + 1
  return None  <--------------------- 想找的元素不存在

# 以下為主程式
my_list = [1 , 3 , 5 , 7 , 9]  <-- 我們用這個 list 測試一下！

print(binary_search(my_list, 3))   # => 1  <-┐
                     別忘了！list 是從 0 開始，第二個位置的索引是 1

print(binary_search(my_list, -1)) # => None  <-┐
                     Python 的 None 代表空值，表示沒找到想找的元素!!!
```

執行結果

```
1
None
```

※ **編註：**本書的 Python 程式，皆可在 Jupyter 中執行，建議初學者使用 Jupyter 來操作會更加順手。有關 Jupyter 的安裝及使用，可連到本書的 Bonus 頁面 (https://www.flag.com.tw/bk/st/F1709) 下載 PDF 檔案。

程式說明

binary_search() 這個函式的第 1 個參數必須是經過排序的 list，而第 2 個參數則是欲搜尋的資料 (稱為目標元素)。如果目標元素在 list 中，會傳回目標元素的位置 (即索引值)；若目標元素不在 list 中，則傳回 None。list 的最初狀態如下：

```
low = 0
high = len(list) - 1
```

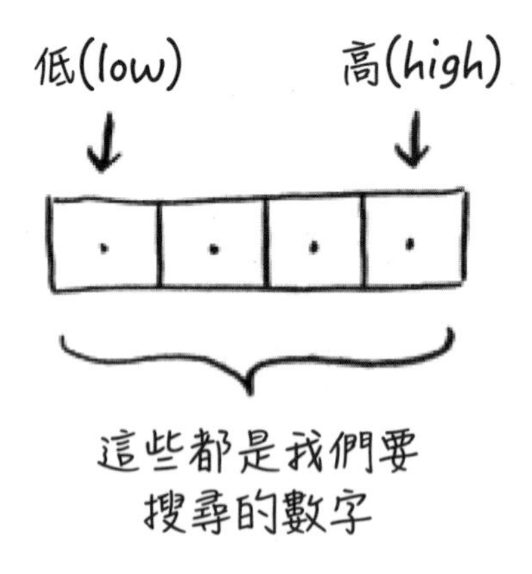

每次搜尋都會找中間的元素：

```
mid = (low + high) // 2 ← 如果 (low + high) 不是偶數，那麼
guess = list[mid]          Python 會捨去小數，只取整數
if guess == item: ← 猜對了
    return mid      ← 就傳回該元素的索引值 mid
```

如果猜測的數字太低，則更新 low 值：

```
if guess < item:
    low = mid + 1
```

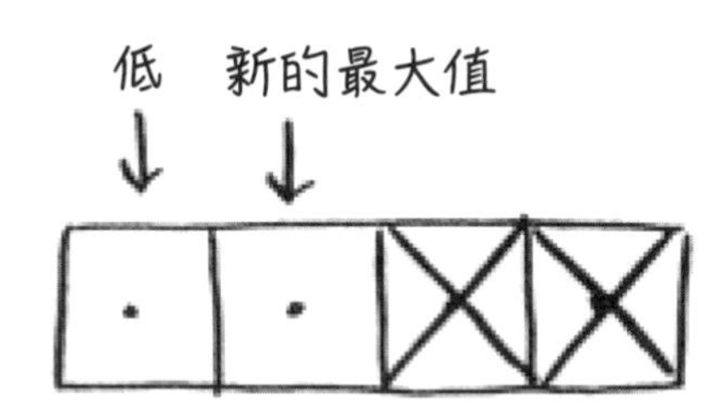

如果猜測的數字太高，則更新 high 的值。

練習

1.1　假設有一份經過排序的清單，清單內有 128 個名字，若用二元搜尋法來尋找名字，請問最差情況下需要多少個步驟？

1.2　如果清單的長度增加一倍，最多會需要幾個步驟？

演算法的執行時間

每當提到演算法時，我都會討論執行時間。一般來說，不論是要對時間或空間做最好的運用，都必須選擇效率最好的演算法。

用二元搜尋法能幫我們省下多少時間呢？

如果用簡易搜尋法，得逐一查找每個數字。當清單中有 100 個數字，則最多要猜 100 次。如果清單中有 40 億個數字，那麼最多要猜 40 億次。因此，最大猜測次數與清單的長度一樣，這就稱為**線性時間** (Linear Time)。

但是二元搜尋法不一樣。如果清單的長度為 100，最多只要猜 7 次。如果清單長度為 40 億，最多只要猜 32 次。厲害吧！二元搜尋法的執行時間為**對數時間** (logarithmic time，簡稱 log time)。

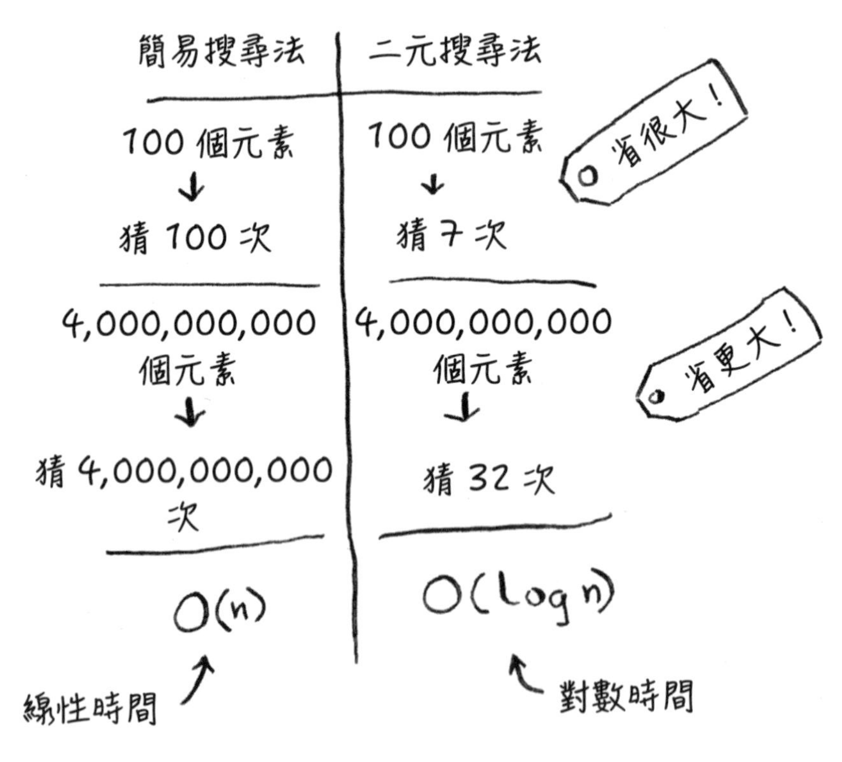

▲ 不同搜尋演算法的執行時間

1-2 Big O notation（大 O 符號）

Big O notation（大 O 符號）是一種評估演算法效益的方法，它通常是用來表示演算法的執行速度。你問誰在乎嗎？這麼說好了，我們經常會使用別人設計的演算法，演算法的好壞差很大，在使用時最好能瞭解演算法執行速度的快慢。本節除了介紹 Big O notation，還會列出常見的執行時間。

請注意！演算法的執行時間不會隨著元素的增加而呈等比增加

鮑伯正在為 NASA（美國航太總署）設計搜尋演算法。他的搜尋演算法將在火箭快要降落到月球時啟動，以便計算火箭降落的位置。

鮑伯需要一個既快速又精準的演算法，他只有 **10 秒**的時間可以計算降落地點，否則火箭就會偏離軌道。所以他必須決定要用簡易搜尋法還是二元搜尋法，雖然二元搜尋法比較快，但是簡易搜尋法比較容易撰寫，而且出錯的機率較少。鮑伯不希望計算火箭降落地的程式碼出錯，為了慎重起見，他決定用搜尋 100 個元素來比較兩種演算法的執行時間。

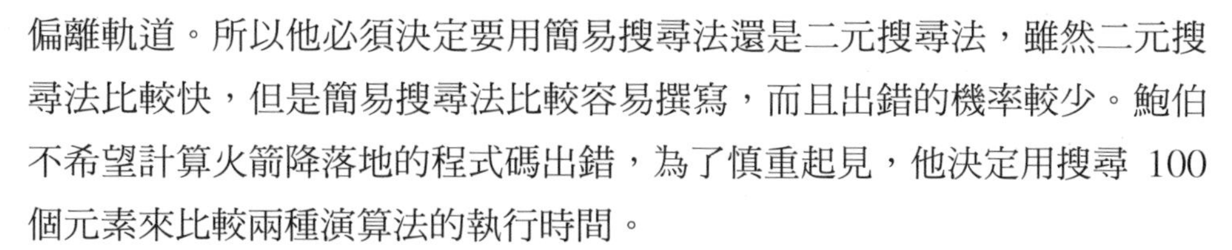

假設檢查一個元素要花費 1 毫秒。採用簡易搜尋法的話，總共要查找 100 個元素，所以搜尋時間為 100 毫秒。如果採用二元搜尋法則只需要查找 7 個元素，等於耗時 7 毫秒 ($\log_2 100$ 大約是 7 左右)。但實際情況

要查找的元素可能多達 10 億個元素。如果有這麼多元素，簡易搜尋法會花費多少時間呢？二元搜尋法又需要多少時間呢？請先試著回答這兩個問題再繼續看下去。

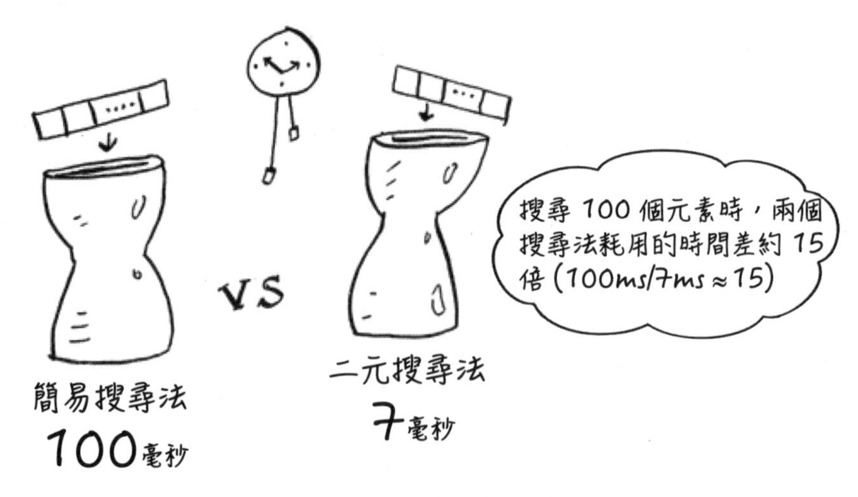

▲ 簡易搜尋法和二元搜尋法搜尋 100 個元素的執行時間

鮑伯用二元搜尋法搜尋了 10 億個元素，大約耗時 30 毫秒 ($\log_2$ 1,000,000,000 大約 30 左右)。

他心想：「用簡易搜尋法搜尋 100 個元素耗時 100 毫秒，用二元搜尋法搜尋 100 個元素耗時 7 毫秒。所以二元搜尋法比簡易搜尋法快了大約 15 倍※，所以用簡易搜尋法來搜尋 10 億個元素的時間應該是 30 毫秒 ×15 (倍) = 450 毫秒 (約 0.45 秒)，沒錯吧？還在 10 秒的門檻範圍內。」，於是鮑伯決定採用簡易搜尋法。但這樣真的沒問題嗎？

※　**編註：**搜尋 100 個元素時，兩者耗用的時間差約為 100ms/7ms ≈ 15 倍。

問題可大了，事實證明鮑伯的決定錯了，而且是致命的錯誤！用簡易搜尋法搜尋 10 億個元素會耗時 10 億毫秒，換算後是 11 天

(1,000,000,000/1,000/60/60/24，換算成「幾秒 / 幾分 / 幾小時 / 幾天」)的時間！問題就出在二元搜尋法和簡易搜尋法的執行時間**並不隨著元素數量增加而呈等比增加**。

	簡易搜尋法	二元搜尋法
100 個元素	100 毫秒	7 毫秒
10,000 個元素	10 秒	14 毫秒
1,000,000,000 個元素	11 天	30 毫秒

▲ 執行時間的增長速率不一樣！

也就是說，隨著要搜尋的元素增加，二元搜尋法的執行時間增加有限，但是簡易搜尋法卻會**大幅**增加很多時間來執行。所以隨著欲搜尋資料筆數的增加，二元搜尋法的執行時間就會比簡易搜尋法要快上許多。鮑伯以為二元搜尋法比簡易搜尋法快了 15 倍，但這是不對的 (編註：只有在搜尋 100 筆資料的情況下才快 15 倍)。若要搜尋 10 億個元素，那麼它們執行的時間會相差約 3,300 萬倍 (1,000,000,000/30)。這就是為什麼只知道演算法在執行 100 筆或 1000 筆資料的時間是不夠的，我們還需要瞭解隨著資料的增加，演算法的執行時間如何增加。這時就要靠 Big O notation 了。

例如，清單有 n 筆資料，簡易搜尋法需要查找每個元素，因此必須操作 n 次。用 Big O notation 來表示其執行時間就是 O(n)。原本的秒數呢？已經被捨去了，因為 Big O notation 不是用秒計算執行速度，而是用**運算次數**來計算執行速度的。它代表的是演算法運算次數的增長速率。

再舉一個例子，二元搜尋法需要 log n 個步驟來檢查 n 筆資料，用 Big O notation 表示就是 O(log n)。通常，Big O notation 的寫法如下：

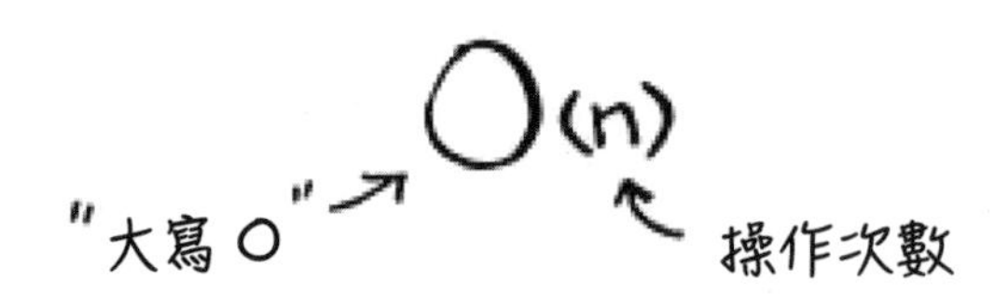

▲ Big O notation 的表示法

Big O notation 代表的是演算法的運算次數。之所以稱為 Big O 就是因為步驟的數字前面寫了一個大寫的 O（聽起來像是在開玩笑，但實際上就是這樣！）

我們再示範一些例子，看看你是否能算出這些演算法的執行時間。

將不同的 Big O 執行時間視覺化

這是一個只需要幾張紙和一隻筆就能在家裡輕鬆完成的例子。假設要畫一個 16 格的表格。

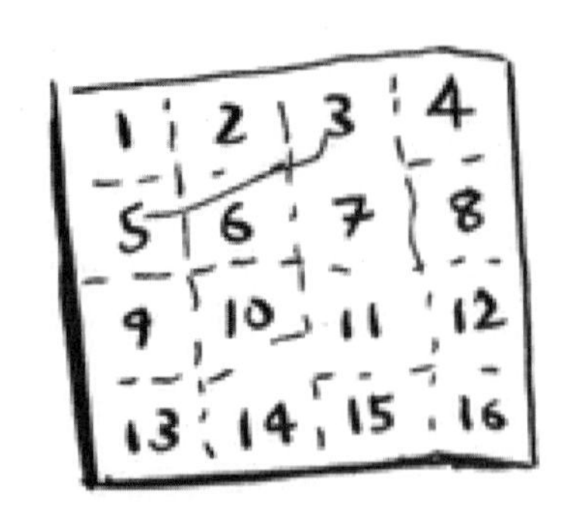

▲ 有什麼演算法適合用來畫格子嗎？

演算法 1

你可以一次畫一個格子，慢慢畫完 16 個格子。別忘了，Big O notation 計算的是操作次數。以此例而言，畫一個格子就是一個步驟。你需要畫滿 16 個格子。如果一次只畫一個格子，請問要畫幾次才能完成？

▲ 逐一畫出每個格子

要畫 16 個格子就需要 16 個步驟。請問「演算法 1」的執行時間是多少？

演算法 2

試試看這個演算法。請將紙張對摺。

以此範例來說，將紙張對摺就代表操作一次。剛才只對摺一次，就產生兩個格子了！

請再次將紙張對摺、對摺、再對摺。

將紙張對摺 4 次後，就變成一張完美的表格了！每對摺一次就會將格子數翻倍。操作 4 次後，就摺出 16 個格子。

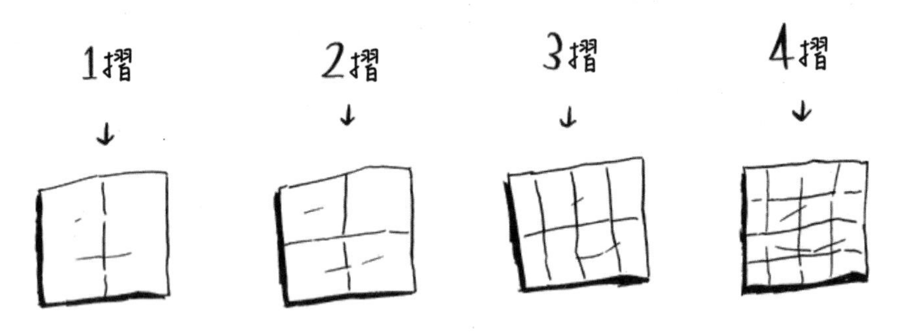

▲ 摺 4 次後就完成一張方格紙

每摺一次就能產生雙倍的格子，所以只需要 4 個步驟就能產生 16 個格子。那麼「演算法 2」的執行時間是多少呢？請先試著寫出這兩個演算法的執行時間後，再繼續看下去。

解答：「演算法 1」的執行時間為 O(n)；「演算法 2」則是 O(log n)。

Big O notation 代表的是最差情況的執行時間

若要用簡易搜尋法找出電話簿內的某個人，簡易搜尋法的執行時間為 O(n)，也就是說，在最差的情況下，必須逐一檢查電話簿內的所有名字。假設現在要找的人是 Adit，這個名字剛好排在電話簿裡的第一位，所以不需要檢查每個名字，查找第一個名字就找到了。那麼，這個演算法真的耗時 O(n) 嗎？還是因為一次就找到了所以只耗費了 O(1) ？

簡易搜尋法還是耗時 O(n)。在上述的例子中，雖然一次就找到想要的名字，但這是在最佳的情況下。Big O notation 描述的是最差情況，換句話說，在最差的情況下必須檢查電話簿內的所有名字，就得耗時 O(n) 時間。

Note 除了最差情況的執行時間外，平均情況的執行時間也很重要。最差情況與平均情況的比較會在第 4 章做介紹。

常見的 Big O 執行時間

以下是五種常見的 Big O 執行時間，由最快到最慢做排列：

- O (log n)：也稱為**對數時間**。例如：二元搜尋法。
- O (n)：也稱為**線性時間**。例如：簡易搜尋法。
- O (n*log n)：例如：快速排序法 (參見第 4 章)。
- O (n^2)：例如：慢速排序法和選擇排序法 (參見第 2 章)。
- O (n!)：非常慢的演算法。例如：旅行推銷員 (馬上就會介紹)。

假設又要畫一個 16 格的表格，你有上述五種演算法可選擇。若選用第一個演算法，完成表格會耗時 O(log n)。假設執行一個步驟需要 0.1 秒，以 O(log n) 來說，畫一個 16 格的表格需要 4 個步驟 (log 16 = 4)，所以畫完表格會需要 0.4 秒。如果要畫 1,024 個格子呢？需要執行 log 1024 = 10 個步驟，等同於用 1 秒 (10×0.1 秒 = 1 秒) 畫完一個 1,024 格的表格。這是用第一個演算法的執行速度。

第二個演算法較慢：耗時 O(n)。要畫 16 個格子需要 16 個步驟，若要畫 1,024 個格子則需要 1,024 個步驟。換算成秒是多久呢？

下表是由快到慢排列，列出這五種演算法畫表格所需的時間：

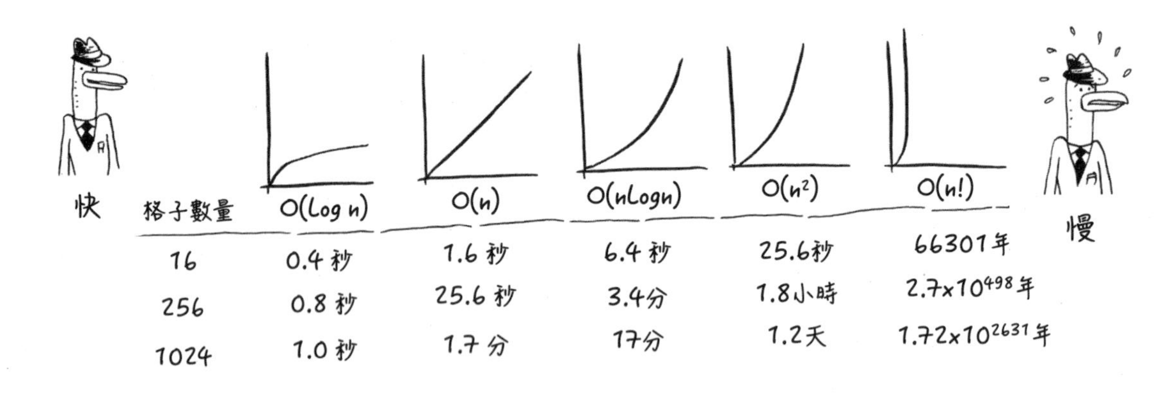

格子數量	O(Log n)	O(n)	O(nLogn)	$O(n^2)$	O(n!)
16	0.4 秒	1.6 秒	6.4 秒	25.6秒	66301年
256	0.8 秒	25.6 秒	3.4分	1.8小時	2.7×10^{498} 年
1024	1.0 秒	1.7 分	17分	1.2天	1.72×10^{2631} 年

雖然還有其他演算法的執行時間，但以這五種最常見。

以上的範例只是做約略的換算。實際上我們無法精準地將 Big O 執行時間轉換成操作次數，但就現階段而言，這樣的描述足以讓你理解。等多學會幾個演算法後，會在第 4 章重新檢視 Big O notation。現在你只要先具備以下幾個觀念：

- 演算法的執行時間不是以秒來計算的，而是用運算次數來計算。
- 演算法的執行時間，不一定會隨著元素數量的增加而呈等比增加。
- Big O notation 是一種評估演算法效益的方法，它通常用來表示演算法的執行速度。
- O(log n) 的執行速度比 O(n) 還要快 (編註：因為 O(log n) 的運算次數比 O(n) 少)，當搜尋的元素愈多，兩者的差距愈大。

練習

請用 Big O notation 寫出以下情境的執行時間。

1.3 在電話簿中以名字來找出某個人的電話號碼。

1.4 在電話簿中以電話號碼來找出某個人的名字。
(提示：必需將整個電話簿搜過一遍！)

1.5 讀取電話簿內所有人的電話號碼。

1.6 讀取所有名字為 A 開頭的人的電話號碼。(這題是陷阱題！會用到第 4 章才介紹的概念。看了解答後可能會讓你大吃一驚！)

旅行推銷員問題

讀完上個段落後，你可能會在心裡默默想著，「怎麼可能會遇到需要用執行時間為 O(n!) 的演算法啊！」，讓我來證明這個想法是錯的！以下是一個執行時間非常久的演算法。這是一個著名的電腦科學問題，因為它的運算時間增長速度非常驚人，即使是聰明絕頂的人都認為無法再改善了。這個問題被稱為**旅行推銷員** (Traveling Salesperson) 問題。

有位推銷員。他必須拜訪五座城市。

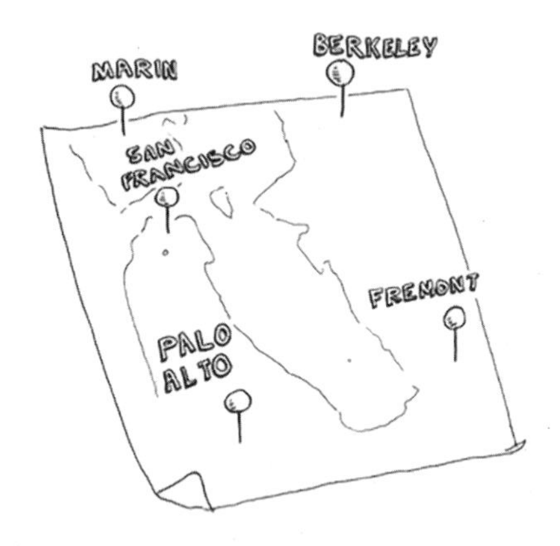

這名推銷員，希望用最短的距離拜訪這五座城市。所以他先研究各城市間所有可能的拜訪順序。他希望將所有距離加總後，選擇最短距離的路線。

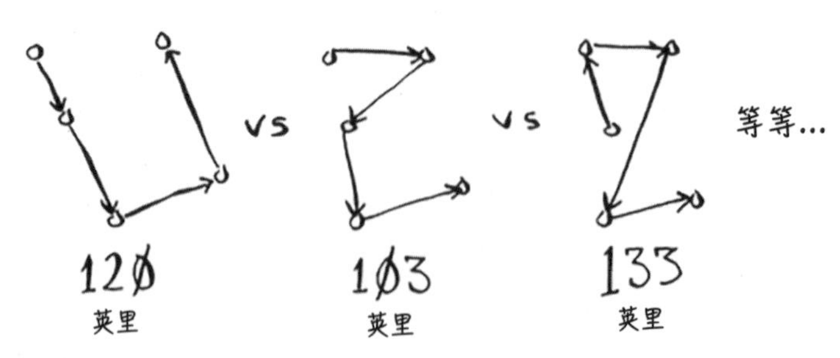

5 個城市總共有 120 種排列 (5×4×3×2×1=120)，這表示推銷員要解決這個問題需要進行 120 次的操作。若有 6 個城市，就需要進行 720 次操作 (因為總共有 6×120=720 個排列方式)。若有 7 個城市，就需要 5,040 (7×720=5,040) 次操作！

城市	次數
6	720
7	5040
8	40320
...	...
15	1,307,674,368000
...	...
30	2,652,52,859,812,191,058,636,308,480,000,000

▲ 次數急速增長

一般來說，若有 n 個項目，就需要 n! (n 階乘) 次的操作才能算出結果。所以這是 O(n!) 時間，或稱為**階乘時間** (factorial time)。除了項目很少的情況外，該演算法都需要執行非常大量的操作。若要處理 100 個以上的城市，根本無法在短時間內算出答案，天都塌下來了可能都還沒算出結果！

這真是可怕的演算法啊！推銷員應該用別的演算法比較好吧？但他別無選擇，因為這是電腦科學界到目前為止都無法解決的問題。現在沒有可以快速解決這個問題的演算法，即使聰明的人也覺得不可能有更好的演算法能解決這個問題，我們只能找出最近似的解決辦法。

1-3 本章摘要

✓ 二元搜尋法比簡易搜尋法要快上許多。

✓ O(log n) 比 O(n) 快，而且隨著要搜尋的資料筆數增加，速度相對地快更多 (運算次數少很多)。

✓ 演算法花費的時間不是用秒來計算的，是以運算次數來計算的。

✓ Big O notation 是用來描述演算法運算時間的特殊符號。

選擇排序法 (Selection Sort)

2
chapter

本章重點：

- 本章要介紹兩個最基本的資料結構：**陣列**(array) 與**鏈結串列** (linked list)，這兩種資料結構應用非常廣泛，我們將說明其優缺點，以及如何選擇適合的資料結構。
- 本章將介紹**選擇排序法** (Selection Sort)，先學會選擇排序法將有助於理解第四章所介紹的**快速排序法** (QuickSort)。

必備知識

你必須先瞭解 Big O notation 和對數才能理解本章中有關效能分析的部分。如果還不太瞭解，建議回頭複習第一章的內容，因為接下來的章節都會用到 Big O notation。

2-1 記憶體是如何運作的呢？

想像一下，你去看一場表演，在入場前得先把東西寄放到置物櫃裡。現場有一個櫃子，每個抽屜只能存放一件物品。如果要寄放兩件物品，就需要兩個抽屜。

▲ 將物品寄放好後，就可以欣賞表演了！

基本上，電腦的記憶體也是這樣運作的。電腦就像一個巨大的櫃子，每個抽屜都有自己的位址 (address)。

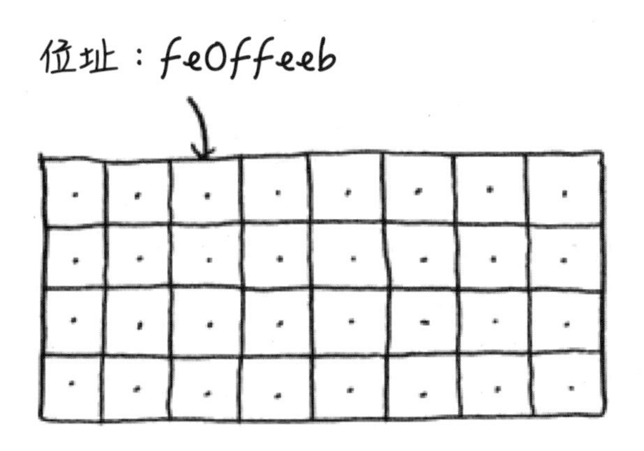

▲ fe0ffeeb 是記憶體內的一個位址

每次要將元素存入記憶體時，都必須請電腦空出一些空間，而電腦給你的是一個可以儲存該元素的位址。如果要儲存多個元素時，可使用**陣列** (array) 或**鏈結串列** (linked list) 的方法。

接下來，將介紹陣列和鏈結串列，並說明它們的優缺點，充分理解兩者的差異非常重要，因為這樣我們才能根據需求選擇最適用者。

2-2 陣列 (array) 與鏈結串列 (linked list)

有時候你需要將多個元素儲存到記憶體中。例如要開發一個管理待辦事項的程式，就得將多個待辦事項存入記憶體。那麼你該選擇陣列還是鏈結串列呢？

陣列 (array)

我們先說明將多個待辦事項存入陣列 (array) 的過程，因為陣列的概念最容易理解。選用陣列表示所有的待辦事項都連續（緊鄰著）存入記憶體裡。

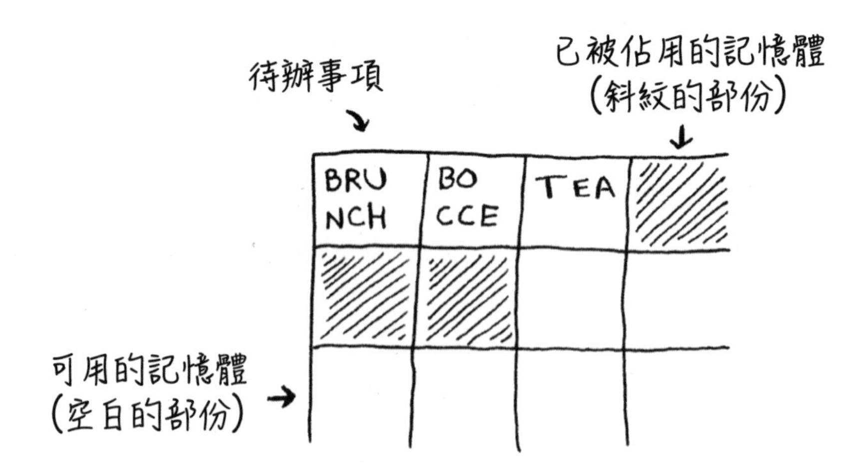

假設你想新增第四個待辦事項，但是下一個位置已經被佔用了！

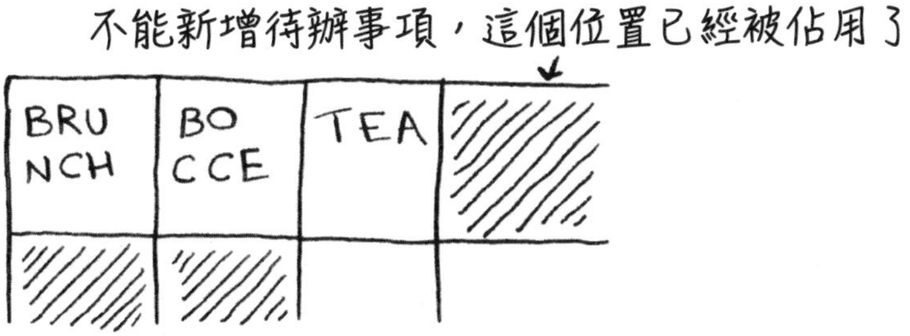

不能新增待辦事項，這個位置已經被佔用了

BRUNCH
BOCCE
TEA

這就像和兩位朋友去看電影，在電影院找到座位後，突然又有一位朋友臨時加入，但是旁邊已經沒有座位了，這時如果你們還是要坐在一起，那就必需移動到可以容納 4 個人的新位置。如果記憶體遇到這樣的情況，必須請電腦提供可以容納 4 個待辦事項的記憶體空位，再將所有待辦事項移過去。

如果又有朋友要加入，但是旁邊的座位不夠，就得再次移動了，實在有點麻煩！同樣地，在陣列中新增元素也很麻煩。如果每次空間都不夠，而且需要一直移到新的記憶體區塊時，新增元素的過程就會變得很冗長。

有個簡單的方法可解決，那就是「**先佔位置**」，就算只有 3 個待辦事項，但為了以防萬一，先跟電腦要 10 個空位。這麼一來你就可以將待辦事項增加到 10 項而不用移動了。雖然這個做法不錯，但還是有以下兩個缺點：

- **浪費空間**：你可能用不到那些多申請的空間，但那些記憶體空間就這樣浪費了。雖然你沒有使用，但是別人也無法使用。

- **得再次移動**：你的待辦事項可能會超過 10 個，到頭來還是得移動。

所以囉！「先佔位置」雖然是個好方法，但並不是一個完美的解決方法。改用鏈結串列就能解決這個新增元素的問題。

鏈結串列 (linked list)

使用鏈結串列 (linked list) 時，元素可以存放在記憶體中的任何一個空位。

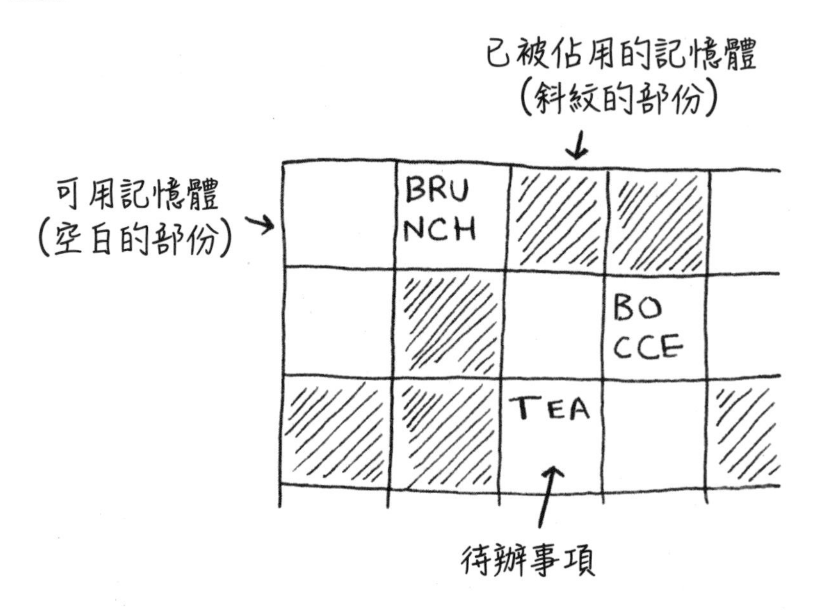

採用鏈結串列，存放每個元素的同時，也會記錄下一個元素的存放位址。這樣就能循著位址找到串列的每一個元素了！

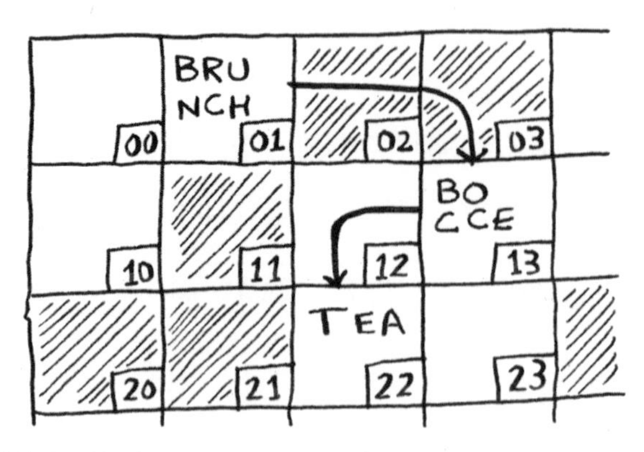

▲ 鏈結的記憶體位址 (編號 01 鏈結到編號 13，再鏈結到編號 22)

這有點像尋寶的概念。你到第一個位址時，上面寫著「去位址 123 可找到下個元素」。你移動到位址 123 後，上面寫著「去位址 847 可找到下個元素」、…依此類推。所以要將新的元素新增到鏈結串列非常簡單，隨便在記憶體內找個空位並將該空位的位址存到上個元素裡就可以了。

使用鏈結串列就不用把元素搬來搬去，而且還可以避免發生以下的情況：假如你和 5 位朋友去看一部熱門的電影，你們 6 個人要找座位，但是電影院大爆滿，已經沒有 6 個連在一起的座位了。在使用陣列時也會遇到這樣的狀況，當你需要為陣列準備 10,000 個儲存槽時，但是記憶體沒有 10,000 個連在一起的空儲存槽，這樣就沒有空間可以建立陣列了！但是，鏈結串列這時候會說「我們分頭找座位看電影吧！」。只要記憶體有足夠的空間，就能建立鏈結串列。

既然鏈結串列這麼好用，那還要陣列做什麼？

陣列與鏈結串列的優缺點

我們常在網路上看到各種「十大排行榜」的網站，這些網站為了賺瀏覽量會用些取巧的伎倆。例如，不會將所有內容顯示在同一個網頁裡，而是一頁只顯示一個項目，當你按「下一頁」才顯示下一個項目。以「10 大電視劇反派角色」的網頁為例，不會一次顯示所有排名；而是從排名第 10 名的紐曼 (Newman) 開始，你得在每個頁面按「下一頁」，最後才能看到排名第一的葛斯塔沃．弗林 (Gustavo Fring)。這些網站會這樣設計，是因為可以獲得 10 個頁面的廣告曝光機會，但是為了知道第一名是誰，必須按九次「下一頁」實在是很無聊。比較人性化的設計是將這 10 個演員放在同一個頁面，並讓瀏覽者點選演員名字時顯示相關資訊。

鏈結串列有類似的問題。假設你想讀取鏈結串列的最後一個元素時，你沒辦法直接讀取，因為你不知道它的位址。必須先從第一個元素取得第二個元素的位址，再從第二個元素取得第三個元素的位址，依此類推直到取得最後一個元素的位址。**若你要逐一讀取元素，那鏈結串列非常適合，你可以讀取一個元素後，再依照位址讀取下一個元素。但如果你並沒有要依序讀取，那麼鏈結串列會是很糟糕的選擇**。

陣列就不一樣了！你已經知道陣列內的所有位址了。舉例來說，陣列內有 5 個元素，而且位址是從 00 開始，那麼第 5 個元素的位址是多少？

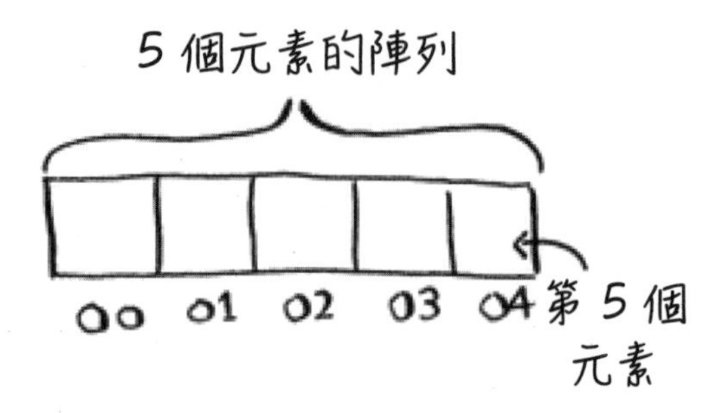

用簡單的算術就能算出 04 這個答案。**如果需要隨機讀取※，那麼陣列就非常適合，因為可以瞬間讀取陣列內的任何一個元素**。鏈結串列的元素並非連續排列，所以無法馬上算出第 5 個元素的記憶體位址，你必須要從第一個元素取得第二個元素的位址，再從第二個元素取得第三個元素的位址，依此類推直到取得第五個元素的位址。

※ **編註：**為什麼叫隨機 (random) 呢？其實它和隨機一點關係也沒有，它的意思是你可以隨意地存取任何一個元素，它所花的時間是一樣的，而不用像鏈結串列一樣，每次都要從頭開始走一遍，而且越後面的位置花的時間越多。

了解陣列的「索引」(index)

陣列內的每個位置都有編號，這個編號 (位置) 叫做索引 (index)。編號不是從 1 開始，**而是從 0 開始**。例如右圖這個陣列編號 1 的內容為 20。

而 10 是在編號 0 的位置。這樣的編號方式常讓程式初學者感到困惑。從 0 開始會讓各種陣列相關的程式碼更容易撰寫，所以程式設計師們就延續了這個模式，幾乎所有程式語言都是從 0 開始編列陣列的元素位置，你很快就會習慣了。

每個元素的位置稱為**索引** (index)。講白話一點就是，我們可以說 20 在第 1 個位置，但專業的行話會說 20 的索引是 1。本書會用**索引**取代**位置**。

下圖是常見的陣列和鏈結串列的操作執行時間。

	陣列	鏈結串列
讀取	O(1)	O(n)
插入	O(n)	O(1)

O(n) = 線性時間
O(1) = 常數時間
※請參考 5-8 頁的小編補充

想想看：為什麼在陣列中插入元素的執行時間為 O(n)？如果要將新的元素放在陣列的第一個位置，應該怎麼做？會耗費多少時間？答案就在下一頁！

練習

2.1 假設你要寫一個記錄每天花費的記帳程式，到月底時檢視及加總當月的費用。像這樣的情況，插入資料的需求比較多，而讀取的需求較少。你應該選擇陣列還是鏈結串列呢？

1. 雜貨
2. 電影
3. SFBC 會員

將待辦事項「插入」到清單的中間

假設原本是將新增的待辦事項放在清單的最後 (如下方的左圖)，但是現在想將新增事項依「執行順序」插入到清單中間 (如下方的右圖)，此時該用陣列還是串列比較好呢？

▲ 將新增事項放在清單的最後

▲ 依執行順序插入到清單裡

如果選用陣列，你必須將插入點之後的所有元素往後遞移。但如果沒有空間可遞移，就必須將所有待辦事項搬到其他位置 (就像先前所舉例的「看電影」)。

所以想將待辦事項插入到中間的位置，用陣列很麻煩，串列是最好的選擇。選用串列，只要變更前一個待辦事項所記錄的位址就可以了。

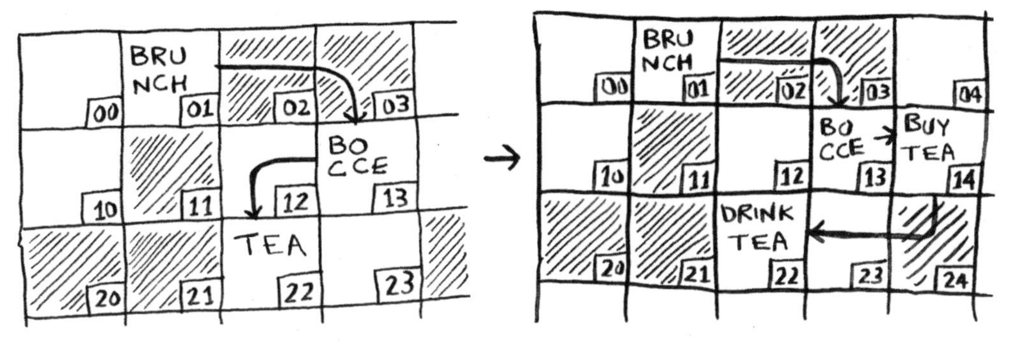

▲ 目前的待辦事項是**編號 01** 鏈結到**編號 13** 再鏈結到**編號 22**

▲ 將新的待辦事項插入到**編號 14** 後，就會變成**編號 01** 鏈結到**編號 13**，再鏈結到**編號 14**，最後鏈結到**編號 22**

「刪除」待辦事項

如果想要刪除待辦事項，選擇哪個方法比較適合呢？答案仍然是鏈結串列比較適合，因為只要修改前一個待辦事項所指向的位址就可以了。如果選用陣列，在刪除元素後，其後的所有元素都要往前移動。不過，與插入情況不同的是，刪除不會失敗，但是插入的操作可能會因為記憶體空間不足而失敗。以下是陣列和鏈結串列在相同操作下的執行時間。

	陣列	鏈結串列
讀取	O(1)	O(n)
插入	O(n)	O(1)
刪除	O(n)	O(1)

值得一提的是，鏈結串列只有在已經指到要刪除（或插入）的元素位置後，純粹進行刪除（或插入）的動作，其執行時間才是 O(1)。如果目前還沒有指到要刪除的元素位置，那麼得從頭開始查訪整個鏈結串列，直到找到要刪除的元素，這個查訪動作的執行時間就是 O(n)。

資料的存取方式

資料的存取方式有兩種：**循序存取** (Sequential access) 和**隨機存取** (Random access)。循序存取，顧名思義就是從第一個元素開始依序逐一存取。隨機存取則是依資料的索引位置直接存取其內容。

鏈結串列只能使用循序存取，如果你想存取鏈結串列的第 10 個元素，你必須先查訪前面 9 個元素，並依序查找位址直到找到第 10 個元素。而陣列則是隨機存取，由於實務上隨機存取的應用較廣，這也是陣列比較廣為使用的原因之一。

練習

2.2 假設你正在替餐廳開發顧客點餐系統，服務生會持續將新的訂單輸入到系統裡，而廚師則會從系統中取出訂單。這是一個訂單**佇列** (queue)：服務生將新訂單加到佇列的末端，廚師則是從佇列的前端取出第一筆訂單，並進行烹煮。

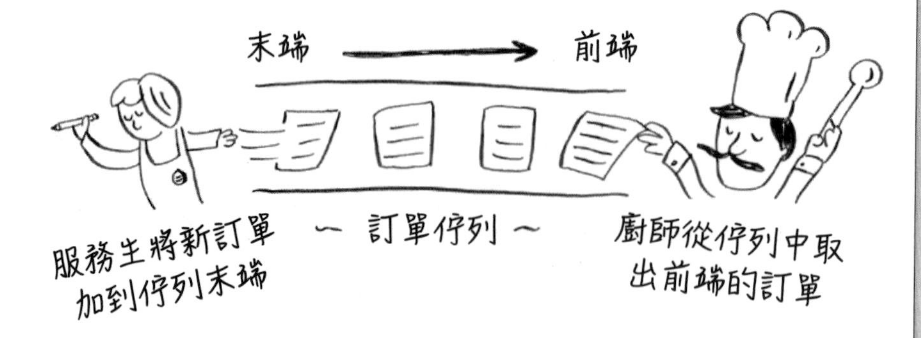

請問你該使用陣列還是鏈結串列來處理訂單佇列呢？(提示：鏈結串列的強項是新增和刪除；而陣列的強項是隨機存取)。這種情況你會採取哪一種資料結構呢？

▼接下頁

2.3 我們來進行一個小小的思考訓練。假設 Facebook 有一份使用者名單，每當有使用者嘗試登入 Facebook 時，就會搜尋該使用者名稱。若在使用者名單中找到該使用者名稱，就能登入 Facebook。登入 Facebook 的人很多，所以會頻繁地搜尋使用者名單。若 Facebook 採用二元搜尋法來搜尋，二元搜尋法需要隨機存取，以確保可以立即從使用者名單的中間開始搜尋。在這樣的前提下，應該選擇陣列還是鏈結串列呢？

2.4 Facebook 註冊的人數很多，假如選用**陣列**來儲存使用者名單，插入新使用者時會遇到哪些問題？還有，如果用二元搜尋法搜尋登入資料，在陣列中新增使用者時會發生什麼事呢？

2.5 事實上，Facebook 不用陣列也不用鏈結串列來儲存使用者資訊。也許我們可以考慮一個混合的資料結構，假設有一個由 26 個儲存槽組成的陣列，每個儲存槽都指向一個鏈結串列。例如，陣列的第 1 個儲存槽指向一個鏈結串列，這個鏈結串列存放了所有 A 開頭的使用者名稱。第 2 個儲存槽指向存放所有 B 開頭的使用者名稱，依此類推。

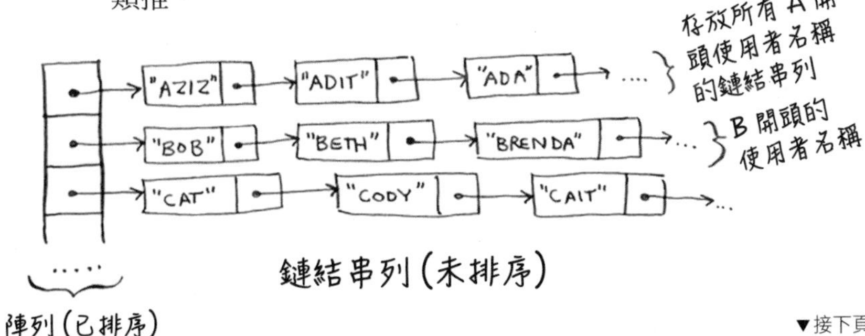

▼接下頁

假設 Adit B 註冊了 Facebook 帳號，為了將 Adit B 加入使用者名單。得先到陣列的第 1 個儲存槽，再進入第一個儲存槽所指向的鏈結串列，然後將 Adit B 加到鏈結串列的最後一個位置。若要搜尋 Zakhir H，首先要到陣列的第 26 個儲存槽，這個儲存槽會指向存放 Z 開頭使用者名稱的鏈結串列。接著搜尋這個鏈結串列並找出 Zakhir H。

請試著將這個混和型的資料結構與陣列和鏈結串列做比較。它在搜尋和插入的速度比陣列和鏈結串列快還是慢？這題不需要用 Big O 執行時間，只要回答混合型的資料結構比較快或比較慢即可。

2-3 選擇排序法 (Selection sort)

接著，要學習的是**選擇排序法** (Selection sort)。要讀懂這一節的內容，你得充份了解陣列、鏈結串列以及 Big O notation，若還是一知半解，請回頭閱讀先前的內容。

在此我們用一個簡單的例子來說明選擇排序法的運作概念：假如電腦裡有一份記錄每位歌手播放次數的記錄表，若想依播放次數的高低來排序，該怎麼做比較好呢？

~♫~	播放次數
RADIOHEAD	156
KISHORE KUMAR	141
THE BLACK KEYS	35
NEUTRAL MILK HOTEL	94
BECK	88
THE STROKES	61
WILCO	111

首先，你可以建立一個新的表格，然後從原本的表格中搜尋所有資料 (如下左圖)，找出播放次數最多的歌手，並將該歌手搬到新的表格中 (如下右圖)。

~♫~	播放次數
RADIOHEAD	156
KISHORE KUMAR	141
THE BLACK KEYS	35
NEUTRAL MILK HOTEL	94
BECK	88
THE STROKES	61
WILCO	111

1. RADIOHEAD 的播放次數最多

→

排序	播放次數
RADIOHEAD	156

2. 將 RADIOHEAD 加入到新的表格

重複上述步驟，找到播放次數第二多的歌手。

~♫~	播放次數
KISHORE KUMAR	141
THE BLACK KEYS	35
NEUTRAL MILK HOTEL	94
BECK	88
THE STROKES	61
WILCO	111

1. KISHORE KUMAR 是播放次數第二多的歌手

→

♪ 排序 ♫	播放次數
RADIOHEAD	156
KISHORE KUMAR	141

2. 下一個加入新表格的歌手就是他了

不斷重複上述步驟，就能得到一個排序好的表格了。

~♫~	播放次數
RADIOHEAD	156
KISHORE KUMAR	141
WILCO	111
NEUTRAL MILK HOTEL	94
BECK	88
THE STROKES	61
THE BLACK KEYS	35

▲ 依播放次數由高到低排列

讓我們試著從電腦的角度來看看這麼做得花多少時間。別忘了 O(n) 執行時間意味著每個元素都會被查找。例如，用簡易搜尋法搜尋所有歌手 (如下圖)，就代表所有的歌手都會被查找一次。

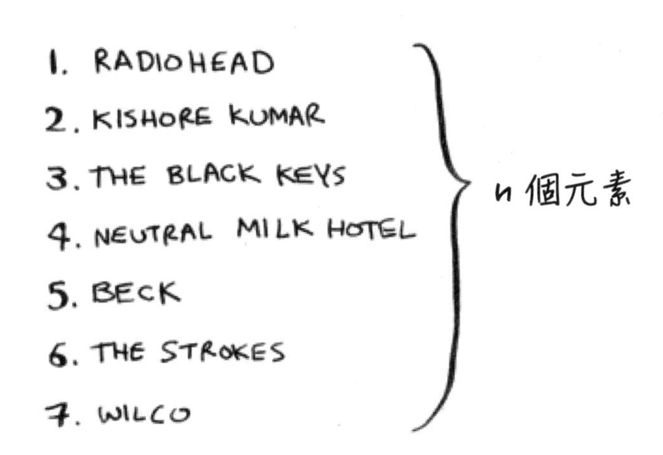

若要找出播放次數最多的歌手，必須查找清單中的每位歌手。也就是執行時間為 O(n)。所以每次都**耗時 O(n)**，而該操作得要執行 n 次：

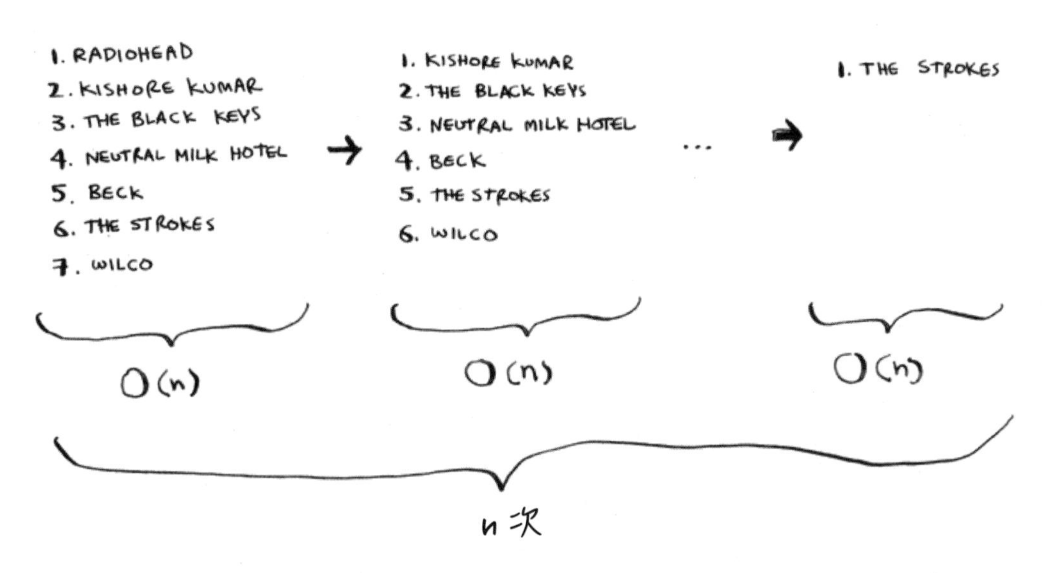

上圖表示會**耗時** O (n × n) **或是** $O(n^2)$。

每次查找的元素愈來愈少，為什麼執行時間是 $O(n^2)$？

你可能會覺得疑惑，每次執行查找步驟時，要查找的元素數量會一次少一個，且愈來愈少，最後只剩下一個元素要查找。既然如此，為什麼執行時間還是 $O(n^2)$ 呢？這是個好問題，答案與 Big O notation 的常數有關係。在此我先做個重點提示，第 4 章再做詳細說明。

沒錯！你不必每次都查找 n 個元素。第一次查找 n 個元素，第二次查找 n-1、n-2、……、2、1，平均每次查找 1/2 x n (可寫成 n/2) 個項目，執行時間為 O(n x 1/2 x n (可寫成 $n^2/2$))。但是像 1/2 這樣的常數，在 Big O notation 中會被忽略 (請參閱第 4 章的說明)，所以會寫成 **O (n x n)** **或 $O(n^2)$**。

排序演算法非常實用，相關的應用包括：

- 排序電話簿裡的姓名。
- 依日期排序旅遊時間。
- 依日期排序電子郵件 (由新到舊) 。

選擇排序法是不錯的演算法，但是速度不快。快速排序法 (Quicksoft) 是速度較快的演算法，執行時間為 O(n log n)，我們將在第四章做介紹。

程式碼範例

了解選擇排序法的概念後，我們用 Python 來實作看看，底下將示範由小到大將一個 Python 的 list (串列) 中的數值加以排序 (因為 Python 沒有原生陣列，所以我們用 list 來替代，若您使用其它程式語言，可用陣列來撰寫如下的範例)。

首先，寫一個用來找出串列中最小元素的函式：

▶ FileName：Python\Ch02\01_selection_sort.py

```
# 在串列中找出到最小值的索引

def find_smallest_index(arr):
  smallest = arr[0]  ←—— 儲存串列最開頭的值 (第 0 個元素值)
  smallest_index = 0  ←—— 從串列第 0 個元素開始
  for i in range(1, len(arr)):
     if arr[i] < smallest:
        smallest_index = i  ←—— 記下目前最小值的索引
        smallest = arr[i]  ←—— 記下目前的最小值
  return smallest_index  ←—— 跑完串列就把最小值的索引傳回去
```

現在你可以用這個函式來撰寫選擇排序 (Selection Sort)：

```
# 排序陣列中的資料

def selection_sort(arr):  ←—— 用 Selection Sort 演算法對串列的元素做排序
    new_arr = []  ←—— 建立新串列
    for i in range(len(arr)):  ←—— 走訪原串列
        smallest = find_smallest_index(arr)  ←—— 找出串列中最小值的 index
        new_arr.append(arr.pop(smallest))  ←—— pop() 會從原陣列 arr 當中
                                               把 smallest 位置 (index) 的
                                               元素搬走並傳回

    return new_arr  ←—— append() 會把 pop() 傳回
                        來的元素值加到 new_arr 的尾端

print(selection_sort([5, 3, 6, 2, 10]))
```

執行結果

本程式執行結果為：

```
[2, 3, 5, 6, 10]
```

小編補充 逐行瀏覽程式執行狀態

如果你是 Python 的初學者，強烈建議您連到 http://pythontutor.com 網頁，先按下網頁中的 **Start visualizing your code now** 連結，再將書中的程式碼複製 / 貼上到網頁中，按下 **Visualize Execution** 鈕，即可透過底下的 << First < Prev Next > Last >> 按鈕，以動態的方式逐行瀏覽 Python 程式碼以及目前代入的值。

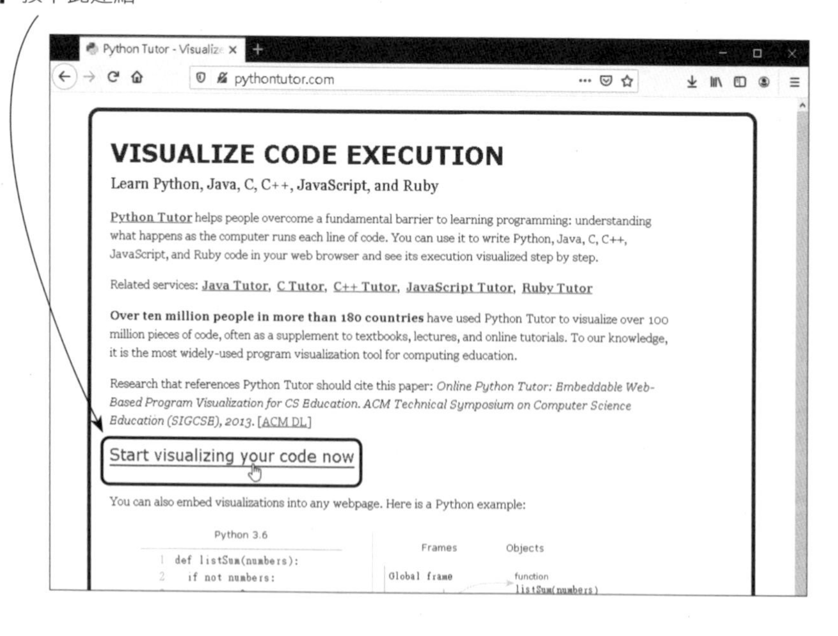

▼接下頁

3 按下 **Visualize Excution** 鈕

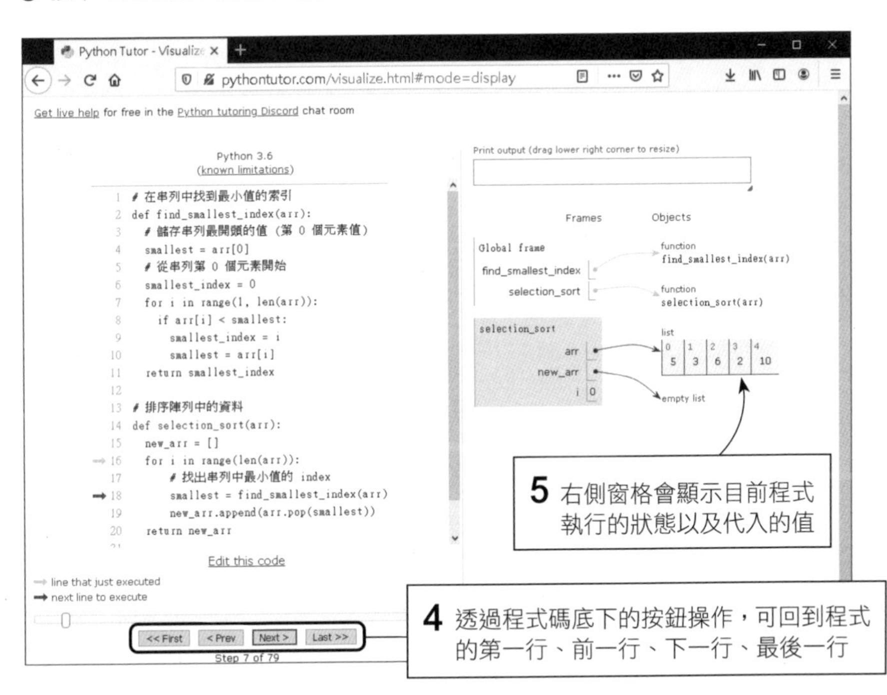

小編補充

1. 為幫助您快速理解陣列與鏈結串列，我們將本章所提到的重點整理成下表：

	陣列	鏈結串列
元素的存放	一個接一個連續排列	分散在各處
存取方式	隨機存取	循序存取
插入操作	需要搬移插入點之後的所有元素，若沒有空間會發生錯誤 執行時間：O(n)	只需更改元素的指向位置 執行時間：O(1)
刪除操作	刪除元素後，後續的元素要往前搬動 執行時間：O(n)	只需更改元素的指向位置 執行時間：O(1)

2. Python 並沒有原生的陣列或鏈結串列資料結構，但是一些第三方函式庫或套件都提供了支援。雖然 Python 的 list 名字看起來像 linked list，但它並不是，它也不是陣列，比較像**練習 2.5** 那個資料結構，但更有彈性。

   我們在 01_selection_sort.py 當中是把 Python 的 list 當成陣列來使用，我們也使用了它的 append() method 來把新的元素附加到串列尾端，並使用 pop() method 由串列中抽取並刪除一個元素。

   Python 的 list 不是陣列為什麼可以 " 當成 " 陣列來使用呢？因為我們可以限縮一個功能較多的資料結構來模擬成一個功能較少的資料結構，要這樣做很簡單，我們只要不去使用那些多出來的功能就好了 😊。反過來，如果要用功能較少的資料結構去實作功能較多的資料結構，那就要多寫些程式碼來補足了！

2-4 本章摘要

✓ 電腦的記憶體就像一堆抽屜。

✓ 要存放多個元素時，可以用**陣列**或是**鏈結串列**。

✓ 陣列內的元素會依序相鄰。

✓ 鏈結串列內的元素會分散在各處，每個元件都會記錄下一個元素的位址。

✓ 陣列可以快速讀取 (隨機存取)。

✓ 鏈結串列可以快速「插入」和「刪除」。

✓ 陣列中的所有資料型別必須一致 (例如，全部都是 int，或全部都是 double，依此類推)。

MEMO

遞迴 (Recursion)

3
chapter

本章重點：

- 認識**遞迴** (Recursion)。演算法會經常使用遞迴的程式撰寫技巧，瞭解遞迴有助於理解後面的章節。
- 學習如何將問題拆解成 **Base Case** (基本情況) 和 **Recursive Case** (遞迴情況)。第 4 章介紹的**各個擊破法** (Divide And Conquer) 就是使用這個簡單的概念來解決困難的問題。

對於本章要介紹**遞迴**這個主題，我感到很興奮，因為遞迴是我最喜歡的主題之一，它能優雅地解決問題，但是大家對它的看法很兩極，有人愛它、有人恨它；也有人是一開始覺得很討厭，但是幾年後就發現它的好處並且愛上它，我就是屬於後者。

本章的遞迴程式碼範例，請務必親自「動手用紙筆」執行這些程式碼的每一步驟，以瞭解程式碼的運作原理。例如：「當我將 5 傳入 factorial（階乘）這個函式時，會回傳 5，然後再乘上 4 傳入 factorial，最後結果為……」，依此類推。用這樣逐步檢視的方式來學習，才會確實了解遞迴的運作原理。

3-1 認識「遞迴」(Recursion)

假設你正在祖母的閣樓裡尋寶，發現了一個上鎖的神秘手提箱。

祖母告訴你，手提箱的鑰匙可能放在另一個箱子裡面。

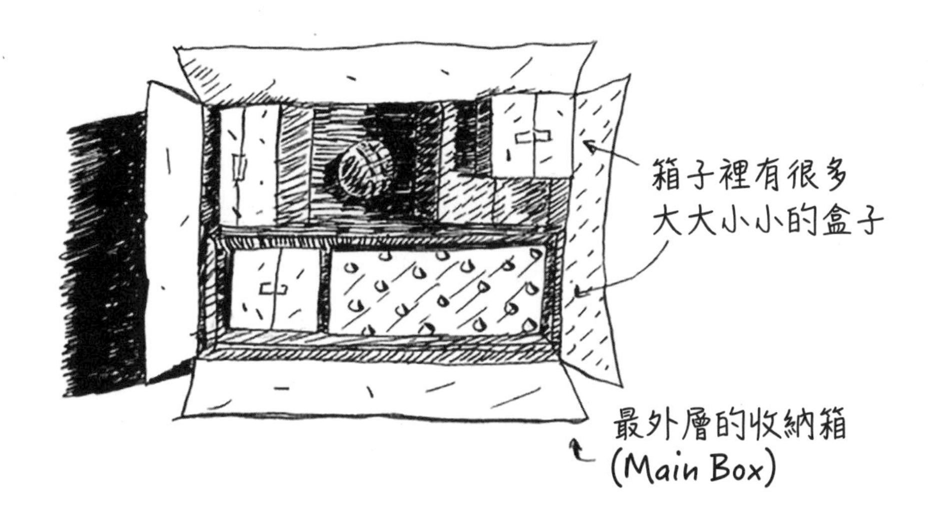

這個收納箱 (Main Box) 裡有很多大大小小的盒子，而這些盒子內還有多個小盒子，鑰匙就放在其中的某個盒子裡，你該如何設計尋找鑰匙的演算法呢？請先自己想好一個演算法再繼續看下去。

方法 1

首先，參考如右這個方法。

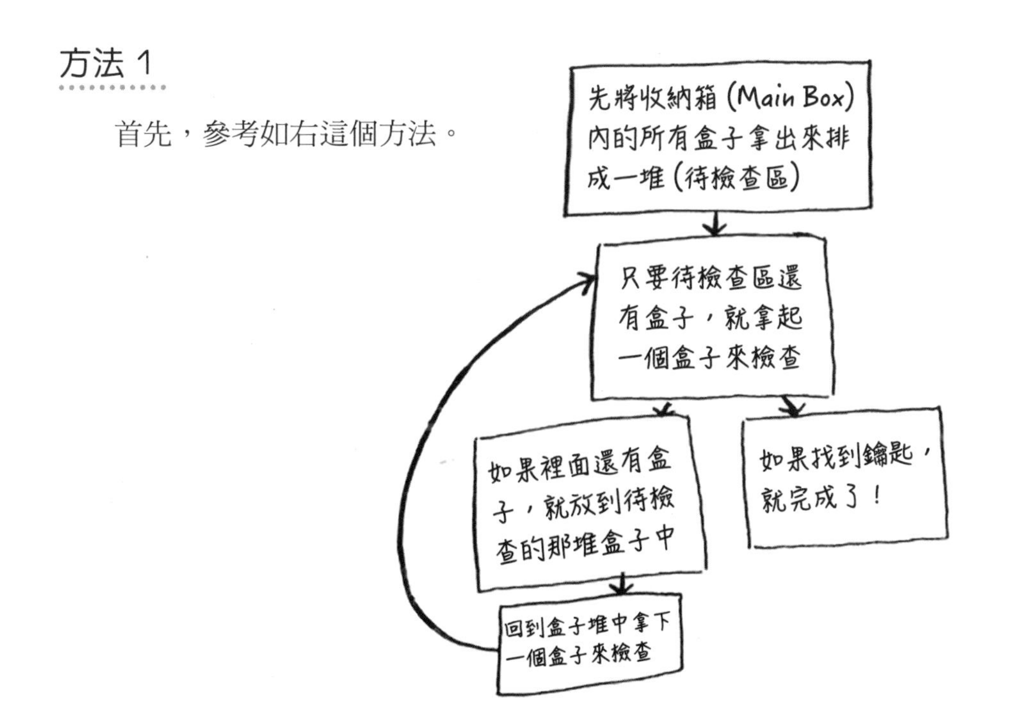

我們將這個方法的流程整理如下：

1. 先將收納箱 (Main Box) 內的所有盒子拿出來排成一堆 (待檢查區)。
2. 只要待檢查區還有盒子，就從盒子堆裡拿起一個盒子來檢查。
3. 如果盒子裡面還有盒子，就放到待檢區的盒子堆中。
4. 如果找到鑰匙，就完成了！
5. 不斷回到步驟 2。

方法 2

再來看另一個方法。

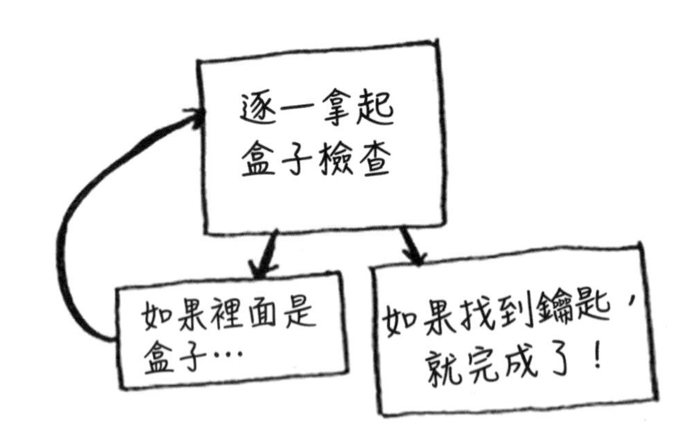

我們將這個方法的流程整理如下：

1. 逐一拿起盒子檢查。
2. 如果盒子裡面還有盒子，就繼續打開檢查。
3. 如果找到鑰匙，就完成了！

以上兩個方法，你覺得哪一個方法比較簡單呢？

- **方法 1**：只要還有未檢查的盒子，就拿起其中一個來檢查，我們用以下的**虛擬碼**※ 來說明：

```
def look_for_key(main_box):
    pile = main_box.make_a_pile_to_look_through()  ← 將 main_box 中的小盒子拿出來放在待檢區 (pile)

    while pile is not empty:  ← 如果待檢區 (pile) 不是空的
        box = pile.grab_a_box()  ← 拿起其中一個盒子
        for item in box:  ← 走訪盒子中的品項
            if item.is_a_box():  ← 如果該品項是盒子
                pile.append(item)  ← 繼續放入待檢區
            elif item.is_a_key():  ← 如果盒子裡有鑰匙
                print("找到鑰匙了！")  ← 就印出 "找到鑰匙了！"
```

※ **編註：虛擬碼** (Pseudo Code) 並不是真的可以執行的程式，而是一種類似程式碼的流程表達方式，用來描述我們試圖解決的問題，它的寫法雖然與一般程式語法雷同，但是更貼近我們平常說話的描述方式，好讓寫程式的人可以用任何程式語言 (如：Python、C、C++、…等) 來撰寫。

- **方法 2**：採用遞迴 (指函式呼叫自己本身) 的方法，其虛擬碼如下：

```
def look_for_key(box):  ← 找鑰匙的函式，運作的對象：從引數傳來的 box
    for item in box:  ← 走訪盒子中的品項
        if item.is_a_box() :  ← 如果這是盒子
            look_for_key(item)  ← 遞迴！呼叫自己！開始找
                                   看看盒子裡有沒有鑰匙
        elif item.is_a_key() :  ← 如果盒子裡有鑰匙
            print("找到鑰匙了！")  ← 就印出 "找到鑰匙了！"
```

雖然兩個方法的結果一樣（都會找出鑰匙），但我覺得**方法 2** 比較容易理解。使用遞迴的目的就是想讓解決的方法更明確，但採用遞迴並不會提升效能，甚至有時候用迴圈還比較快。我很喜歡 Leigh Caldwell（李・考德威爾）在 Stack Overflow（國外開發者論壇）上的一句話：「迴圈可能會提升程式的效能，但遞迴可能會提升程式設計師的效益。請依不同情況做選擇！」（資料來源：https://stackoverflow.com/questions/72209/recursion-or-iteration/72694#72694）。

許多重要的演算法都使用遞迴，所以理解遞迴的概念非常重要。

3-2 遞迴的 Base Case 與 Recursive Case

由於遞迴函式會呼叫自己，所以一不小心就會寫出無限循環的函式。例如，要寫一個如下的倒數函式時：

```
> 3...2...1
```

可以用遞迴的方式撰寫，其程式碼如下：

▶ FileName：Python\Ch03\01_countdown_a.py

```
def countdown(i):
    print(i)
    countdown(i-1)

countdown(3)  ←— 呼叫 countdown() 執行看看
```

執行結果

```
3
2
1
0
-1
-2
-3
⋮
```

你會發現這個函式永無止盡地執行下去！當你在實際執行程式時，若程式一直無法結束，可按下 Ctrl + C 鍵，強制結束執行。

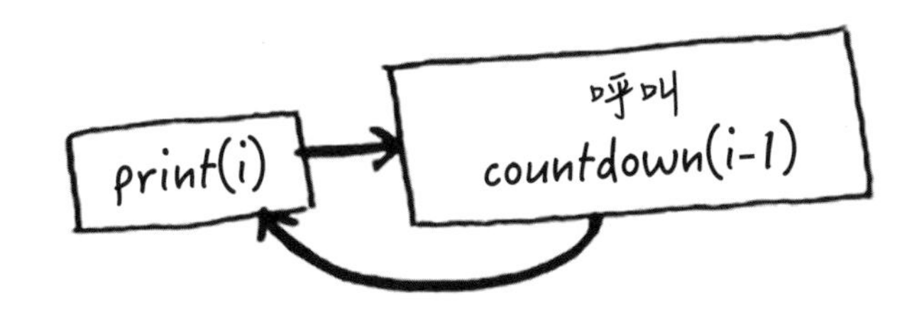

▲ 程式一直重複執行無法結束，形成「無窮迴圈」

設定何時停止遞迴

撰寫遞迴函式時，必須告訴它什麼時候停止遞迴。這就是為什麼每個遞迴函式都是由兩個部份組成，分別是：**Base Case**（基本情況）與 **Recursive Case**（遞迴情況）。Recursive Case 就是當函式呼叫自己本身時的情況，而 Base Case 就是**當函式不再呼叫自己時的情況**，這樣才能避免程式進入無限循環。

以下的虛擬碼示範在 Base Case 加入停止遞迴的條件：

```
def countdown(i):
    print(i)
    if i <= 1:  ←— Base Case
       return
    else:  ←———— Recursive Case
      countdown(i-1)
```

現在函式就會如右執行：

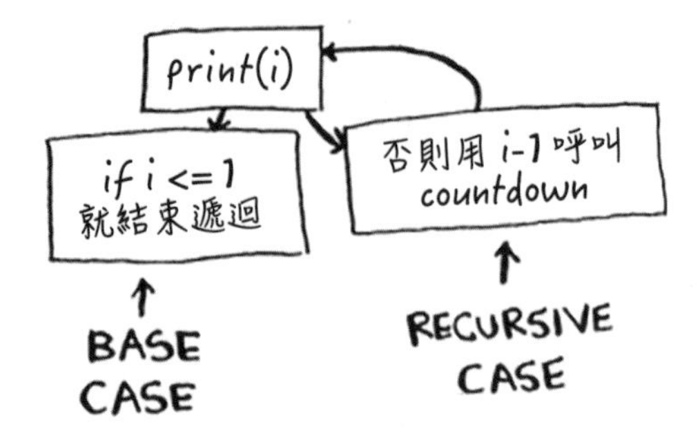

小編補充 **有關倒數的完整程式碼範例如下：**

▶ FileName：Python\Ch03\01_countdown_b.py

```
def countdown(i):
    #Base Case
    print(i)
    if i <=1:  ←——— 當 i 小於等於 1 時就結束遞迴
       return

    #Recursive Case
    else:
    countdown(i-1)  ←— 否則用 i-1 呼叫 countdown

countdown(5)  ←— 執行看看
```

執行結果

```
5
4
3
2
1
```

3-3 堆疊 (Stack) 在函式呼叫與遞迴的運用

堆疊 (Stack)

堆疊 (Stack) 是一種資料結構，函式呼叫時會用到堆疊技術，而使用遞迴時也必須理解堆疊的觀念。

堆疊是一種具有順序性的資料結構，「最晚放入堆疊」的資料會「最先被取出」(LIFO，Last-In-First-Out)；而「最早放入堆疊」的資料會「最後被取出」(FILO，First-In-Last-Out)。我們用底下的「便利貼」來說明堆疊的概念。

假如你要辦個烤肉活動，為了方便採買，將要購買的物品寫在便利貼上。依 FILO 的購買順序疊成堆疊。

當你要新增採購的品項時，只要將品項名稱寫在便利貼上，然後貼在這疊便利貼的最上面；當採購完一項物品，直接讀取最上面的便利貼並撕下來就完成了。這麼一來，你只會進行兩個動作：**push** 和 **pop**。

push
(在最上面貼上一張便利貼)

pop
(讀取並撕掉最上面的便利貼)

讓我們來看看這個採購流程實際上是如何運作的。

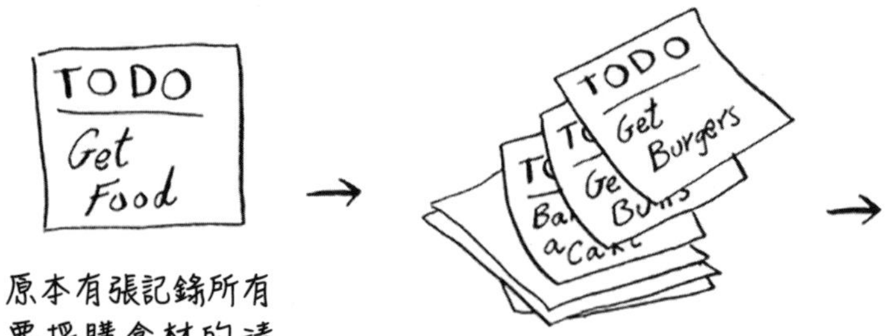

原本有張記錄所有要採購食材的清單，包括買麵包、漢堡還有烤蛋糕

我們分別將買麵包、漢堡、烤蛋糕寫在 3 張便利貼上，並依採買順序 (後買的貼下面，先買的貼上面) 貼成一疊 (這就是堆入堆疊，push 的動作)

採買完一項食材就撕掉一張便利貼 (這就是從堆疊中移除，pop 的動作)

像這樣一個一個往上疊的資料結構就叫做**堆疊** (stack)。事實上，你一直在使用堆疊，只是沒發現罷了！

呼叫堆疊 (Call Stack)

呼叫函式時都會使用堆疊，這稱為**呼叫堆疊** (Call Stack)。透過以下這個簡單的程式範例，來看看函式呼叫時是如何使用堆疊來運作。

▶ File：Python\Ch03\02_greet.py

```
def greet2(name):
    print("how are you, ", name, "?")

def bye():
    print("ok bye!")

def greet(name):
    print("hello, ", name, "!")
    greet2(name)
    print("getting ready to say bye...")
    bye()

greet("maggie") ←— 從這裡開始執行
```

呼叫堆疊的「呼叫」不是動詞，是指呼叫函式時使用的堆疊，而不是去呼叫一個堆疊

執行結果

```
hello,  maggie !
how are you,  maggie ?
getting ready to say bye...
ok bye!
```

程式解說

讓我們逐步分析程式執行的所有過程：

首先，主程式呼叫了 greet("maggie")。那麼，電腦得先分配一塊記憶體來存放這個函式的變數。

最初在 def greet(name): 時，我們定義了一個叫做 name 的參數 (parameter)，當我們呼叫 greet("maggie") 時，"maggie" 就會經由此參數傳入 greet() 內部，成為 greet() 內部的變數 (variable)，變數名稱就是 name。所以記憶體就要分配一個區塊來記錄這個變數的名稱以及變數的值：name 變數的值被設為「maggie」，並存到記憶體內。

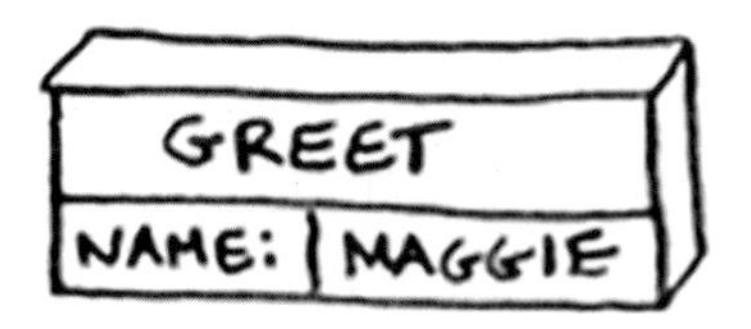

每次呼叫函式時，電腦就會像這樣，將呼叫該函式時會用到的所有變數的值存到記憶體。greet("maggie") 接著會輸出「hello, maggie ！」，然後再呼叫 greet2("maggie")。電腦會再次分配一個記憶體給 greet2("maggie")。

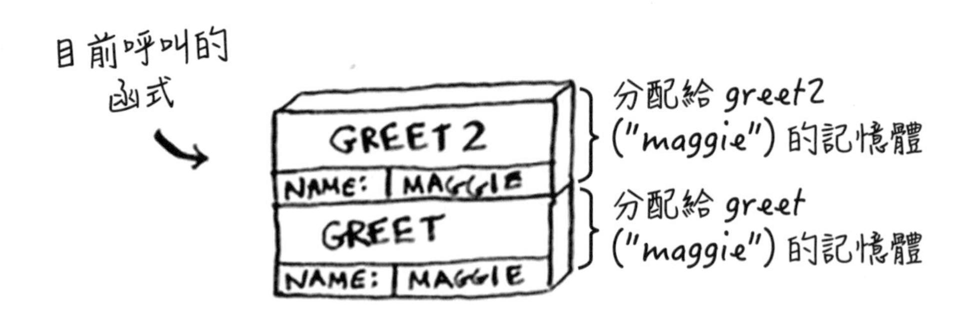

電腦會分配一堆這樣的記憶體盒子，第二個盒子會疊在第一個盒子上面。當 greet2("maggie") 輸出「how are you, maggie ？」之後就從該函式返回到 greet("maggie")，此時堆疊最上面的盒子會被移除。

移除 greet2 後，現在最上面的盒子就是 greet 這個函式的記憶體盒子，意思就是我們回到了 greet 函式。請注意！greet2 函式是在 greet 函式內部被呼叫的，當時 greet 函式尚未執行完畢。

以上就是本章最重要的概念了：當你從 greet 函式呼叫 greet2 函式時，greet 函式會暫停執行，並停留在未完成 (partially completed) 狀態。greet 函式所用到的所有變數及值都會存在記憶體盒子裡。所以當執行完 greet2 函式時，greet2 的記憶體盒子就會被搬走，然後回到 greet 函式，並從暫停的地方繼續執行。greet 接著會輸出「getting ready to say bye...」。然後呼叫 bye 函式。

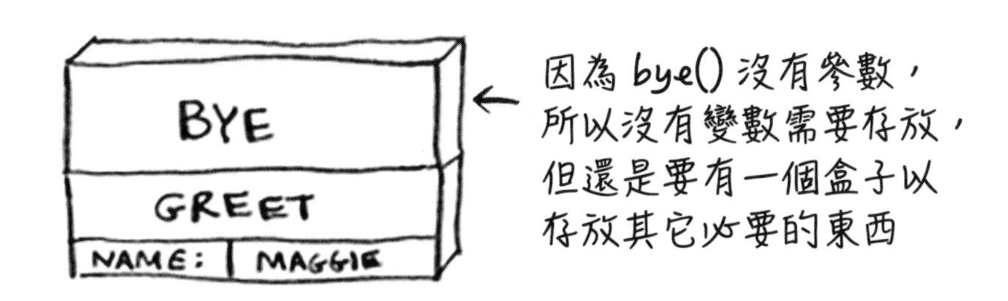

bye 函式的盒子會加到堆疊的最上方。接著會輸出「ok bye!」，然後 bye 的盒子再被搬走，從 bye 函式返回 greet 函式。

現在，又回到 greet 函式了。由於接下來沒有要執行的事項了，所以會離開 greet 函式。這種用來存放多個函式變數的堆疊，有個專有名詞稱為**呼叫堆疊** (Call Stack)。

※ **編註**：建議你連到 http://pythontutor.com/ 網站，透過逐步執行的方式來觀察遞迴的狀態 (詳細操作可參閱 2-20 頁的說明)。

練習 **3.1** 假設有個如下圖的 Call Stack，請問你從這個 Call Stack 得到什麼資訊？

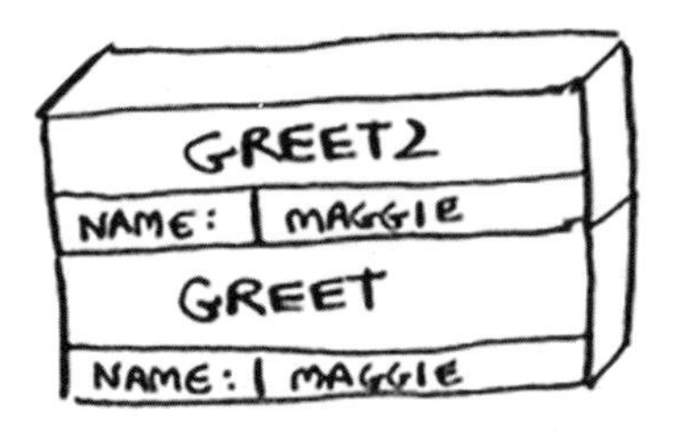

接著，將繼續說明 Call Stack 在遞迴函式中的作用。

Call Stack 與遞迴

遞迴函式也是使用 Call Stack！以 factorial 函式為例，factorial(5) 可寫成 5!，其定義為：5! = 5 * 4 * 3 * 2 * 1。同樣地，factorial(3) 就是 3*2*1。以下的遞迴函式可用來計算任何一個數字的階乘：

▶ File：Python\Ch03\03_factorial.py

```
def fact(x):   ←— 為了簡化起見，此函式不處理 0!=1 的情況
    if x == 1:
       return 1
    else:
       return x * fact(x-1)

print(fact(3))
```

現在我們呼叫 fact(3)，並逐行檢視這個呼叫以及觀察 Call Stack 如何變化。別忘了，堆疊最上面的盒子就是目前被呼叫的 fact 函式，下方的堆疊則屬於執行到半途的函式。

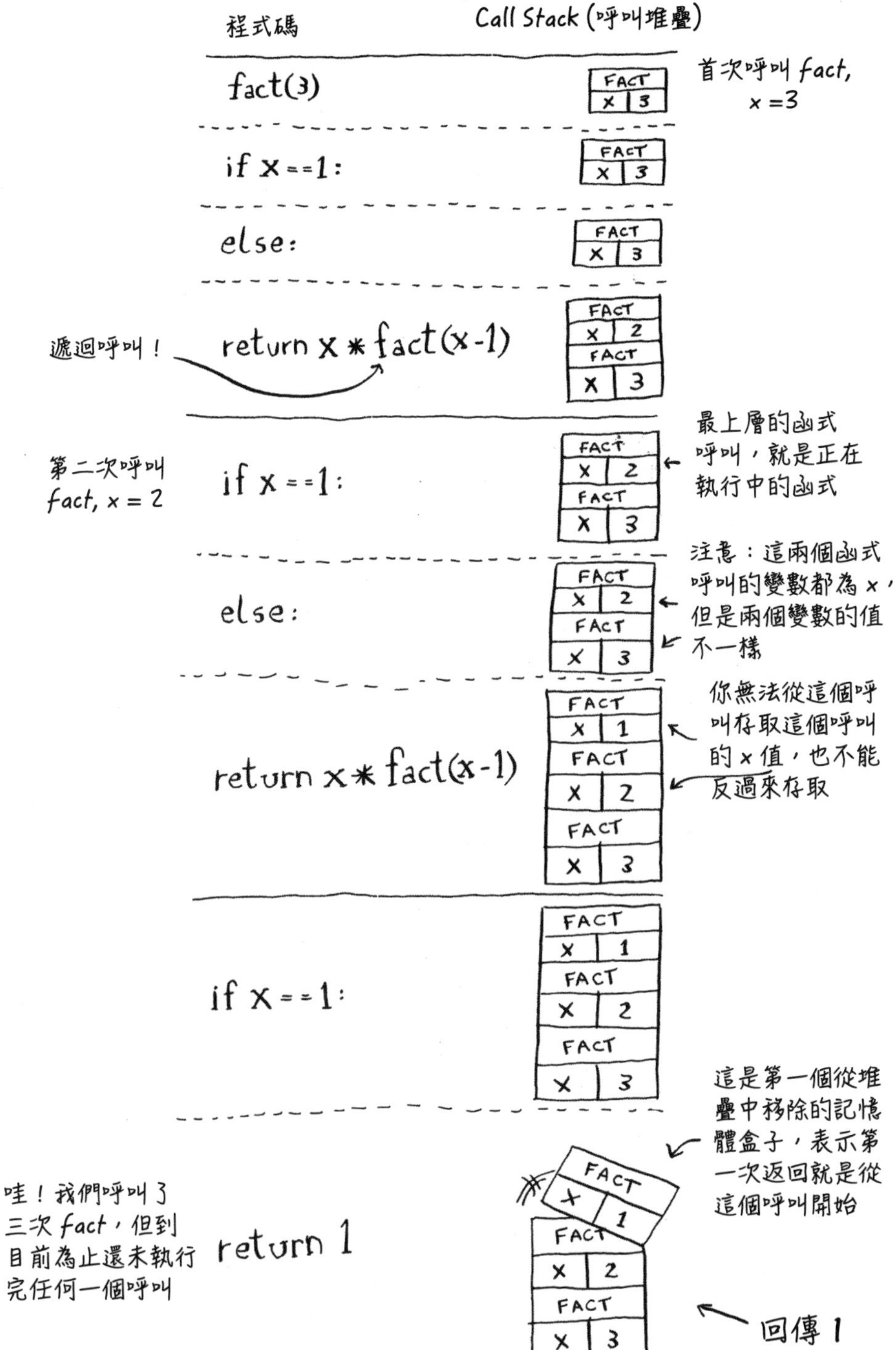
程式碼
Call Stack (呼叫堆疊)
fact(3)
FACT
x 3
首次呼叫 fact,
x =3
if x==1:
else:
return x * fact(x-1)
遞迴呼叫！
x 2
第二次呼叫
fact, x = 2
最上層的函式呼叫，就是正在執行中的函式
注意：這兩個函式呼叫的變數都為 x，但是兩個變數的值不一樣
你無法從這個呼叫存取這個呼叫的 x 值，也不能反過來存取
x 1
這是第一個從堆疊中移除的記憶體盒子，表示第一次返回就是從這個呼叫開始
哇！我們呼叫了三次 fact，但到目前為止還未執行完任何一個呼叫
return 1
回傳 1

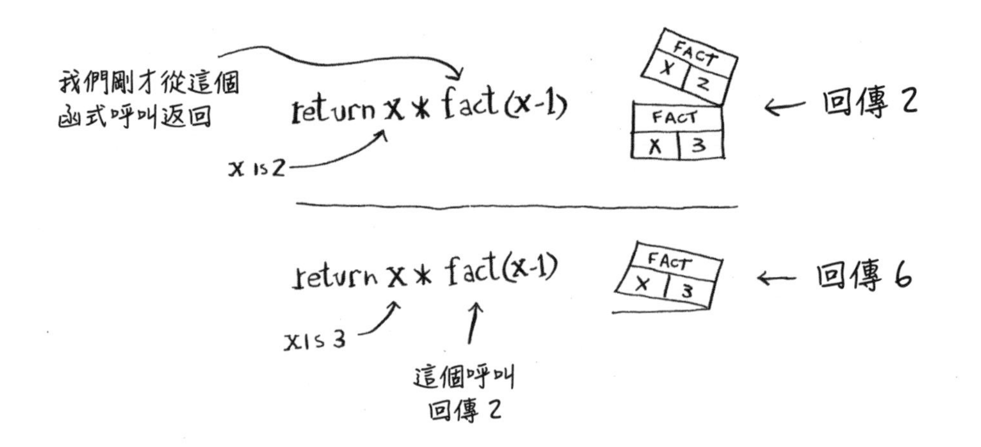

堆疊在遞迴中扮演非常重要的角色。本章一開始的範例提供了兩種尋找鑰匙的方法。我們再次回顧第一種方法。

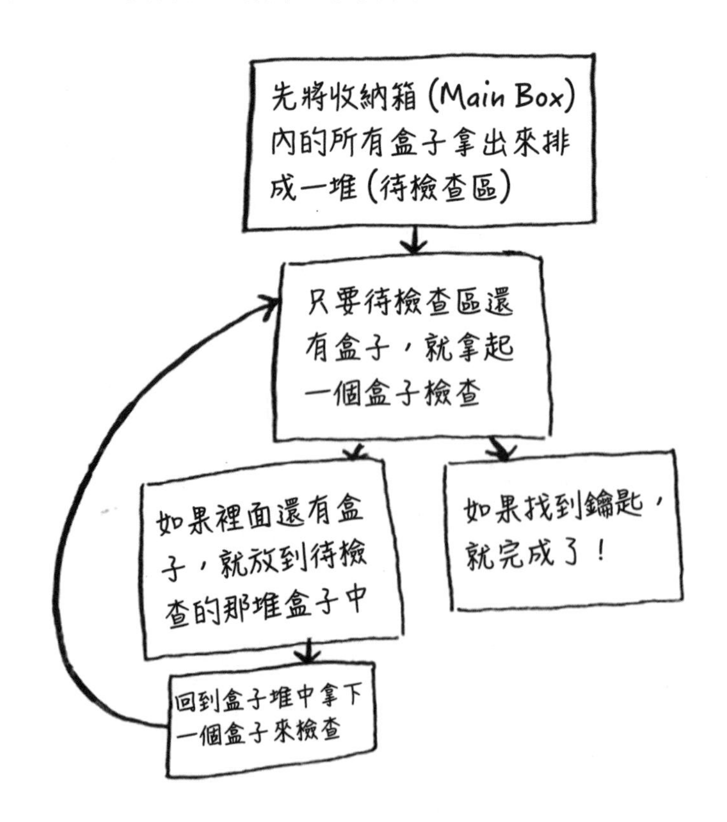

這個方法是將要檢查的盒子堆在一起，這樣才知道哪些盒子尚未檢查。

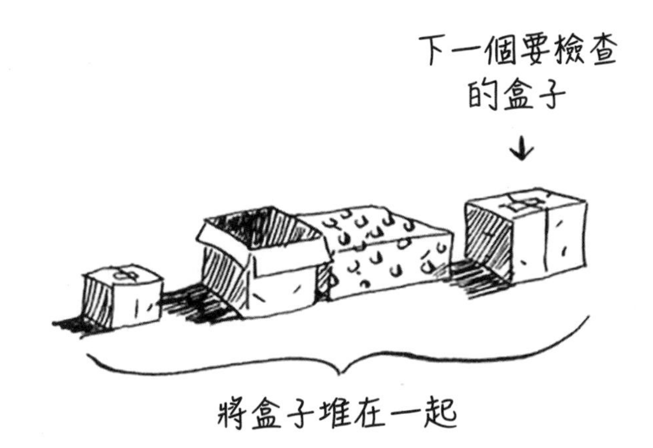

若採用遞迴的方法，就不會有這堆盒子。

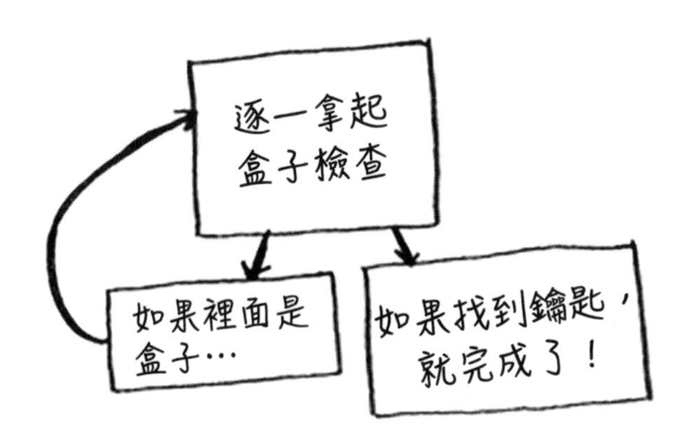

如果沒有把盒子堆在一起，我們的演算法要怎麼知道哪些盒子需要檢查呢？請看以下範例。

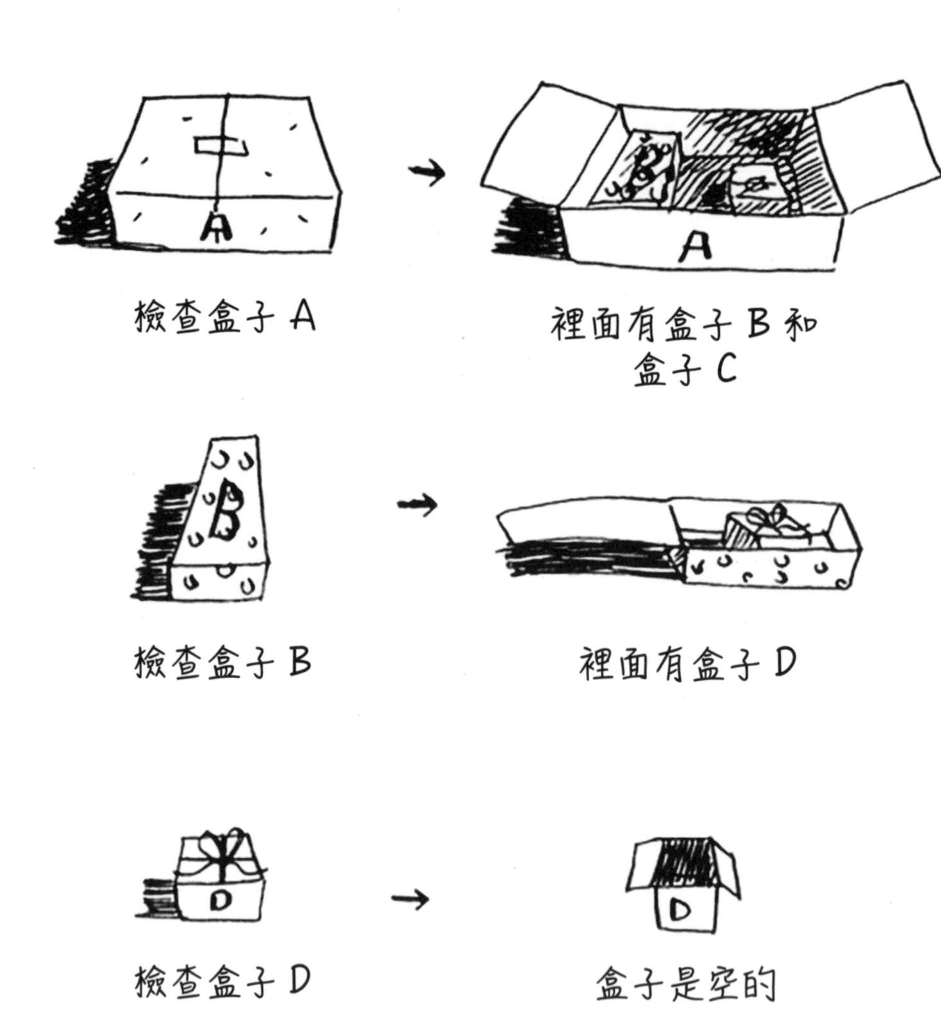

此時，我們的呼叫堆疊看起來像這樣。

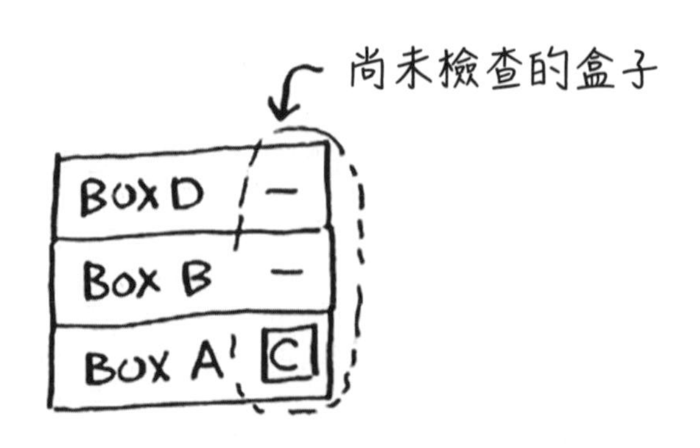

這些「盒子堆」儲存在堆疊裡。上圖是一種半完成的函式呼叫堆疊，每個函式都有自己尚未檢查完的盒子。使用堆疊非常方便，**你不需要自己記錄哪些盒子尚未檢查，因為堆疊已經幫你記錄好了**。

雖然使用堆疊很方便，但這是要付出代價的，存放這麼多資訊很佔記憶體空間。由於每個函式呼叫都會佔用記憶體空間，當堆疊越疊越高時，就表示電腦存放了很多函式呼叫資訊。這時候你有兩個選擇：

- 將程式碼以迴圈的方式改寫。
- 或使用**尾端遞迴** (tail recursion)。不過，這是比較進階的遞迴主題，不在本書的討論範圍內，而且並非所有程式語言都支援尾端遞迴。

練習

3.2 假設不小心寫了一個無限循環（沒有停止點）的遞迴函式，如前面所說，電腦會為堆疊內的每個函式呼叫分配記憶體。如果遞迴函式不斷執行，最後會變成怎樣？

3-4 本章摘要

- ✓ 遞迴是指函式呼叫自己本身。
- ✓ 每個遞迴函式都必須有 **Base Case**（基本情況）和 **Recursive Case**（遞迴情況）兩種。
- ✓ 堆疊有兩個動作：push 和 pop。
- ✓ 所有函式呼叫都會產生一個 Call Stack（呼叫堆疊）。
- ✓ 遞迴的 Call Stack 可能會變得非常大，並且佔用大量的記憶體。

Divide-and-Conquer 與快速排序法 (Quicksort)

4

chapter

本章重點：

- 本章將介紹 **Divide-and-Conquer** (以下簡稱 D&C)，中文譯為「分治法」，也有人稱為「各個擊破法」。有時候你可能會遇到一些無法用學過的演算法來解決問題，但是演算法高手遇到這樣的問題時不會輕易放棄，他們會拿出所有看家本領來解決問題。本章介紹的 D&C 演算法，就是你第一個要學的技巧。
- 我們還將介紹**快速排序法** (Quicksort)，這是一種優雅的排序演算法，它使用 D&C 的技巧來解決問題。

本章將帶你進入演算法的核心，畢竟只能解決一種問題的演算法並不實用。而 D&C 會賦予你一個全新的思考和解決問題的模式。當你遇到前所未見的問題時不必緊張，先想想看是否能用 D&C 解決問題。

閱讀完本章，你將學會**快速排序法** (Quicksort)，這種排序演算法是一種優雅的程式碼 (Elegant Code)，執行速度比第二章介紹的**選擇排序法**快很多。

4-1 Divide-and-Conquer (D&C)

Divide-and-Conquer (D&C) 的概念是：將一個複雜的問題拆解成多個子問題，再用上一章學過的**遞迴**求出子問題的答案，最後將這些子問題的答案合併在一起，就可以得到原本複雜問題的答案了。

很多演算法都會用到 D&C 的技巧，例如：二分搜尋法 (Binary Search)、合併排序法 (Mergesort)，以及快速排序法 (Quicksort)。但是初學者要完全掌握快速排序法可能得花一點時間，所以我將分成三個階段帶你熟悉。首先，我用一個劃分農地的範例帶你建立概念，接著再用一個容易理解的程式碼範例帶你實際操作一遍。最後，說明 D&C 在快速排序法中的應用。

假設你是一位農夫，有塊 1680×640 公尺的農地。

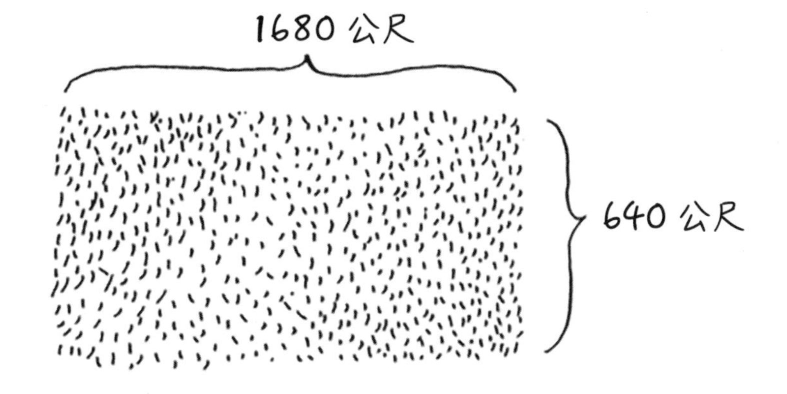

你想將這塊農地平均劃分成數個方形的小塊土地，而且希望每塊地的面積愈大愈好。但是以下這些劃分的方法都不好。

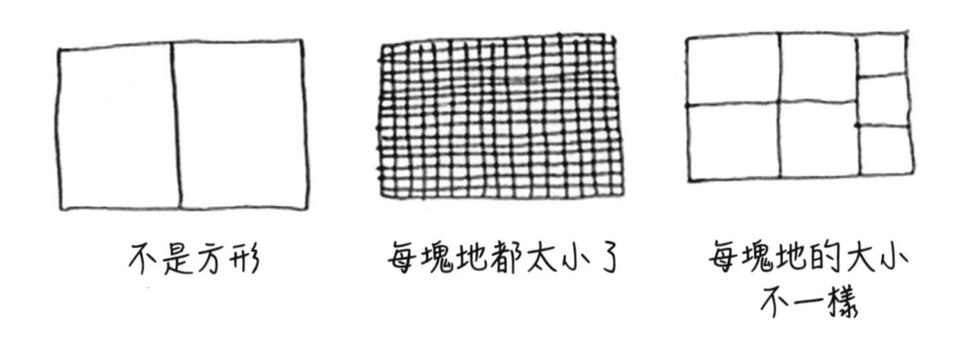

要怎麼做才能以最大面積劃分土地呢？不妨試試 D&C 方法！這個方法屬於遞迴演算法，用 D&C 解決問題時，一定會有以下兩個步驟：

1. 先找出 **Base Case** (基本情況)，而且要用最單純的 Base Case。

2. 拆解或是縮減問題，直到變成 Base Case (基本情況)。(編註：也就是不再遞迴)。

讓我們用 D&C 來解決這個劃分農地的問題，找出最大的方形面積。

找出 Base Case

首先，要找出「Base Case」。最簡單的情況就是**當其中一邊的長度為另一邊的倍數**，我們用下圖這個簡單的範例做說明。假設其中一邊是 25 公尺，而另一邊是 50 公尺，那麼最大的可分割面積為 25×25 公尺。在此條件下，你需要將農地劃分成兩塊 25×25 公尺的地才能劃分全部的農地。

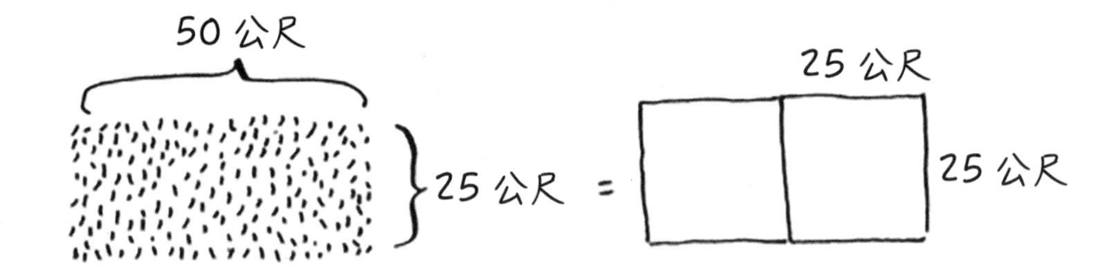

透過剛才的例子了解如何定義 Base Case 後，就輪到 D&C 登場了，依據 D&C 的原理，每一次的遞迴呼叫都要縮減問題。那麼我們要如何縮減問題呢？首先找到可用的最大分割面積。

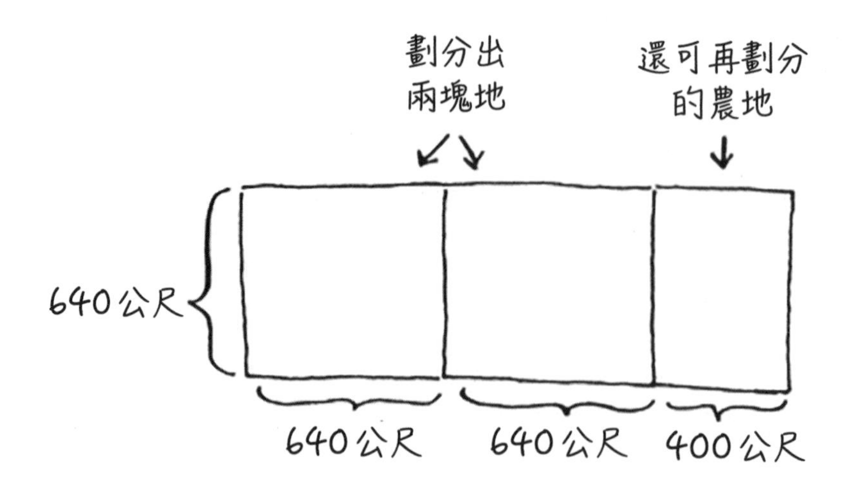

我們劃分出兩塊 640×640 公尺的農地後，還剩下一塊 640×400 公尺的農地可劃分。既然剩下一塊農地，何不將相同的演算法套用到這塊農地上呢？

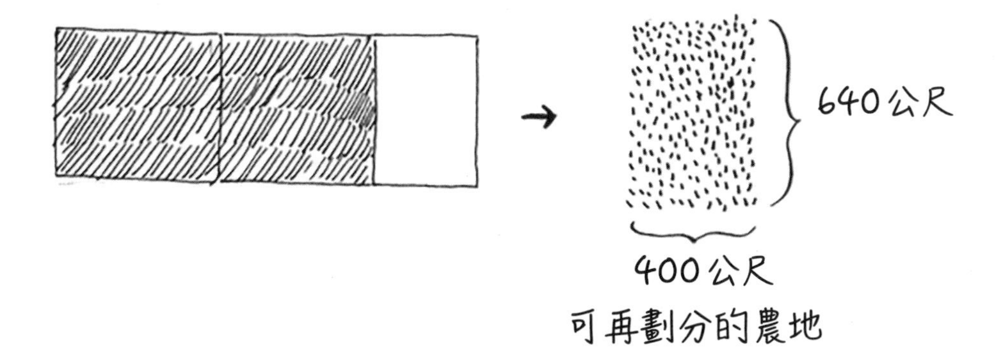

我們已經將原本的 1680×640 公尺的農地縮減到只剩下 640×400 公尺的農地需要再劃分。如果能找出適合這塊農地 (640×400 公尺) 的最大分割面積，那麼這個最大分割面積就能套用到整塊農地。

歐幾里德演算法 (Euclid's Algorithm)

剛才我們說「如果能找出適合這塊農地的最大分割面積，那麼這個最大分割面積就能套用到整塊農地。」，如果你沒辦法馬上理解為什麼這句話是對的，別擔心！因為這個問題的答案並不明顯。只是要證明這個論點需要很多篇幅，我們無法在本書詳細說明。對這個論點有興趣的人，可以透過 Google 或 YouTube 以「歐幾里德演算法」或「Euclid's Algorithm」為關鍵字來搜尋相關的教學。或是連到 Khan Academy (可汗學院)※ 搜尋相關教學。其網址如下：https://www.khanacademy.org/computing/computer-science/cryptography/modarithmetic/a/the-euclidean-algorithm。

※ **編註：**Khan Academy (可汗學院) 提供非常豐富的教學資源，內容涵蓋數學、天文、物理、經濟與金融、電腦科學、醫學、…等。

接著，我們繼續套用相同的演算法。從剛剛剩下的 640×400 公尺農地開始劃分，最大可劃分的面積為 400×400 公尺。

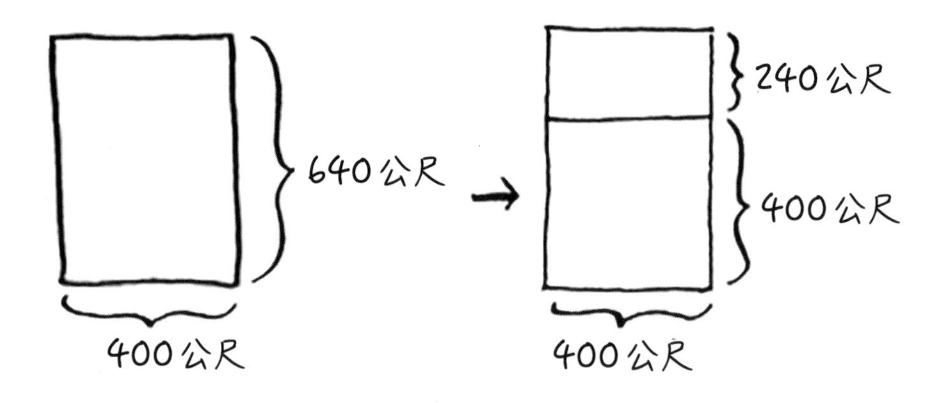

如此一來，就會剩下一塊 400×240 公尺的農地了。

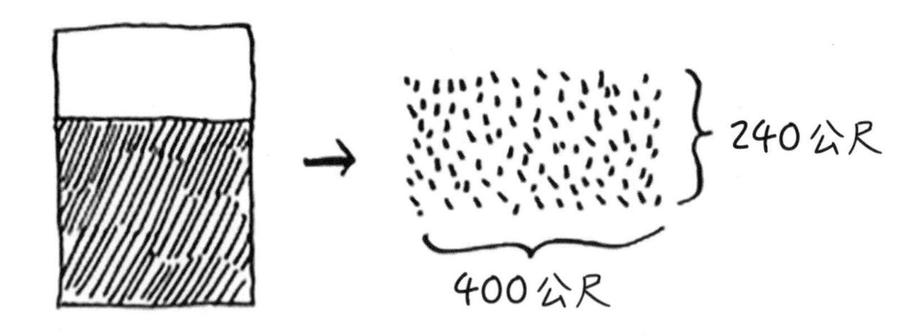

再繼續劃分 400×240 公尺的農地，會剩下一塊更小的 240×160 公尺農地。

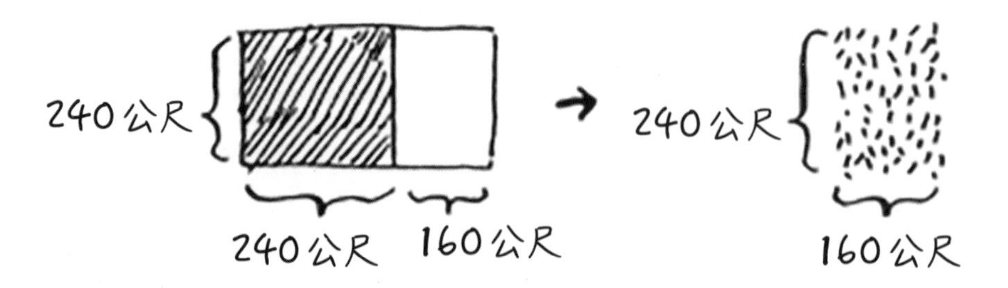

你可以繼續從 240×160 公尺的農地劃分出下一塊地，這樣剩下的農地面積會愈來愈小。

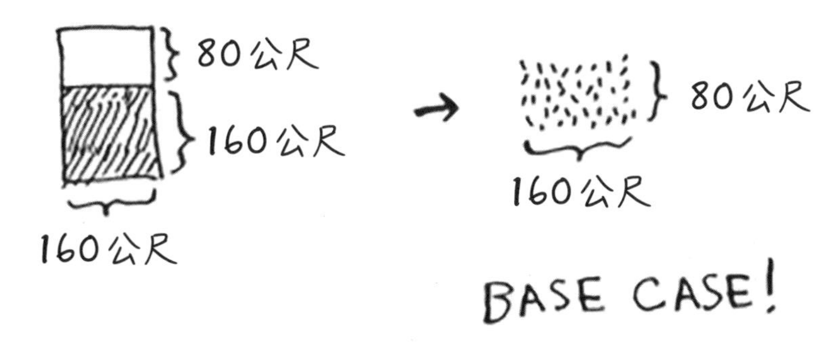

不斷劃分土地後，終於出現 Base Case 了！上圖的 160 公尺是 80 公尺的倍數。如果繼續劃分這塊農地後，就不會有剩下的農地了！

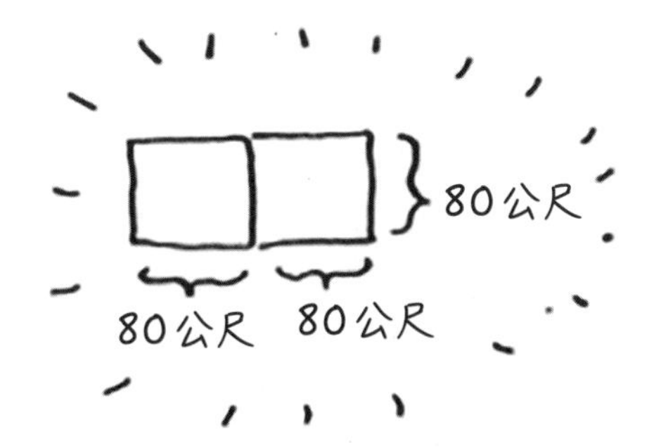

由此可知，原本 1680×640 公尺的農地所能分割的最大面積為 80×80 公尺。

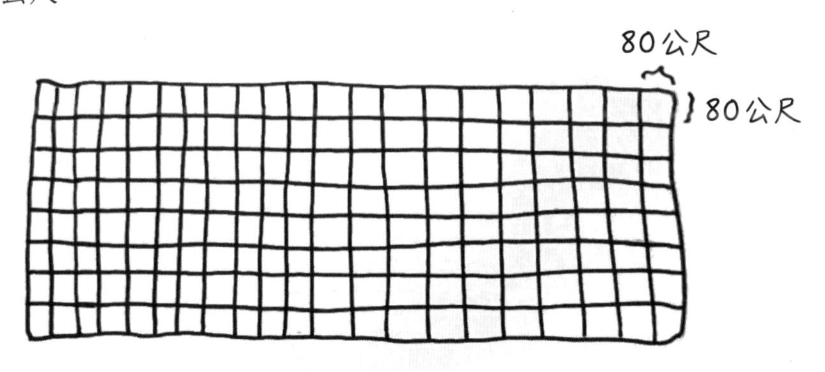

總結來說，D&C 的運作原理如下：

1. 先找出最單純的情況作為 Base Case (基本情況)。

2. 分割或縮減問題，直到將問題變成 Base Case。

D&C 不但可以解決問題，也能提供思考問題的方法。我們再看一個例子，右圖是一個數字陣列。

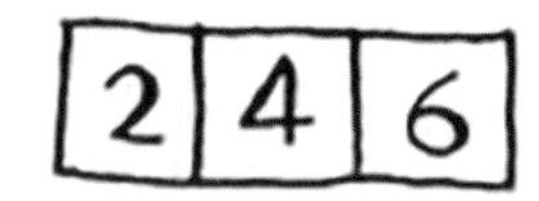

假如你要回傳陣列 (Python 是使用串列) 內所有數字的加總，在此用迴圈就能輕鬆完成：

▶ FileName：Python\Ch04\01_loop_sum.py

```
def sum(arr) :
    total = 0
    for x in arr:
        total += x
    return total

print(sum([2, 4, 6]))
```

執行結果

```
12
```

如果要改用遞迴函式，該怎麼做呢？

Step 1 先定義 Base Case。請先想想看最單純的陣列是什麼樣子？再繼續往下讀。如果陣列裡的元素為 0 個或 1 個，要加總就很容易了。

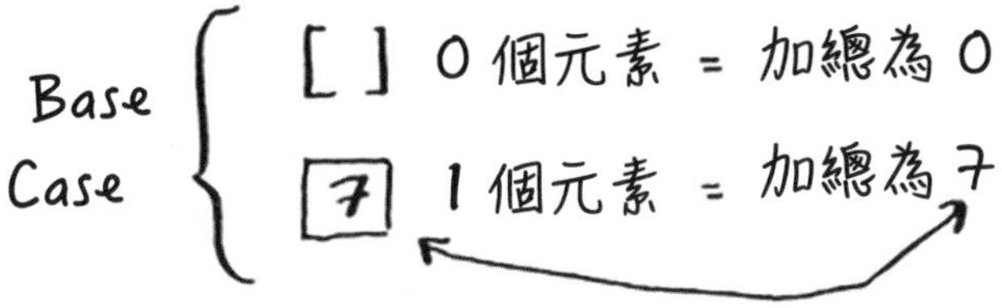

Base Case
[ ] 0 個元素 = 加總為 0
[7] 1 個元素 = 加總為 7

這就是 Base Case。

Step 2 接著，藉由每次遞迴呼叫，讓陣列內的元素數量愈接近 0 個 (編註：也就是「空陣列」)。那麼，我們要如何縮減問題呢？

- **方法 1**：

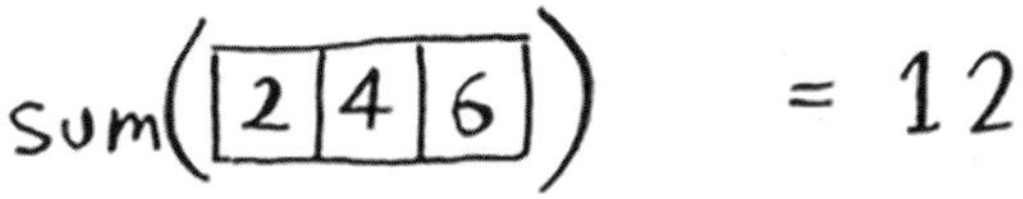

sum([2|4|6]) = 12

- **方法 2**：

2 + sum([4|6]) = 2 + 10 = 12

上述兩個方法的結果都是 12。但是**方法 2** 傳入 sum 函式的陣列元素較少。換句話說，就是縮減問題了！

sum 函式是如何運作的呢？請看底下的示意圖：

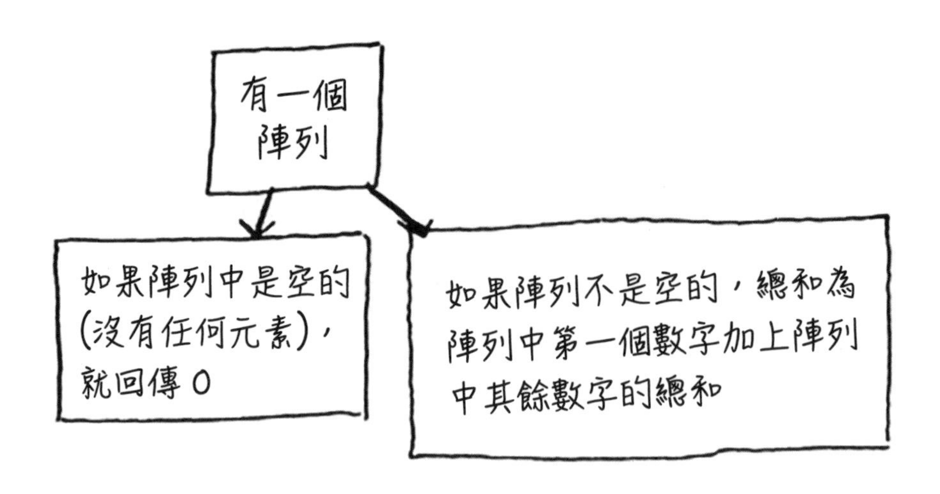

實際運作如下：

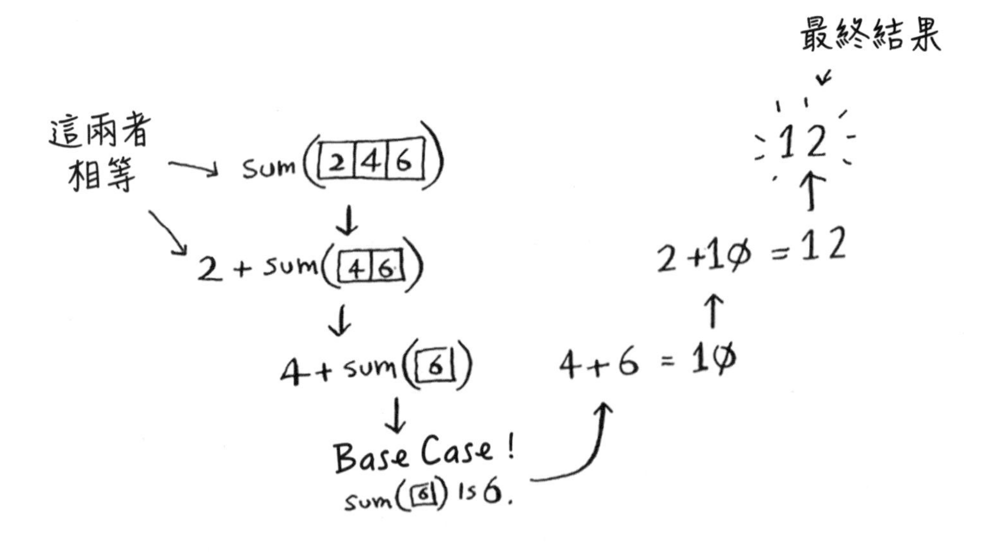

別忘了，遞迴會持續追蹤呼叫狀態 (即第 3 章的 Call Stack)。

在縮減到 Base Case 前，這些函式呼叫都不算執行完畢！

別忘了，遞迴會用 Call Stack 儲存這些尚未執行完畢的函式呼叫狀態

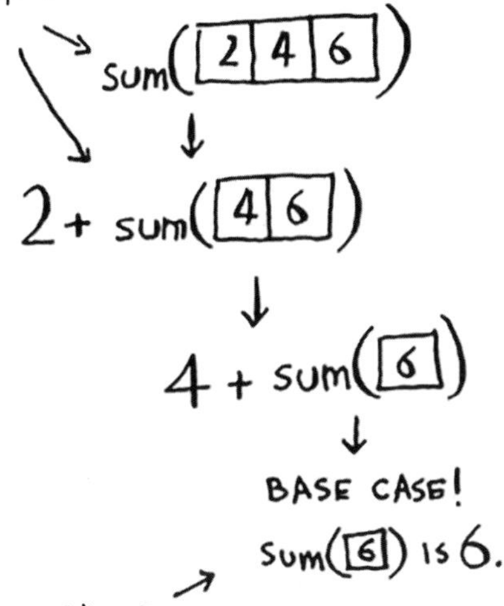

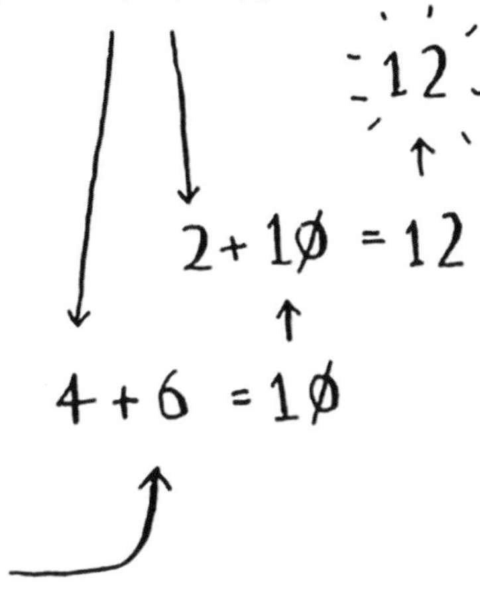

這是第一個執行完畢的函式

TIPS 如果撰寫遞迴函式時會用到陣列，通常會以「空陣列」或是含有一個元素的陣列作為 Base Case。當你遇到問題時，不妨先試試這個方法。

什麼是函數式程式設計 (functional programming)？

以剛才的陣列加總範例而言，你可能會想「用迴圈就能輕鬆完成，為什麼要用遞迴呢？」，其實我是想讓你體驗一下函數式程式設計！有些函數式程式語言 (如 Haskell) 沒有迴圈，所以得用遞迴的方式撰寫函式。當你瞭解遞迴的概念後，再學習函數式程式語言會比較容易上手。我將剛才的 sum 範例，改用 Haskell 來寫：

```
Sum [ ] = 0 ←— Base Case (基本情況)
Sum (x:xs) = x + (sum xs) ←— Recursive Case (遞迴情況)
```

▼接下頁

有沒有注意到這裡的函式有兩個定義？第一個定義會在進入 Base Case 時執行。第二個定義會在 Recursive Case 時執行。

你也可以在 Haskell 中使用 if 敘述寫出這個函式：

```
sum arr = if arr == []
            then 0
            else (head arr) + (sum (tail arr) )
```

由於 Haskell 大量使用遞迴，所以提供許多貼心的設計，讓遞迴更容易使用。如果對遞迴很有興趣，或是想多學一種程式語言，可以考慮 Haskell。

練習

4.1 請撰寫上述 sum 函式的程式碼。

4.2 請寫出一個回傳陣列元素數量的遞迴程式。

4.3 請找出陣列內最大的數字。

4.4 還記得第一章的二元搜尋法嗎？它也是一個 D&C 的演算法，請列出二元搜尋法的 Base Case 和 Recursive Case。

4-2 快速排序法 (Quicksort)

快速排序法 (Quicksort) 是一種排序演算法，它的執行速度比**選擇排序法** (Selection sort) 快上許多，是常用的演算法之一。例如，C 語言的標準函式庫中有個 qsort 函式，這個函式就是快速排序法的實作。快速排序法也活用了 D&C 的技巧。

空陣列或只有 1 個元素的陣列

如果要用快速排序法執行陣列元素的排序，哪一種陣列是排序演算法可處理的最單純陣列？(回想一下上一節提到的 Base Case)，也就是說，哪些陣列是完全不需要排序的？

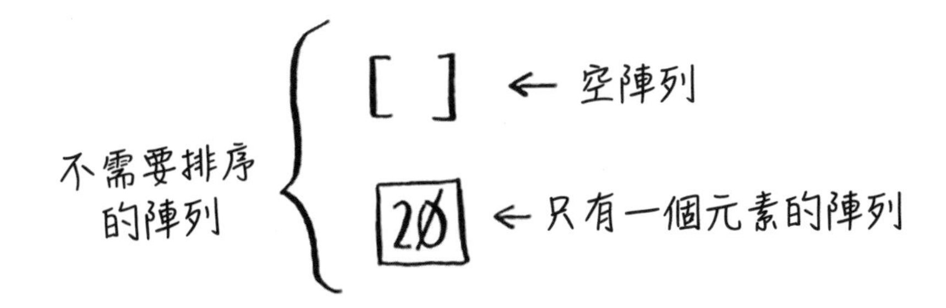

空陣列或是只有一個元素的陣列都屬於 Base Case，因為沒有需要排序的元素，所以可以直接回傳陣列：

```
def quicksort(array) :
    if len(array) < 2:
        return array
```

2 個元素的陣列

如果只有兩個元素的陣列也很容易排序。

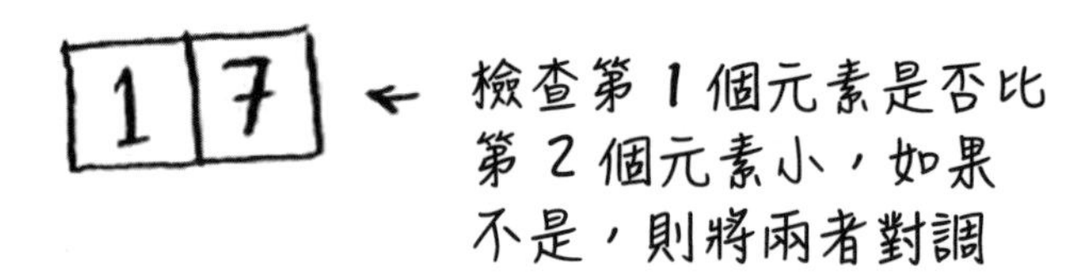

3 個元素的陣列

那麼有 3 個元素的陣列，又該如何處理呢？

別忘了，我們正在使用 D&C，所以要把這個陣列縮小到符合 Base Case 為止，這正是快速排序法的運作方式。首先，請從陣列中取出一個元素，這個元素就叫做**基準值** (pivot)。

我們稍後會討論如何挑選一個好的基準值，暫時先將陣列的第一個元素當作基準值。

接著，找出「比基準值小的元素」以及「比基準值大的元素」。

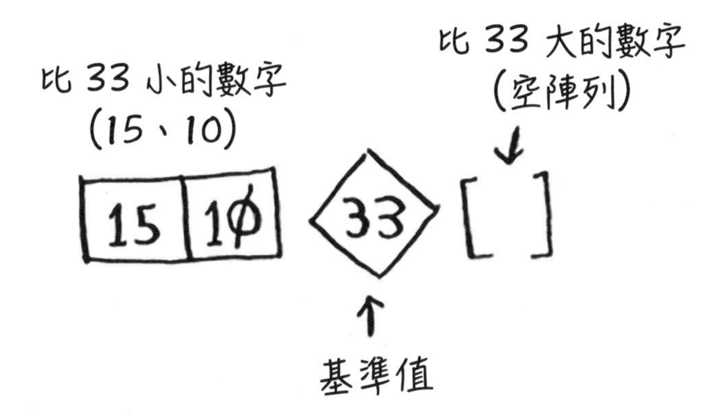

這個過程稱為**分割** (partitioning)。完成分割後會得到：

- 所有小於基準值的子陣列
- 基準值
- 所有大於基準值的子陣列

子陣列的排序

剛分割好的這兩個子陣列（ [15, 10] 及 [ ] ）還沒有經過排序，該如何排序這些子陣列呢？我們剛才已經知道在快速排序法的 Base Case 下如何處理兩個元素的陣列 (左邊的子陣列) 以及空陣列 (右邊的子陣列)。所以，如果我們用快速排序法來排序這兩個子陣列並將結果組合在一起，就會得到一個排序好的陣列了！

```
quicksort ([15, 10]) + [33] + quicksort ([ ])
> [10, 15, 33] ←— 排序好的陣列
```

如果兩個子陣列在分割前就已經排序好，那麼只要將它們組合在一起(左邊的陣列＋基準值＋右邊的陣列)，就是一個排序好的陣列。以下圖的例子而言，就是 [10, 15] + [33] + [] = [10, 15, 33]。

不論選擇哪個元素當作基準值，都可以完成陣列排序。例如選擇 15 當作基準值。

兩個子陣列都只有一個元素 (分別為 10 及 33)，用剛才所學的方法完成兩個子陣列的排序後，再將結果組合在一起，就完成整個陣列的排序，我們將步驟整理如下：

1. 挑選一個基準值。
2. 將陣列分割成兩個子陣列：一個存放小於基準值的元素，另一個存放大於基準值的元素。
3. 遞迴呼叫快速排序法處理兩個子陣列。

4 個元素的陣列

若陣列中有 4 個元素，該如何處理呢？

假設選擇 33 當作基準值。

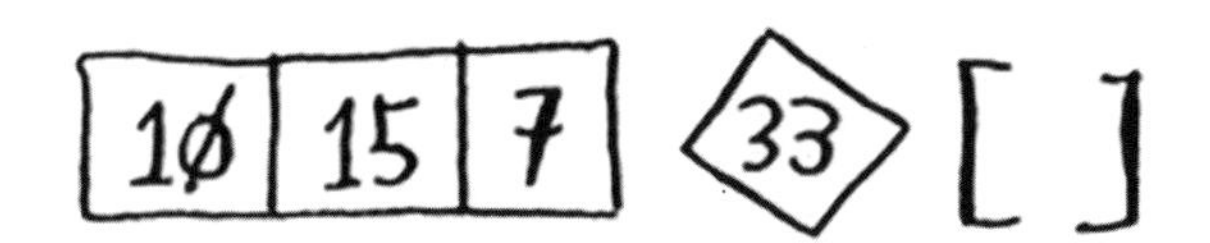

左邊的子陣列有 3 個元素，只要對子陣列遞迴呼叫快速排序法就完成排序了。

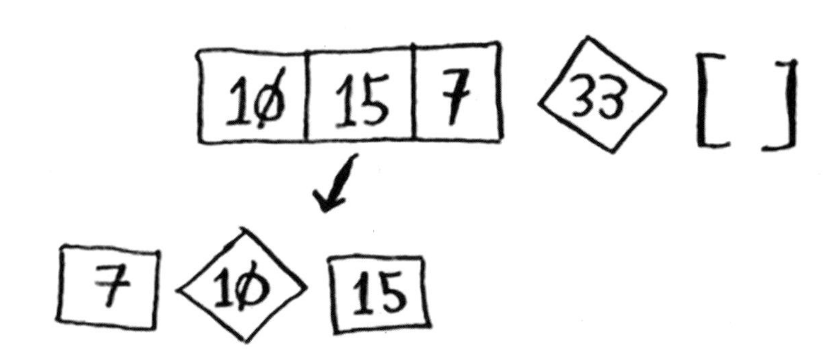

接著，依照前面所學的方法對含有 4 個元素的陣列進行排序。當你會排序 4 個元素的陣列，那麼 5 個元素的陣列排序也不會有問題。

5 個元素的陣列

下圖是含有 5 個元素的陣列。

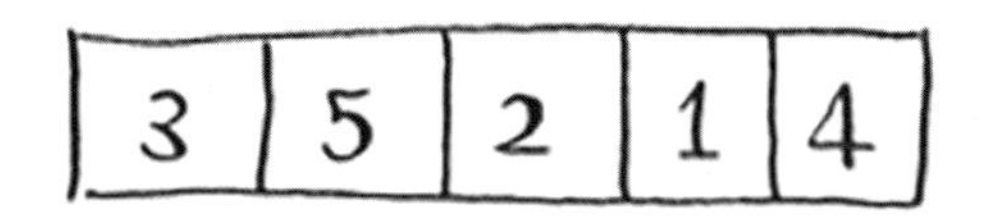

依所選的基準值不同，陣列的分割情況如下：

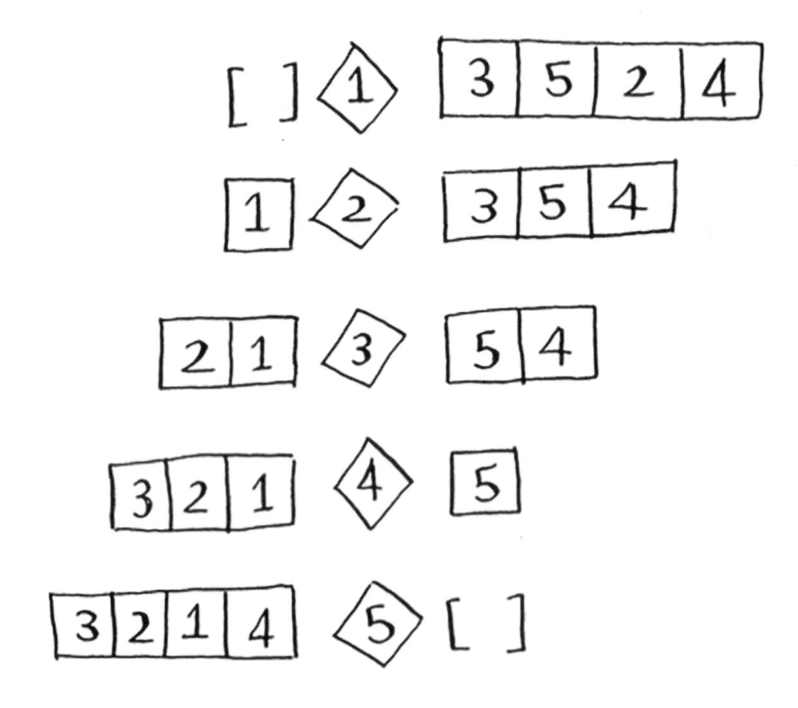

你會發現所有子陣列的元素數量都介於 0 到 4 之間。而你已經知道如何用快速排序法排序 0 到 4 個元素的陣列了！所以不管基準值是什麼，都能遞迴呼叫快速排序法處理分割出來的兩個子陣列。

舉例來說，若選擇 3 當作基準值，並呼叫快速排序法處理子陣列。

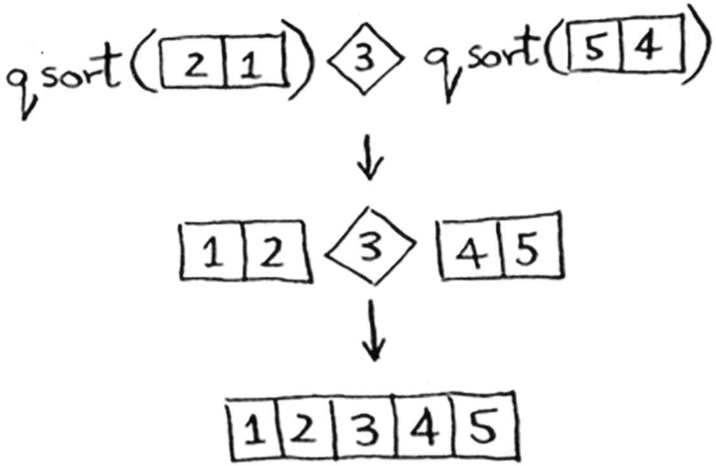

排序好兩個子陣列，然後將全部的子陣列組合起來，就會得到一個完成排序的陣列。如果選 5 當作基準值也沒問題。

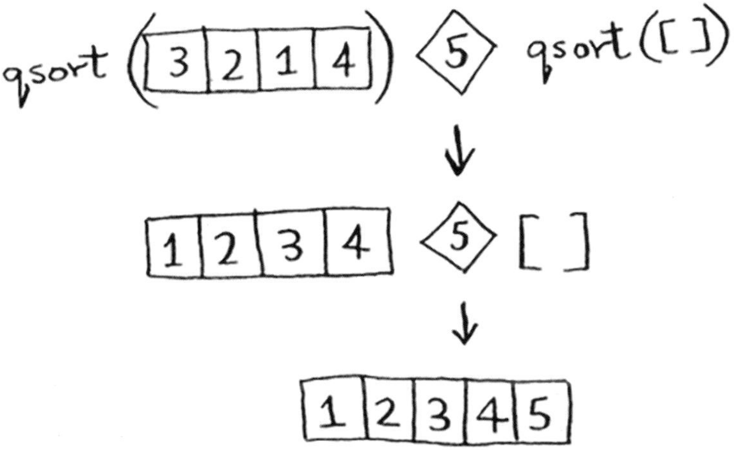

不論選擇哪個數字當作基準值都可以得到一樣的結果，所以你已經學會對 5 個元素的陣列做排序。不論陣列中含有多少元素都能用同樣的邏輯來排序。

歸納證明法 (Inductive Proof)

剛才的説明其實已經踏入**歸納證明法** (Inductive Proof) 的領域了！歸納證明法是一種用來證明演算法能否運作的方法。歸納證明法包含兩個步驟：**Base Case (基本情況)** 及 **Inductive Case (歸納情況)**。是否有種似曾相識的感覺？舉例來説，我要證明我能爬到梯子的頂端。在 Inductive Case 下，如果我的腳踩在第一個階梯，我就能用另一隻腳往上踩在第二個階梯上，如果我踩在第二個階梯，就能繼續往上踩第三個階梯。而 Base Case 又可以確保，我的腳踩在第一個階梯，所以我可以每次往上踩一階，直到爬到梯子的頂端。

快速排序法的原理就是如此。在 Base Case 下，快速排序法對 0 及 1 個元素的陣列產生作用。在 Inductive Case 下，如果快速排序法能處理 1 個元素的陣列 (編註：因為有 Base Case，所以可以處理 1 個元素的陣列) 它就能處理 2 個元素的陣列。如果能處理 2 個元素的陣列，那麼就能處理 3 個元素的陣列，依此類推。這樣我們就能説快速排序法能處理任何個數的陣列了！歸納證明法是個有趣的方法，且與 Divide & Conquer 密不可分。

快速排序法的程式碼如下：

▶ FileName：Python\Ch04\02_quicksort.py

```
def quicksort(array) :
    if len(array) < 2:
      return array  ← Base Case：含有 0 或 1 個元素的陣列，就不用再排序了
    else:
      pivot = array[0]  ← Recursive Case
      less = [i for i in array[1:] if i<= pivot]  ← 所有比基準值小的元素的子陣列

      greater = [i for i in array[1:] if i > pivot]  ← 所有比基準值大的元素的子陣列

      return quicksort(less) + [pivot] + quicksort(greater)

print(quicksort([10, 5, 2, 3]))
```

執行結果

```
2, 3, 5, 10
```

4-3 進一步了解 Big O notation 的執行時間

快速排序法之所以獨特，**在於它的執行時間取決於所選定的基準值**。在繼續討論快速排序法前，我們先複習一下常見的 Big O 執行時間。

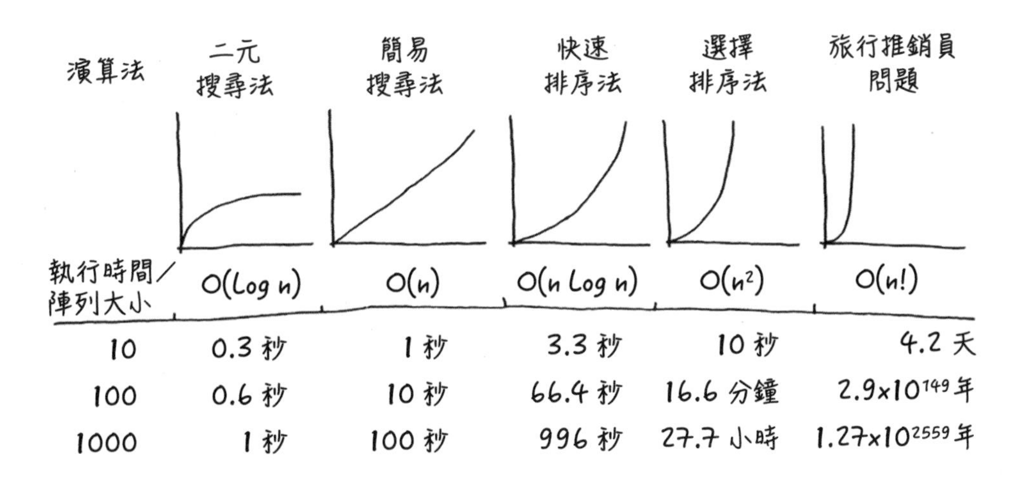

▲ 上圖是使用每秒只能執行 10 次操作的超慢電腦所推估的執行時間。例如，陣列大小 n=10，運算次數 $\log_2 10 \approx 3.3$，除以運算速度 10 次 / 秒 ≈ 0.3 秒。

上圖是以每秒執行 10 次操作的超慢電腦所推估的執行時間，圖中的數值並不是精確值，只是要幫助你理解不同演算法的執行時間差異。一般我們實際使用的電腦，其執行速度遠遠超過 10 次操作。

上圖每個執行時間都有對應的演算法。例如第 2 章學過的選擇排序法 (Selection Sort)，其執行時間是 $O(n^2)$，實在是很慢的演算法啊！

快速排序法是比較特別的演算法，在「最差情況 (worst case)」下，執行時間是 $O(n^2)$，這就跟選擇排序法 (Selection Sort) 一樣慢。在「平均情況 (average case)」下，快速排序法的執行時間為 O(n log n)。

此外，還有一種排序演算法叫做**合併排序法** (Merge Sort)，請參考底下的「小編補充」，它的執行時間不論是在「最差的情況 (worst case)」還是「平均情況 (average case)」都是 O(n log n)。看完這裡的描述，你可能會產生兩個疑問：

- 這裡指的「最差情況 (worst case)」和「平均情況 (average case)」是什麼意思？
- 如果快速排序法在「平均情況」下的執行時間為 O(n log n)，而合併排序法不論在何種情況都是 O(n log n)，為什麼不用合併排序法就好了呢？它不會比較快嗎？

別擔心！關於這些疑問我們稍後就會做說明。

小編補充 合併排序法 (Merge Sort)

合併排序法可分成「分割」及「合併」兩個階段。「分割」是指將想要排序的大陣列先對半分割成兩個小陣列，再分別將兩個小陣列對半分割，重複同樣的操作，直到每個小陣列都只剩下一個元素。完成「分割」後，接著要「合併」各組陣列，將只剩下一個元素的兩個小陣列進行排序並合併在一起，重複同樣的操作，直到將全部的陣列組合成一個完成排序的陣列。

看到這裡，相信你還是不太了解合併排序法的運作，我們用一個含有 5 個元素的陣列來説明合併排序法的運作過程，看完圖解就很容易理解了！

▼接下頁

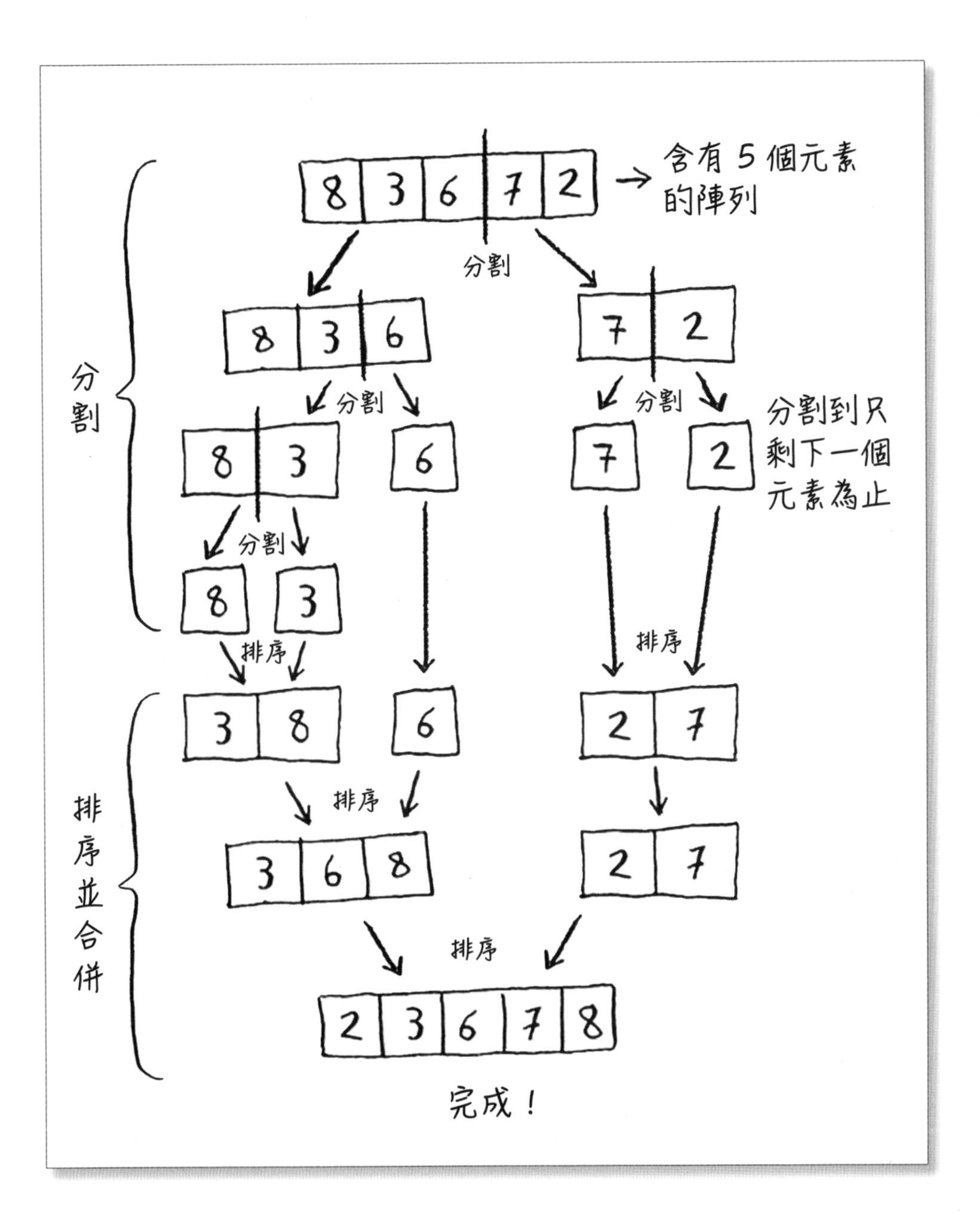
8 3 6 7 2
含有 5 個元素的陣列
分割
8 3 6
7 2
分割
分割
8 3
6
7
2
分割到只剩下一個元素為止
分割
8
3
分割
排序
排序
3 8
6
2 7
排序
3 6 8
2 7
排序並合併
排序
2 3 6 7 8
完成！

時間常數 (time constant) 的影響

先前提到快速排序法在「平均情況」下的執行時間為 O(n log n)，而合併排序法不論在何種情況都是 O(n log n)，為什麼不用合併排序法就好了呢？在此用簡單的函式來說明。底下的函式可輸出 list 中的每個元素：

▶ FileName：Python\Ch04\03_time_constant_a.py

```
def print_items(list):
    for item in list:
      print(item, end=' ')

a = [2, 4, 6, 8, 10]
print_items(a)
```

上面這個函式會遍尋 list 中的每個元素並將其列印出來。因為每個元素都會被查找一次，所以這個函式的執行時間是 O(n)。如果我們修改這個函式，故意讓它在列印每個元素前先休眠 (停頓) 1 秒：

▶ FileName：Python\Ch04\03_time_constant_b.py

```
from time import sleep
def print_items2(list):
    for item in list:
        sleep(1)
        print(item, end=' ')

a = [2, 4, 6, 8, 10]
print_items2(a)
```

上面這個函式，會在印出每個元素前，先停頓一秒。

從右頁的示意圖，你可以清楚看出分別用這兩個函式印出 list 中的 5 個元素有何差異。

2	4	6	8	10

print_items: 2 4 6 8 10

print_items2: <sleep> 2 <sleep> 4 <sleep> 6 <sleep> 8 <sleep> 10

剛才兩個函式都會存取 list 中的每個元素一次，所以執行時間都是 O(n)。你覺得在實際應用時，哪一個函式比較快？我認為 print_items 會比較快，因為不用在列印每個元素前等待 1 秒。這就是為什麼，雖然兩個函式的 Big O 執行時間都一樣，但是 print_items 在實際應用時比較快。

雖然兩個函式的執行時間都是 O(n)，但還要考慮「時間常數 (time constant)」的影響。下圖的 C 就是一個**常數** (constant)，代表演算法所需耗費的固定時間量 (Amount of Time)，例如：sleep(1) 固定會耗掉 1 秒。

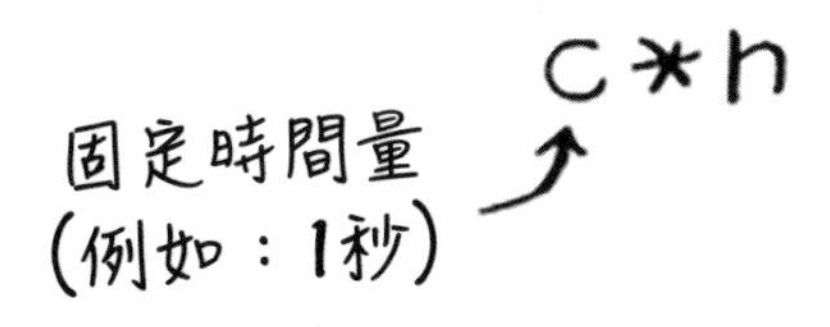

假設剛才第一個函式的 print_item 其固定執行時間為「10 毫秒 * n」，也就是說印出一個元素要花 10 毫秒，**印出 5 個元素共要花 50 毫秒**；第二個函式的 print_items2 其固定執行時間為「1 秒 * n」，印出一個元素要花 1 秒，**印出 5 個元素共要花 5 秒**。

一般而言，時間常數會被忽略，因為當兩個演算法的 Big O 執行時間不一樣，那麼時間常數的影響就不大。以二元搜尋法 (Binary Search) 和簡易搜尋法 (Simple Search) 為例，假設兩個演算法的時間常數如下：

10 毫秒 * n	1 秒 * Log n
簡易搜尋法	二元搜尋法

你可能會想：「簡易搜尋法的常數為 10 毫秒，而二元搜尋法的常數為 1 秒，所以簡易搜尋法比較快！」。但是如果要搜尋的陣列有 40 億個元素，請看看它們的執行時間。

簡易搜尋法 | 10 毫秒 * 40 億 = 463 天
(編註：0.01 * 4,000,000,000/60/60/24)

二元搜尋法 | 1 秒 * 32 = 32 秒
(編註：log_2 4,000,000,000 = 32)

看來二元搜尋法還是比較快。在執行時間不同的情況下，常數一點影響力也沒有。

但有時候，常數是有影響力的。就像快速排序法和合併排序法就是一個例子。快速排序法的常數比合併排序法小。所以如果兩個演算法的執行時間都是 O(n log n) ，那麼快速排序法比較快。快速排序法在實際應用中也比較快，因為平均情況發生的機率比最差情況要高出許多。

你現在可能會好奇，平均情況和最差情況到底是什麼？

平均情況與最差情況

快速排序法的執行時間主要取決於所選定的基準值。如果每次都選擇第一個元素當作基準值，並且用快速排序法來排序一個已經排序過的陣列，快速排序法並不會先檢查這個陣列是否已經排序過，所以它還是會再次排序。

範例 1：最差情況

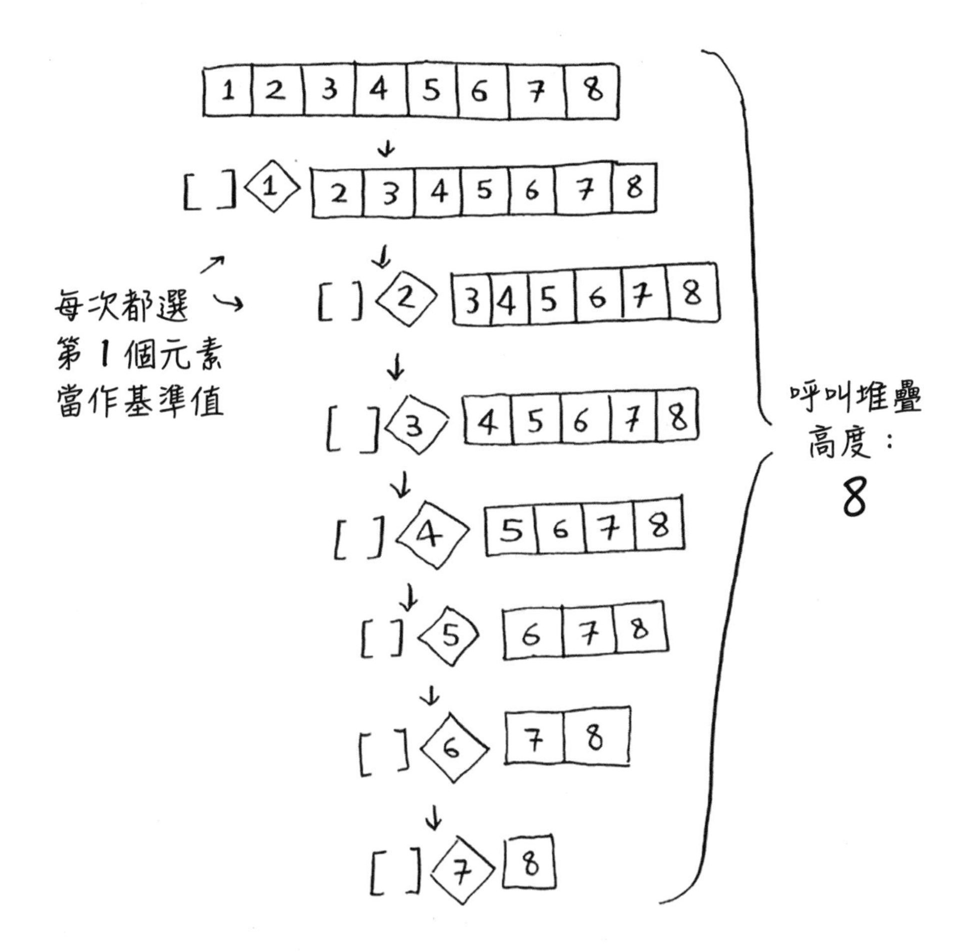

請注意，上圖我們並沒有將陣列做對半分割，而是讓其中一個子陣列變成空的。這會使得呼叫堆疊變很高。但如果每次都選擇用中間的元素當作基準值，再來看看呼叫堆疊會如何變化。

範例 2：最佳情況

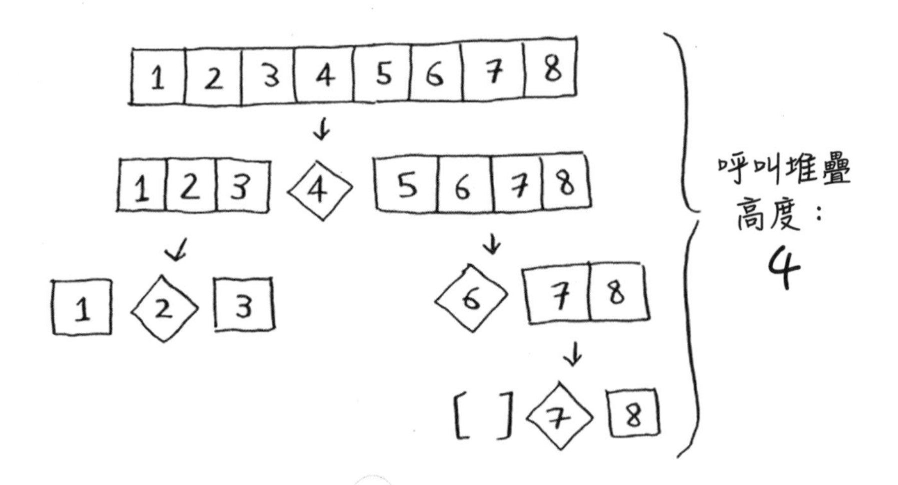

堆疊的高度下降很多！這是因為我們每次都將陣列對分成一半，所以就不需要遞迴呼叫這麼多次了。能夠愈快進入 Base Case，呼叫堆疊的高度就會愈低。

上述的**範例 1** 是「最差情況」，**範例 2** 是「最佳情況」。最差情況的堆疊高度是 O(n)。最佳情況的堆疊高度是 O(log n)。只要每次都選擇隨機元素當作「基準值」，就可以得到最佳情況，請繼續往下看，以找出原因。

我們從下圖的第一層堆疊選了一個元素當作基準值，並將剩下的元素分到子陣列中。陣列中的 8 個元素都被存取過一次，所以第一次操作的執行時間為 O(n)。在這層呼叫堆疊中，我們存取了 8 個元素。事實上，我們在呼叫堆疊中的每一層都要存取 O(n) 個元素。

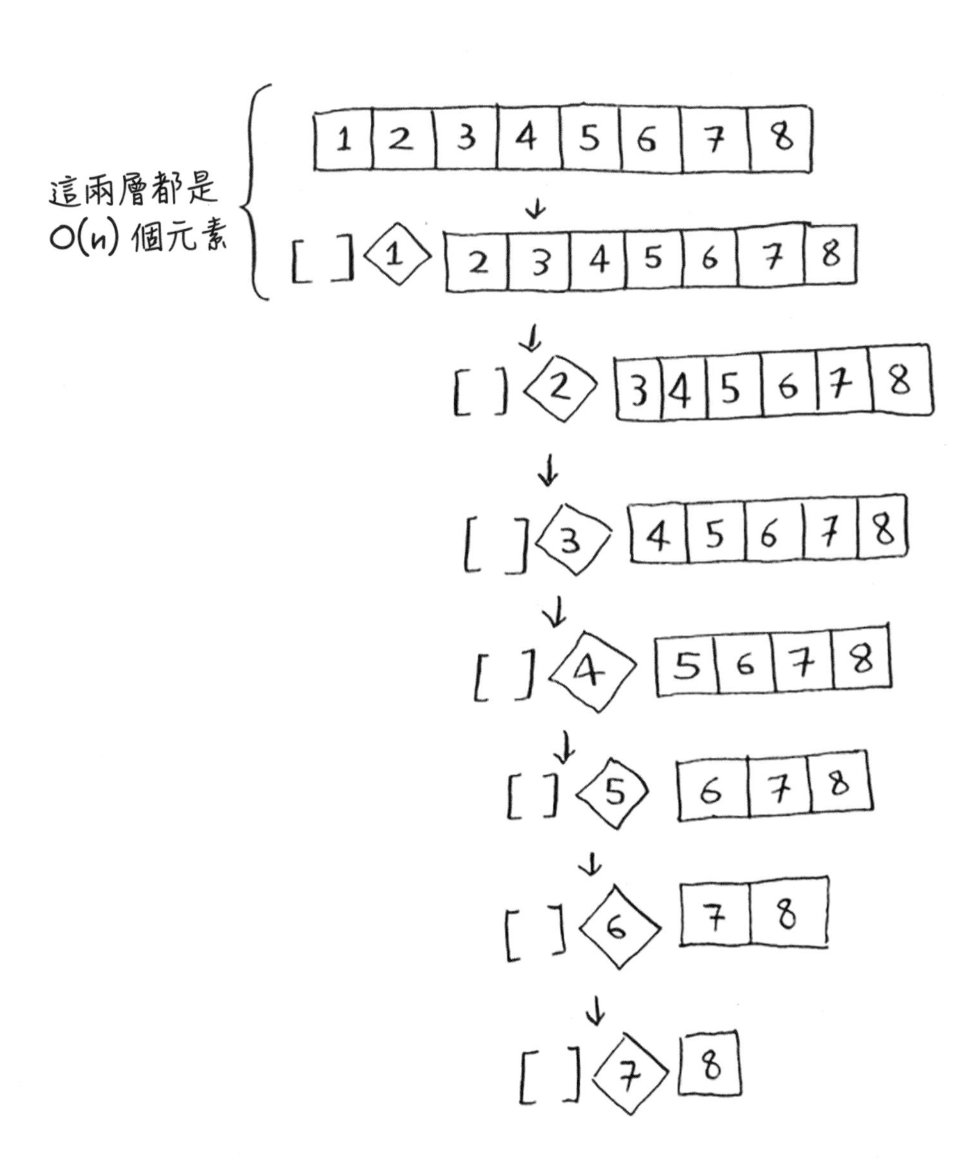

就算我們用不同的方式分割陣列，每次都還是會存取 O(n) 個元素。

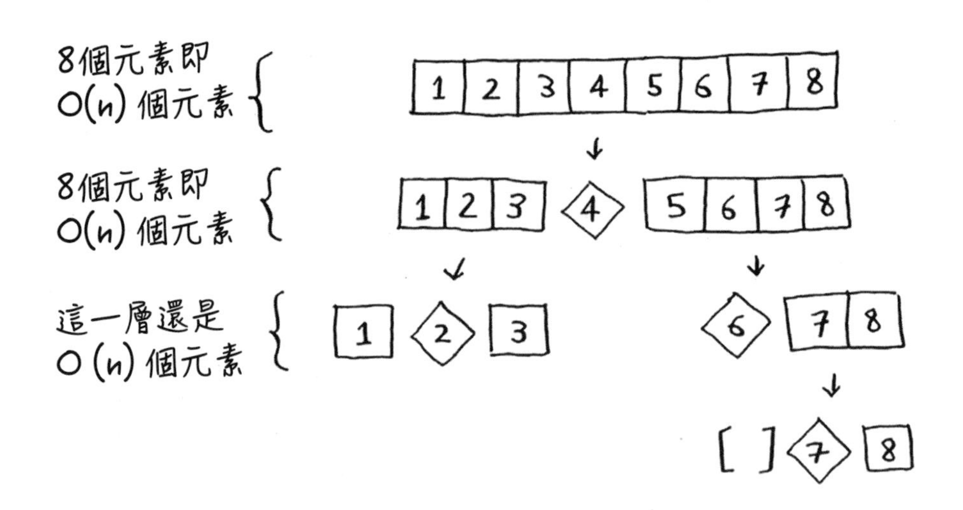

所以每一層都得耗時 O(n) 的執行時間才能完成分割。

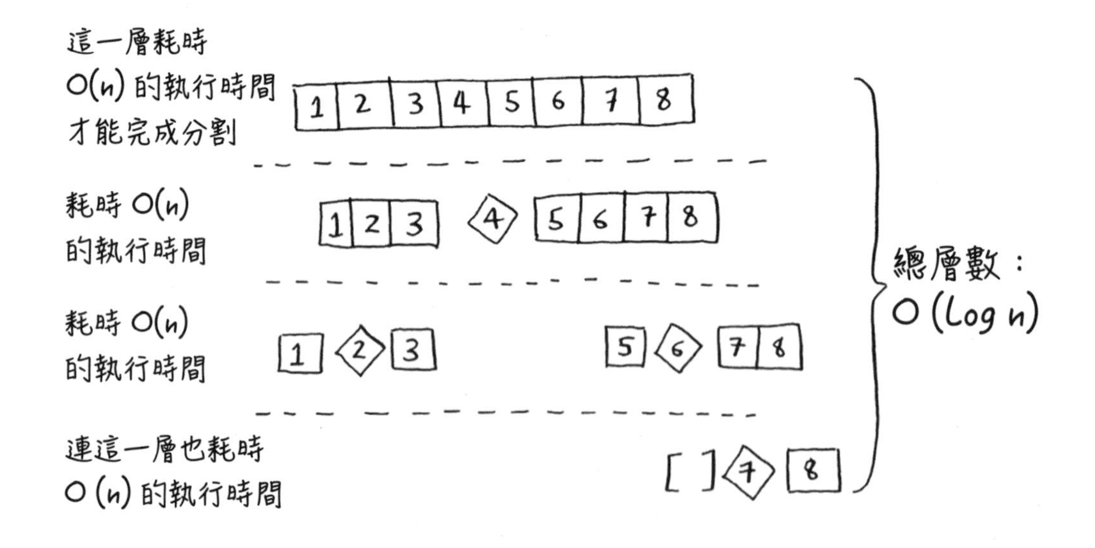

上圖共有 O(log n) 層 (專業用語是：呼叫堆疊的高度為 O(log n))，每一層的執行時間為 O(n)，所以這個演算法的完整執行時間為：O(n) * O(log n) = O (n log n)。以上這就是最佳情況。

在最差情況下，共有 O(n) 層，所以這個演算法的執行時間為：O(n) * O(n) = O (n^2)。

事實上，最佳情況就是平均情況，沒想到吧！如果每次都從陣列中隨機挑選任一個元素作為基準值，那麼快速排序法的平均執行時間是 O (n log n)！快速排序法是最快的排序演算法之一，同時也是 D&C 的絕佳範例。

練習

請以 Big O notation 描述以下各項操作會耗費多久的時間。

4.5 印出陣列內的所有元素。

4.6 將陣列內所有元素的數值加倍。

4.7 只將陣列內第 1 個元素的數值加倍。

4.8 用陣列內的所有元素組成乘法表。如果陣列為 [2, 3, 7, 8, 10]，那麼你必須將所有元素先乘以 2，再乘以 3，然後乘以 7，依此類推。

4-4 本章摘要

✓ Divide-and-Conquer(D&C) 的精髓在於：將一個問題分解成越來越小的問題。使用 Divide-and-Conquer 處理陣列時，Base Case 就是一個空陣列或是單一元素的陣列。

✓ 使用快速排序法時，需隨機選取一個元素作為基準值。快速排序法的平均執行時間為 O(n log n) ！

✓ Big O notation 的常數在某些情況下是有意義的，這也就是為什麼快速排序法比合併排序法還要快。

✓ 對於簡易搜尋法和二元搜尋法而言，常數沒有實質的影響，因為當陣列很龐大時，O(log n) 比 O(n) 快太多了。

雜湊表 (Hash table)

5

chapter

本章重點：

- 本章將介紹**雜湊表** (Hash table)，這是非常實用的資料結構。雜湊表的用途很廣，本章以最常見的應用為主。

- 瞭解雜湊表的核心：實作 (implementation)、碰撞 (collision) 和雜湊函式 (Hash Function)，將有助於你分析雜湊表的執行效能。

假設你在雜貨店工作，當顧客來買東西時，你得從價目表查詢商品的價格才能結帳。如果價目表沒有事先排序，就得花時間逐項瀏覽，才能找到顧客要買的商品價格。像這樣一項一項地查價就是「簡易搜尋法」，還記得這會花多少時間嗎？答案是 O(n) 時間。如果價目表已經排序過，就可以用「二元搜尋法」找出商品的價格，而且只要 O(log n) 的執行時間。

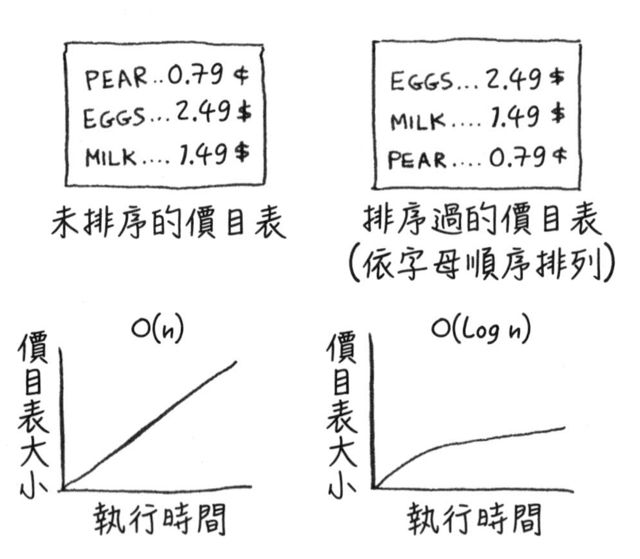

別忘了，O(n) 與 O(log n) 的執行時間差很多！假設每 1 秒可以查找 10 項商品價格 (即執行速度為 1 秒查找 10 次)，簡易搜尋法和二元搜尋法的執行時間如下。

價目表中的商品個數	O(n)	O(log n)	
100	10 秒	1 秒	← $Log_2 100$ 查找 7 次
1000	1.66 分鐘	1 秒	← $Log_2 1000$ 查找 10 次
10000	16.6 分鐘	2 秒	← $Log_2 10000$ 查找 14 次

※ **編註：**上圖 O(n) 的算法是：「商品個數」除以「每 1 秒可查找 10 項商品」，超過 60 秒換算成分鐘；而 O(log n) 的算法是：先用「$\log_2$ 商品個數」算出需查找的次數，再除以查找速度 (即每 1 秒可查找 10 項商品)。由於 Big O 是採**數量級** (Order of Magnitude) 估算運算次數或執行時間，假設 $\log_2 n$ (商品數量為 100)，執行時間是 1 秒，當商品數量 (n) 為 10000 時，其執行時間即為 2 秒 ($\log_2 10000 = 2\log 100$)。

雖然二元搜尋法的執行速度非常快，但是對收銀員而言，即使價目表已經做好排序，每次都要查詢價格還是很累人，而且查找時顧客也會等得不耐煩。收銀員需要的是一位已經將品名和價格背起來，而且能隨問隨答的夥伴。這樣就不需要再查價了。

不論價目表中有多少個品項，好夥伴 Maggie 都能在 O(1) 的執行時間內告訴你任一個品項的價格。速度甚至比二元搜尋法還快 (編註：O(1) 就是執行時間和 n 無關，不會隨著 n 變大而增加)。

	簡易搜尋法	二元搜尋法	Maggie
價目表中的商品個數	O(n)	O(log n)	O(1)
100	10 秒	1 秒	瞬間
1000	1.66 分鐘	1 秒	瞬間
10000	16.6 分鐘	2 秒	瞬間

這麼棒的夥伴要去哪裡找呢？

我們複習一下先前介紹過的**陣列**和**串列**這兩種資料結構，在此把價目表當作陣列來看。

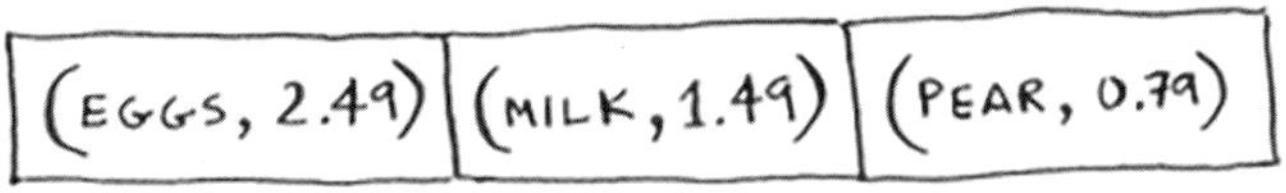
(EGGS, 2.49)
(MILK, 1.49)
(PEAR, 0.79)

陣列內的每個元素其實有兩項，一個是商品名稱，另一個是價格。如果用商品名稱來排序，就能用二元搜尋法找出特定商品的價格了，而且搜尋時間是 O(log n)。但是我們希望能在 O(1) 的時間內找出價格。換句話說，我們需要打造一個 "Maggie"，要如何打造呢？這就是 Hash Function (雜湊函式) 派上用場的時候了。

5-1 雜湊函式 (Hash Function) 與雜湊表 (Hash Table)

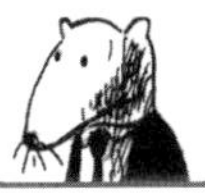

雜湊函式 (Hash Function)

雜湊函式 (Hash Function) 是一種將輸入的字串 (這裡所指的字串是指以連續位元組 (byte) 表示的任何類型資料) 輸出成數字的函式。

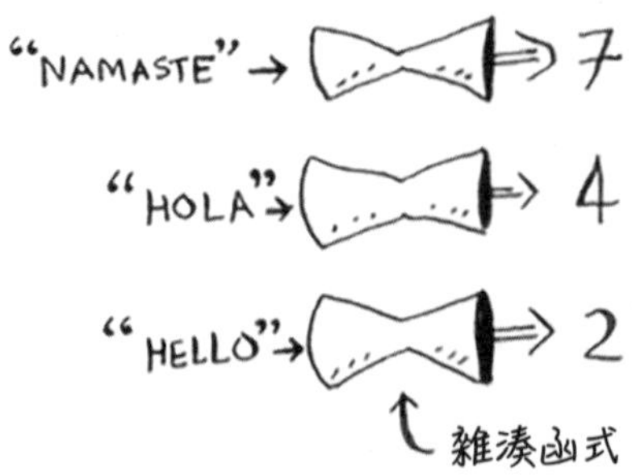
"NAMASTE"
7
"HOLA"
4
"HELLO"
2
雜湊函式

...依此類推...

以技術用語來說就是**雜湊函式會將字串對應到數字**。你可能會認為輸入的字串和回傳的數字沒有任何關聯，其實雜湊函式有一定的規則存在：

- **必須有一致性**。例如，輸入 "apple" 後得到 4 這個數字。那麼每次輸入 "apple" 時，也都應該得到 4。否則雜湊函式就不會運作。
- **不同的字串要對應到不同的數字**。例如，不論輸入什麼字串，雜湊函式都只會回傳 1，那這個雜湊函式就沒什麼意義。在最佳情況下，一個字串只會對應到一個數字。

所以，雜湊函式的作用就是將字串對應到數字，這樣有什麼好處呢？好處就是可以幫你打造一個 "Maggie"！

經由雜湊函式將資料存入陣列

Step 1 首先，建立一個可存放 5 個元素的空陣列：

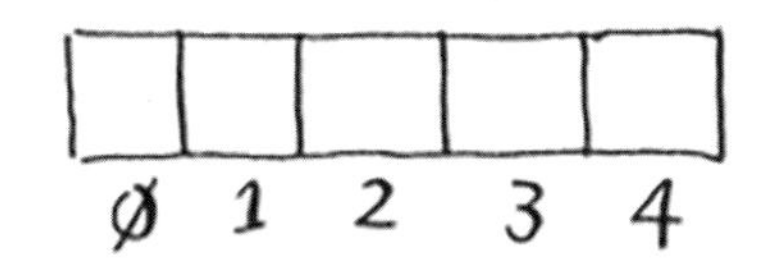

Step 2 將所有價格存到這個空陣列內。例如存入 APPLE（蘋果）的價格。將「APPLE」送進 (feed) 雜湊函式時會回傳 3。

Step 3 依雜湊函式回傳的值，將 APPLE 的價格存入陣列中的索引 3。

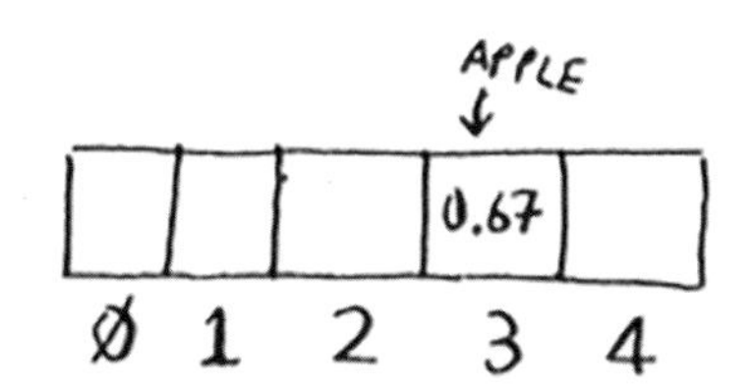

Step 4 將「MILK」(牛奶) 送進 (feed) 雜湊函式，其回傳結果為 0。

Step 5 依雜湊函式回傳的值，將「MILK」的價格存入陣列中的索引 0。

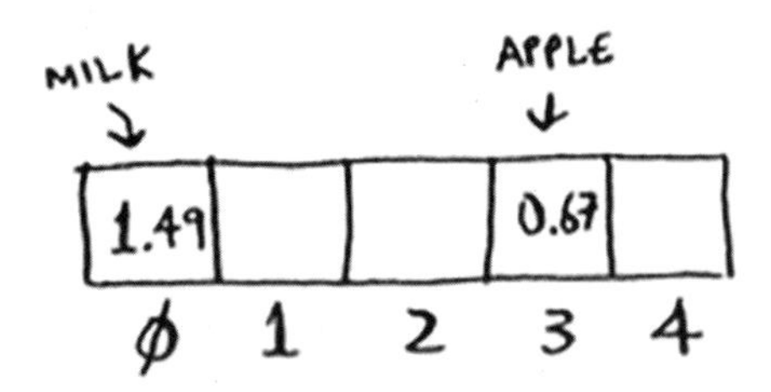

Step 6 重複上述步驟，直到在陣列中存放所有產品的價格。

當你想知道「AVOCADO」(酪梨) 多少錢時，不必辛苦地搜尋陣列，只要在雜湊函式中輸入「AVOCADO」，雜湊函式就會回覆你，價格放在索引 4 的位置。

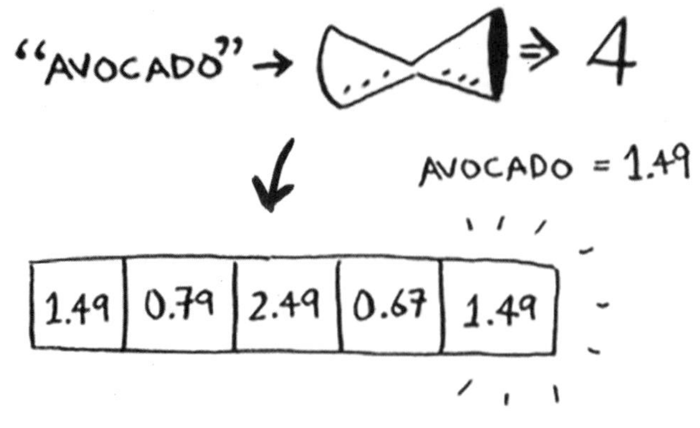

▲ 恭喜你！成功打造了一個 "Maggie"！

剛才的雜湊函式可以準確地告訴你存放「價格」的正確位置，因此你完全不用自己搜尋。其運作原理如下：

- 雜湊函式會始終將一個特定的名稱對應到相同的索引。每次輸入「AVOCADO」(酪梨)，就會回傳同樣的數字。因此，先用雜湊函式找出「AVOCADO」的價格存在哪個位置，再用取得的位置找出價格。
- 雜湊函式會將不同的字串對應到不同的索引。例如，「AVOCADO」對應到索引 4。「MILK」對應到索引 0。所有品項都有各自對應存放價格的陣列索引。
- 雜湊函式知道陣列的大小，所以只會回傳符合陣列大小的索引值。如果陣列有 5 個元素，雜湊函式不會回傳 100，因為 100 不是陣列的有效索引值！

※ **編註：**雜湊函式 (Hash Function) 是一個函數，它必須和資料結構 (例如上例的陣列) 搭配，才能用來存放或查找資料。請見以下內容。

雜湊表 (Hash Table)

當我們將雜湊函式與陣列組合在一起，就會得到一個**雜湊表** (Hash Table) 資料結構。雜湊表是本書第一個介紹內含邏輯概念的資料結構。陣列和串列會直接對應到記憶體位址，但是雜湊表更聰明，它會巧妙地使用雜湊函式來指定元素的存放位置。

雜湊表又稱為**雜湊地圖** (hash map)、**地圖** (map)、**字典** (dictionary) 或**關聯式陣列** (Associative Array)，是很實用的複雜資料結構。雜湊表的處理速度非常快，還記得第 2 章學過的陣列和鏈結串列嗎？陣列中的元素可以立即被讀取。而雜湊表正是使用陣列來存放資料，所以它們是最佳的組合。

小編補充 為什麼陣列的讀取速度很快呢？

很多書都講陣列元素可以立即被讀取，速度非常快，但是都沒講為什麼？

首先，我們要知道陣列元素的長度是固定的，例如每個元素佔 4 Bytes 的記憶體單位，經由索引 (index) 我們就可算出第 n 個元素所在的記憶體位置（以下簡稱位置）。例如，陣列 A 是從記憶體位置 K 開始存放資料，每個元素佔 4 Bytes，所以第 0 個元素的位置是 K，第 1 個元素位置是 K ＋ 4，第 n 個元素位置是 K ＋ 4n。

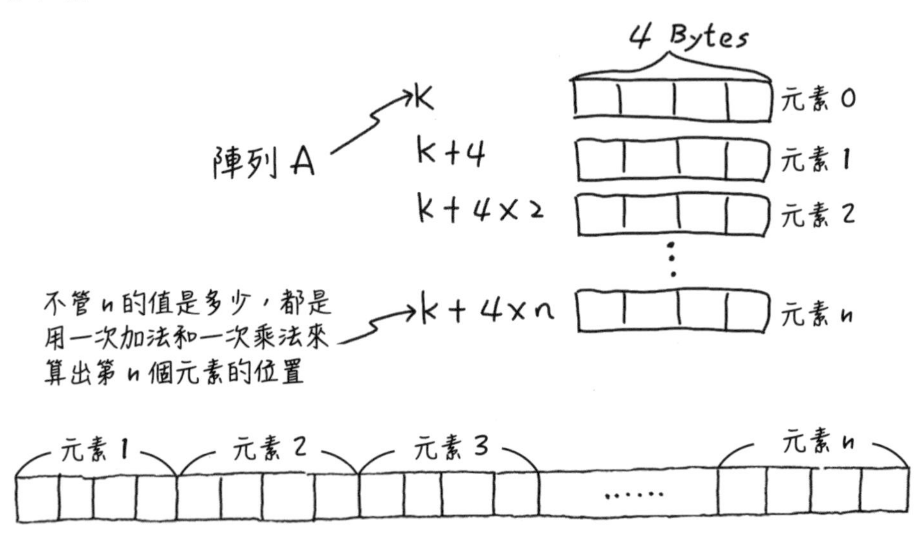

由上表可觀察到用索引 n 查找元素位置的過程都是用一次加法和一次乘法，基本上完全和 n 無關，也就是用陣列索引查找陣列的位置時，其運算次數（亦即運算時間）是固定的（以本例來講就 2 次），不會因為項目 n 變大而變多！所以我們說「**用索引查找陣列元素的位置**」是 O(1)，其中的 1 是用來表示和 n 無關。

建立雜湊表

你可能永遠都不需要自己實作雜湊表，因為好的程式語言通常都會內建雜湊表。例如，Python 內建的雜湊表叫做 **dict**（字典）。你可以用 dict 這個函式建立新的雜湊表：

▶ FileName：Python\Ch05\01_price_of_groceries_a.py

```
>>> book = dict ()
```

▲ 空的雜湊表

編註 1：只要一行 book=dict()，Python 就用它內建的雜湊函式幫你把雜湊表建好了，這時 book 就是一個完整的空雜湊表了！
編註 2：此處的雜湊函式就是雜湊函數的 Python 實作。

book 是一個新的雜湊表，請將一些商品價格存到 book 裡：

```
>>> book["apple"] = 0.67       ← 蘋果的價格是 0.67 美元 ⎫ 將資料填入剛
>>> book["milk"] =1.49         ← 牛奶的價格是 1.49 美元 ⎬ 剛建立的 book
>>> book["avocado"] = 1.49     ← 酪梨的價格是 1.49 美元 ⎭ 雜湊表裡頭
>>> print(book)                ← 印出雜湊表內容
```

執行結果

```
{'avocado':1.49, 'apple': 0.67, 'milk':1.49}
```

建立含有商品名稱及價格的雜湊表

※ **編註：在 Python 中雜湊表有更簡潔的寫法，您可以開啟 Python\Ch05\01_price_of_groceries_b.py 來瀏覽。**

簡單吧！我們來查看看 AVOCADO (酪梨) 的價格是多少：

```
>>> print(book ["avocado"])
```

執行結果

```
1.49  ← 查到 AVOCADO (酪梨) 的價格了
```

請記住！雜湊表有**鍵** (key) 和**值** (value) 之分。book 雜湊表的品名為「鍵」，價格為「值」。雜湊表會將「鍵」對應到「值」。

> **小編補充 為什麼雜湊表是 O(1) 時間？**
>
> 記得我們講雜湊表是為了建立一個搜尋速度為 O(1) 的 Maggie！而雜湊表是由「雜湊函式 + 陣列」所構成的，當我們將 keys 交給雜湊函式時，它會經由數學公式（和 n 無關）去算出一個索引值，這個計算所花的時間和 n 無關，所以是 O(1)，而用算出來的索引值去找陣列元素所花的時間也是 O(1)，所以雜湊表就是 O(1) 的 Maggie！

下一節將以實例說明雜湊表的應用。

練習

雜湊函式必須始終依照相同的輸入回傳對應的輸出，每次的結果都必須一致。如果結果不一致，就會找不到原先存放在雜湊表裡的元素。

下列哪些雜湊函式的輸入與輸出都是一致的？

5.1 f(x) = 1 ← 無論傳入什麼，結果都是「1」

5.2 f(x) = rand () ← 每次都回傳隨機的值

5.3 f(x) = next_empty_slot () ← 回傳雜湊表下一個空儲存槽的索引值

5.4 f(x) = len(x) ← 以字串的長度當作索引值

5-2 雜湊表的應用範例

雜湊表的應用很廣泛，本節將介紹 3 個範例。例如用雜湊表來查詢電話、避免重複投票以及建立快取或記錄資料。

範例 1：用雜湊表建立有對應關係的查詢功能

手機都有內建電話簿功能，每個聯絡人姓名都有對應的電話號碼。

BADE MAMA → 581 660 9820
ALEX MANNING → 484 234 4680
JANE MARIN → 415 567 3579

如果要建立如上圖的電話簿，你需要將人名對應到電話號碼並提供以下功能：

- 新增聯絡人姓名及電話號碼。
- 輸入聯絡人姓名時，要顯示對應的電話號碼。

像這樣的需求最適合使用雜湊表了，因為雜湊表非常適合：

- 將某個元素對應到另一個元素。
- 查詢指定的元素。

建立電話簿雜湊表

Step 1 建立電話簿非常簡單，請先建立一個新的雜湊表：

▶ FileName：Python\Ch05\02_phone_book.py

```
>>> phone_book = dict()
```

TIPS Python 有個快速建立雜湊表的方法，只要輸入 { } 就可以建立雜湊表了。

```
>>> phone_book = { }  ←— 和 phone_book = dict () 是一樣的
```

Step 2 將幾位聯絡人的姓名及電話，新增到電話簿裡 (如下圖)：

```
>>> phone_book["JENNY"] = 8675309
>>> phone_book["EMERGENCY"] = 911
```

用雜湊表實作的電話簿

用雜湊表打造電話簿就是這麼簡單！

如果想找 Jenny 的電話號碼。只要將「鍵」傳給雜湊表：

```
>>> print(phone_book["JENNY"])
```

執行結果

```
8675309 ←— 查到 JENNY 的電話號碼了
```

想想看！如果使用陣列來建立電話簿，該怎麼做呢？

若使用陣列，必須知道要搜尋的目標存放在哪個索引位置，否則只能逐一檢查每個元素直到找到搜尋目標。相對地，若要在元素與元素之間建立對應關係，雜湊表是最簡便的方法。

※ **編註：**所以雜湊函式和陣列是最佳搭檔，缺了雜湊函式就無法算出 key 所對應的索引，沒有索引，陣列就無用武之處了！

DNS 解析 – 將網址轉換成對應的 IP 位址

雜湊表也能處理更大範圍的搜尋。例如，連到 http://adit.io 這個網站時，電腦必須將 adit.io 轉換成一組 IP 位址。

ADIT.IO → 173.255.248.55

不論是連到哪個網站，都得將網址轉換成 IP 位址。

GOOGLE.COM → 74.125.239.133
FACEBOOK.COM → 173.252.120.6
SCRIBD.COM → 23.235.47.175

將網址對應到 IP 位址，這個過程稱為 **DNS 解析** (DNS Resolution)，雜湊表是能達成此功能的一種方式。

小編補充 **DNS 解析 (DNS Resolution) 是什麼？**

簡單地說，在進行網路通訊時，是透過 TCP/IP 協定來溝通，電腦只能識別「74.125.239.133」這樣的 IP 位址，而不認得「adit.io」這種形式的網域名稱。

當我們在瀏覽器的**網址列**輸入網址後，能看到所要的頁面，是因為有個 **DNS (Domain Name System) 伺服器**會自動幫我們把網域名稱「翻譯」成對應的 IP 位址，再找出這個 IP 位址所對應的網頁，呈現到瀏覽器上。也就是說，我們能用雜湊表由「adit.io」快速地查到對應的 IP 位址。

範例 2：檢查是否有重複的項目

假設你是投票所的監票人員，每位投票人只能投一次，要如何確認投票人是否投過票了呢？你可以建立一份已投票名冊，當有人進來投票時，詢問他們的名字，並與已投票名冊做比對。

如果投票人的名字出現在已投票名冊中，就表示已經投過票了，不准再投！如果名字不在名冊裡，就可以進去投票並將名字加到已投票名冊中。假設已投票的人非常多，而已投票名冊也已經登記了一長串的名字：

每當有人進來投票時，都要逐一比對這個超長的投票名冊，確認投票人是否投過票。像這樣的狀況，何不試試更有效率的雜湊表！

首先，建立一個雜湊表記錄已經投過票的人：

```
>>> voted = { }
```

每當有人進來投票時，就檢查該投票人是否已經在雜湊表裡面：

```
>>> value = voted.get("tom")
```

如果「tom」已經投過票，那麼 get 函式會回傳對應的值，否則會回傳 None。所以我們可以用以下的回傳結果確認投票人是否已經投過票了：

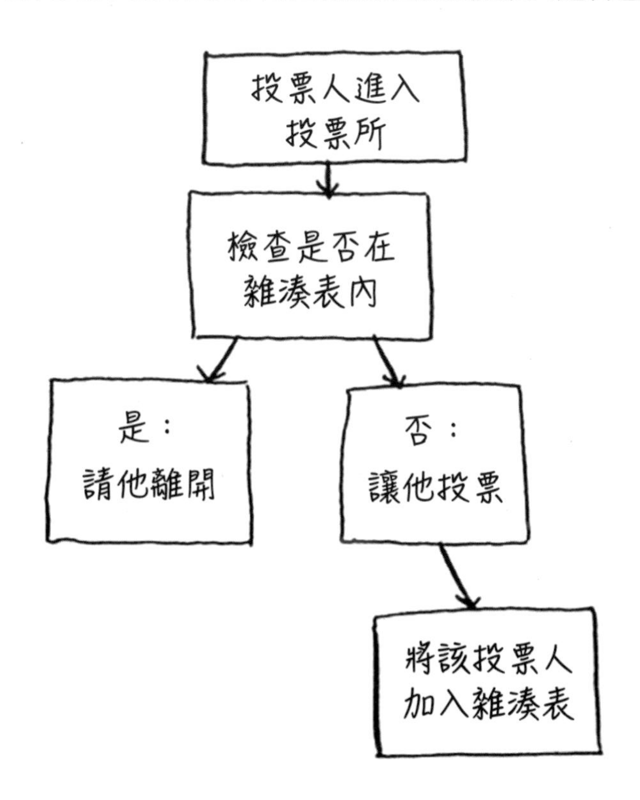

驗證投票人的程式碼如下：

▶ **FileName：Python\Ch05\03_check_voter.py**

```
voted = {}

def check_voter(name) :
    if voted.get(name) :
        print("請他離開！")
    else:
        voted[name] = True  ←— 建立字典元素 name:True
        print("讓他投票！")
```

我們來測試一下：

```
>>> check_voter ("tom")
讓他投票！
>>> check_voter ("mike")
讓他投票！
>>> check_voter ("mike")
請他離開！
```

※ **編註：**這個程式是假設任何人都可以進來投票，否則必須先建立一個該投票所的投票人名冊來加以核對，以免非該投票所的人也跑來投票了！

tom 第一次進入投票所，會顯示「讓他投票！」，接下來換 mike 進去時，會顯示「讓他投票！」，如果 mike 再次進來投票，就會顯示「請他離開！」。

請注意！如果將投過票的人名存到名冊中，這個函式最後會變得非常緩慢，因為每次搜尋都要對整個名冊做簡易搜尋。但若將這些名字存放到雜湊表內，就能立即回應這個名字是否存在雜湊表內。用雜湊表就能快速檢查是否有重複的項目。

範例 3：用雜湊表處理快取 (cache)

我們再舉一個雜湊的應用，那就是用來處理**快取** (cache)。如果你有網站開發的經驗，應該聽說過快取的好用之處。其原理是這樣的，在此以瀏覽 facebook.com 為例：

1. 首先向 facebook的伺服器請求 (request) 進入。
2. 伺服器會進行一些處理，再將網頁回傳給你。
3. 顯示網頁。

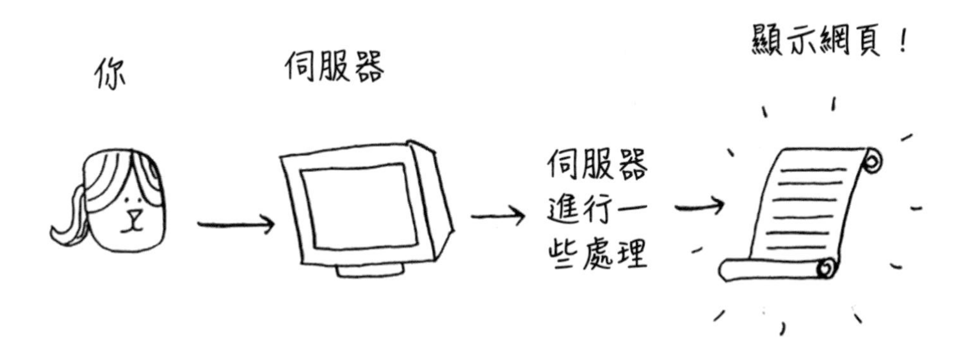

當我們登入 facebook 時，facebook 的伺服器會集結並顯示你所有朋友的動態，集結並顯示這些動態必須耗費數秒時間來完成。但是對使用者來說，數秒的時間就有如數年這麼久，甚至會抱怨「facebook 怎麼這麼慢？」。事實上，facebook 的伺服器必須服務上百萬個使用者，而數秒鐘的時間就是服務這麼多人的時間。facebook 的伺服器要非常努力處理才能回應所有請求。請想想看！有什麼方法可以提升 facebook 的伺服器速度同時又能減輕伺服器的負荷呢？

為了回答上述問題，再舉一個簡單的例子方便你理解。假設年幼的姪女，經常問有關行星的各種問題。像是「地球離火星多遠？」、「月球離地球多遠？」、「木星離我們有多遠？」，每當她提問，你都得連上 Google 找答案，每次搜尋都得花幾分鐘時間。如果她常常問「月球離地球多遠？」，由於你已經查詢過多次，所以記住答案了，可以馬上告訴她月球跟地球的距離是 384,400 公里，而不用再透過 Google 查詢。像這樣「記憶與回答」的過程就是**快取** (cache) 的運作原理。

當你登入 facebook 後，所有顯示的內容都是為你量身打造的。每次進入 facebook 時，伺服器都必須先思考你有興趣的內容是什麼，如果你尚未登入 facebook，只能看到登入頁面 (也就是 facebook 的首頁)，所有使用者看到的登入頁面都一樣。facebook 會一直收到一樣的請求：「當我登出時，請給我首頁畫面」。所以 facebook 不會讓伺服器一直做運算並提供首頁畫面，而是記住首頁畫面，以便隨時呈現給使用者。

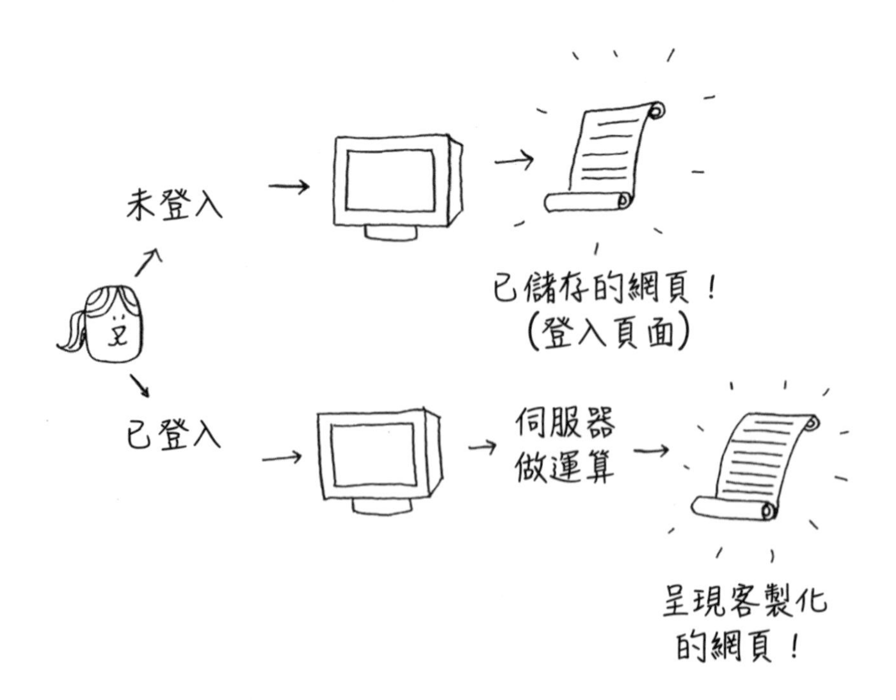

以上所述就是**快取** (cache) 的運作。快取有以下兩個優點：

- 可以更快載入網頁。就像已經將「月球與地球的距離」背起來一樣。當姪女再次問你時，不用連上 Google 搜尋就能立刻回答了。
- 減輕 facebook 的工作量。

快取是提升速度的常用方法，所有大型網站都使用快取，而且是從雜湊快取資料。

facebook 不只快取首頁 (登入頁面)，還快取「關於」、「使用說明」、「使用條款」、「服務」、…等頁面，所以 facebook 需要建立網址與網頁資料的對應。

facebook.com/about → 「關於」頁面的資料
facebook.com → 「首頁」的資料

當你瀏覽 facebook 某個頁面時，facebook 會先檢查該頁面是否存在雜湊表內 (快取內)。

對 facebook 發出某個網址的請求
網址是否在雜湊表內？
是：將資料傳入快取
否：請伺服器進行運作

此程式的虛擬碼如下：

```
cache ={}

def get_page(url):
    if cache.get(url):
        return cache[url] ←— 回傳快取資料
    else:
        data = get_data_from_server(url)
        cache[url] = data ←— 先將資料存到快取內
        return data
```

如果網址不在快取裡，伺服器才需要工作。並且在回傳資料前務必先將資料存入快取內。當下次有人提出相同的網址請求時，就可以從快取直接送出資料，這樣就不用透過伺服器運作了。

重點整理

雜湊表適合用在：

- 建立一個元素與另一個元素的對應關係。
- 篩選重複項目。
- 快取或記錄資訊，以減輕伺服器的工作量。

5-3 碰撞 (Collision)

由於大部分的程式語言都有內建雜湊表，使用者不需要自己撰寫，所以我們不深入探討雜湊表的實作細節，但是你得注意雜湊表的效能。雜湊表的效能和**碰撞** (Collision) 有關，本節先介紹碰撞，下一節再說明效能。

在介紹碰撞之前，我得先自首，我在前面的描述中說了一個善意的謊言。我說雜湊函式一定會將不同的鍵對應到陣列中的不同儲存槽 (slot)。

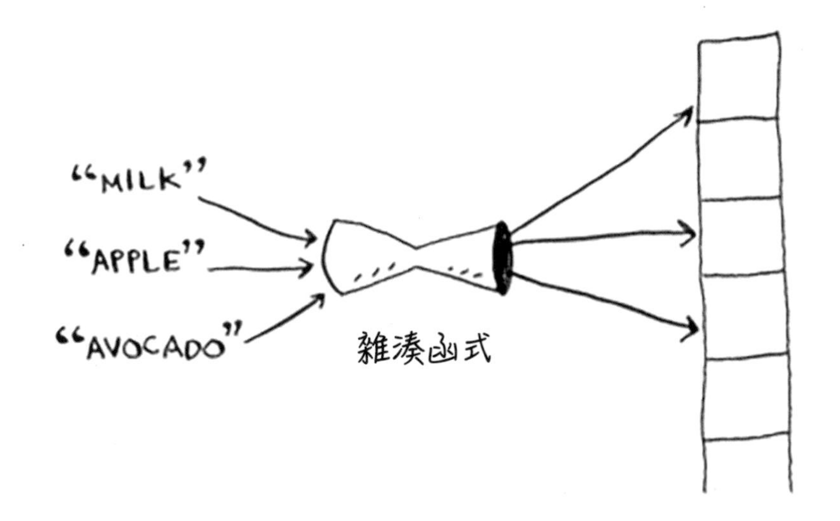

但事實上，要寫出這麼完美的雜湊函式幾乎是不可能的。舉個簡單的例子，假設陣列中有 26 個空儲存槽。

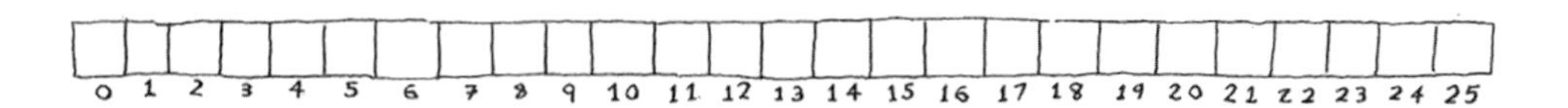

雜湊函式依照英文字母順序指定位置。

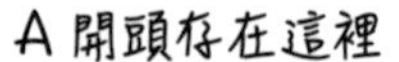

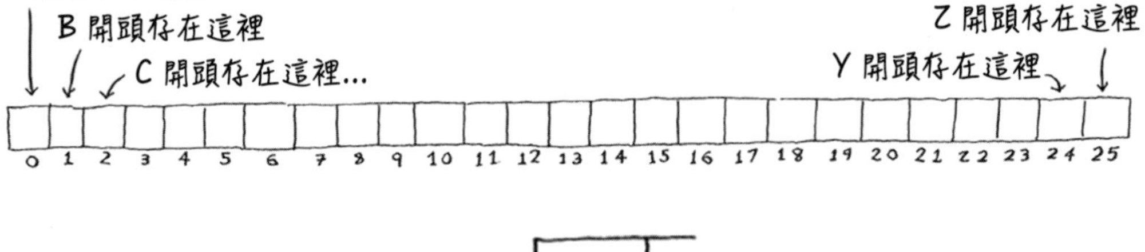

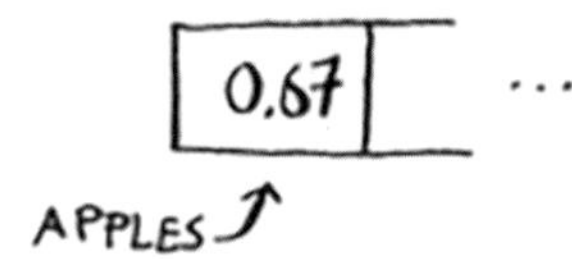

或許你已經看出問題了！如果將 APPLE (蘋果) 的價格存入雜湊表，需放入第 1 個指定的儲存槽。

接下來將 BANANA (香蕉) 的價格存入雜湊表，會被分配到第 2 個儲存槽。

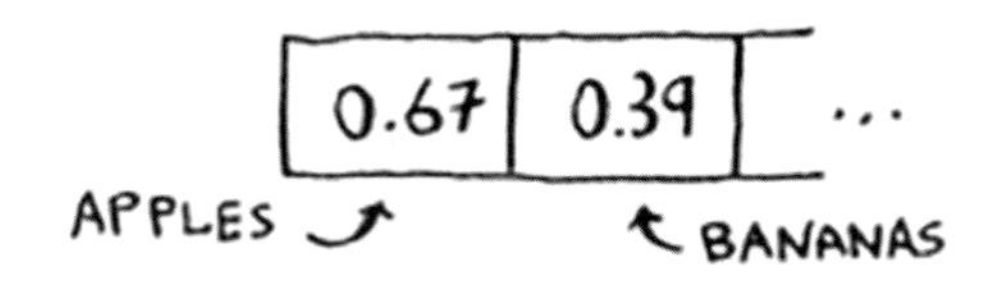

目前為止一切順利，但是如果要將 AVOCADO (酪梨) 的價格存入雜湊表。得要再次分配到第 1 個儲存槽。

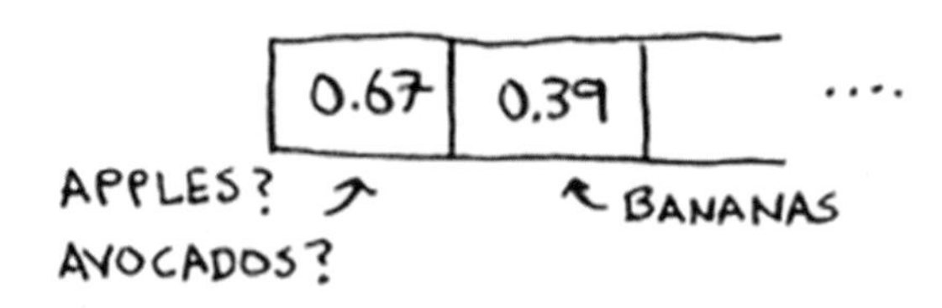

不妙！蘋果已經佔用了第 1 個儲存槽！該怎麼辦呢？像這種兩個鍵被分配到同一個位置的情況就稱為**碰撞** (collision)。問題來了，如果將 AVOCADO (酪梨) 的價格存入這個儲存槽，那麼原本 APPLE (蘋果) 的價格就會被覆蓋。若是有人詢問 APPLE 的價格時，就會得到 AVOCADO 的價格。我們應該**避免碰撞的情形發生，最簡單的方法就是：建立鏈結串列 (linked list)**。當有多個鍵對應到同一個儲存槽，就在這個儲存槽內建立一個鏈結串列。

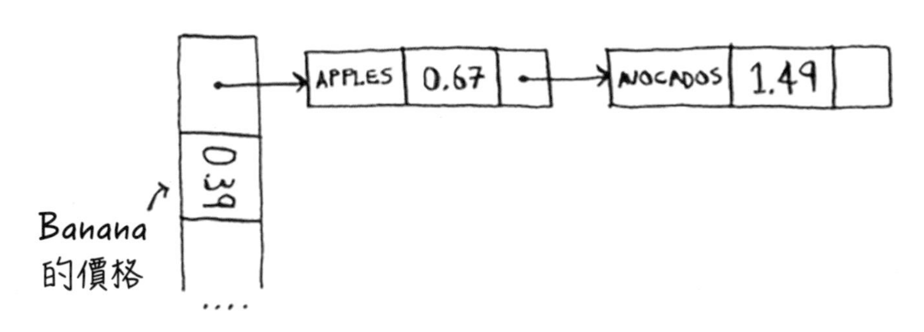

▲ 在第 1 個儲存槽建立鏈結串列 (linked list)

這個範例的 APPLE 和 AVOCADO 都被分配到同一個儲存槽。所以你必須在這個儲存槽內建立鏈結串列。若想知道 BANANA 的價格，搜尋速度不受影響，可以立刻得到答案，但若想知道 APPLE 的價格，就要稍等一下。因為必須搜尋鏈結串列才能找到 APPLE 的價格。如果鏈結串列中的元素不多，可能只要檢查 3、4 個元素，那問題就不大。但如果雜貨店內的商品全都是 A 開頭，就會變這樣：

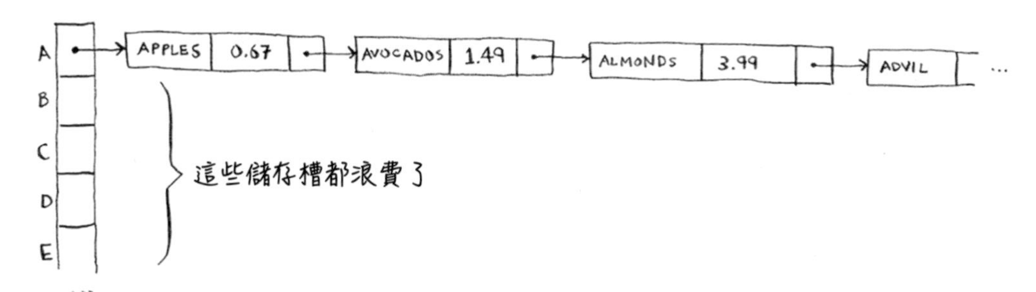

你會發現整個雜湊表除了第一個儲存槽以外都是空的，而且第一個儲存槽存放了超長的鏈結串列。雜湊表的所有元素都在這個鏈結串列內，這樣不就和把所有東西都存入鏈結串列一樣嗎？這會讓雜湊表的速度變慢。

這個範例有兩個重點：

- **雜湊函式非常重要**。上例中，這個雜湊函式將所有的索引鍵都對應到同一個儲存槽了，這不是一個好的雜湊函式，理想的狀態是，雜湊函式會將索引鍵平均分配到雜湊表內。
- **鏈結串列太長會拖累雜湊表的效能**。但是如果有好的雜湊函式就可以避免鏈結串列過長的問題。

從以上的描述可得知雜湊函式很重要，好的雜湊函式幾乎不會發生碰撞的情形。那麼要如何評估好的雜湊函式呢？我們馬上會做介紹！

5-4 效能 (performance)

本章以雜貨店為例，說明如何建立一個能立即回覆商品價格的機制。雜湊表滿足了我們的需求，因為它速度非常快。

	平均情況	最差情況
搜尋	O(1)	O(n)
插入	O(1)	O(n)
刪除	O(1)	O(n)

▲ 雜湊表的效能

在平均情況下，雜湊表耗費的時間是 O(1)。O(1) 稱為**常數時間**(constant time)，常數時間不代表瞬間，而是指不論雜湊表有多大，取得任何一個元素的時間都是一樣的 (編註：我們之前有解釋過了，O(1) 就是運算時間固定，不會隨 n 變大而變大)。我們來做個比較：

先前說過簡易搜尋法是**線性時間** (編註：因為是從頭開始一一檢查比對，所以正比於 n，也就是 O(n))。

線性時間 (簡易搜尋法)

二元搜尋法比較快，是**對數時間**：

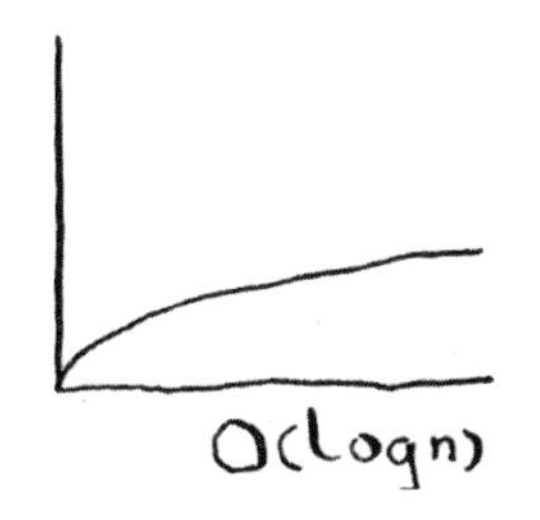

對數時間 (二元搜尋法)

雜湊表搜尋任一元素的時間為**常數時間**。

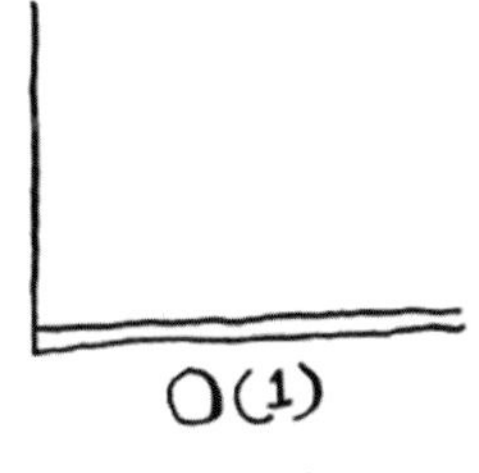

常數時間 (雜湊表)

從上圖可以發現，常數時間是一條水平線，也就是說不論雜湊表只有一個元素或是有上億個元素，搜尋雜湊表所花的時間都是一樣的。其實我們已經看過常數時間的範例，在第 2 章中從陣列搜尋元素所耗費的時間就是常數時間。不論陣列有多大，取出任何一個元素的時間都是一樣的。在平均情況下，雜湊表的速度的確非常快。

但是在最差情況下，雜湊表的執行時間是 O(n)，也就是線性時間，換句話說就是很慢。下表將雜湊表、陣列以及串列做比較。

	雜湊表(平均情況)	雜湊表(最差情況)	陣列	鏈結串列
搜尋	O(1)	O(n)	O(1)	O(n)
插入	O(1)	O(n)	O(n)	O(1)
刪除	O(1)	O(n)	O(n)	O(1)

首先來看看雜湊表的平均情況。雜湊表的搜尋時間和陣列的搜尋時間一樣快，因為都是用索引取值。而雜湊表的插入和刪除時間又和鏈結串列一樣快。但是在最差情況下，雜湊表不論是搜尋、插入或刪除都是最慢的。這就是為什麼我們要極力避免進入最差情況，避免最差情況的方法就是：不要讓雜湊表產生碰撞。請記住以下兩點：

- 確保低的負載係數 (Load Factor)。
- 選擇好的雜湊函式。

Note 接著將說明如何實作雜湊表，由於大多數的程式語言都已內建雜湊表，你只要直接使用就可以了，不需要自己動手撰寫。以下的內容只是讓你對雜湊表的實作有個概略性的瞭解，略過不讀也沒關係。

負載係數 (Load Factor)

負載係數 (Load Factor) 是評估雜湊表是否滿載的重要指標，負載係數愈大就愈容易發生碰撞，因而會降低雜湊表的效能。

要計算雜湊表的**負載係數** (Load Factor) 很簡單，只要將「雜湊表的元素數量除以儲存槽的總數」就可以了。

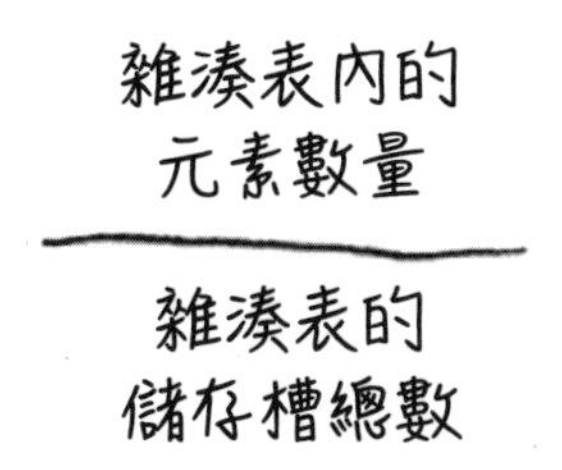

雜湊表是用陣列來儲存元素，所以只要計算有多少儲存槽已被佔用。例如，下圖的雜湊表負載係數是 2/5，也就是 0.4。

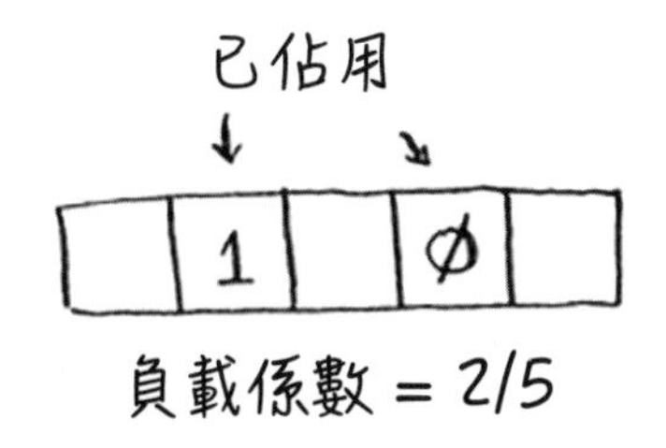

下圖雜湊表的負載係數又是多少呢？

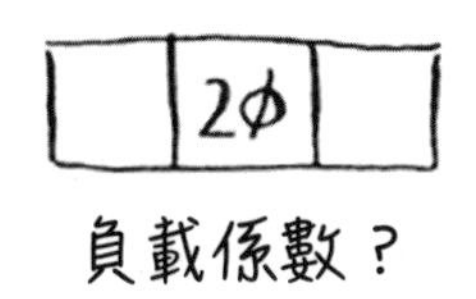

答案是：1/3。負載係數計算的是雜湊表還有多少空的儲存槽可用。

假設要在雜湊表中存放 100 個商品的價格，雜湊表需要 100 個儲存槽。理想的情況就是每個商品都有專屬的儲存槽。

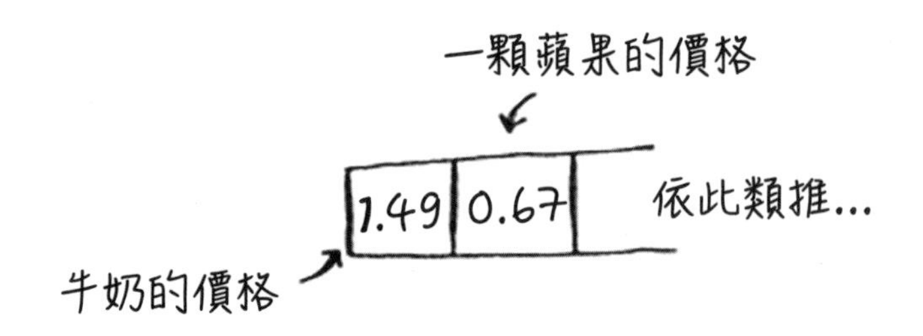

上圖的雜湊表負載係數是 1 (100/100)。如果雜湊表只有 50 個儲存槽呢？那麼它的負載係數就是 2 (100/50)，由於儲存槽不夠，沒有辦法讓每個商品對應到專屬的儲存槽。負載係數大於 1 就表示要存入的元素數量大於陣列的空儲存槽數量。當負載係數開始增加時，就需要在雜湊表中增加儲存槽數量了。這個過程稱為**調整大小** (Resizing) 。例如，下圖的雜湊表快要滿了：

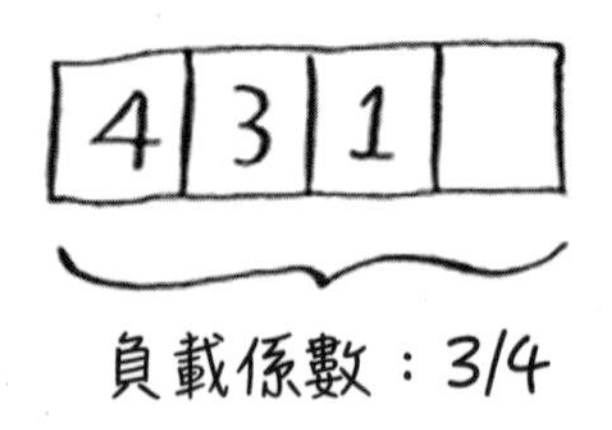

這時你得調整雜湊表的大小。首先，建立一個較大的新陣列，最好是原本陣列的兩倍大。

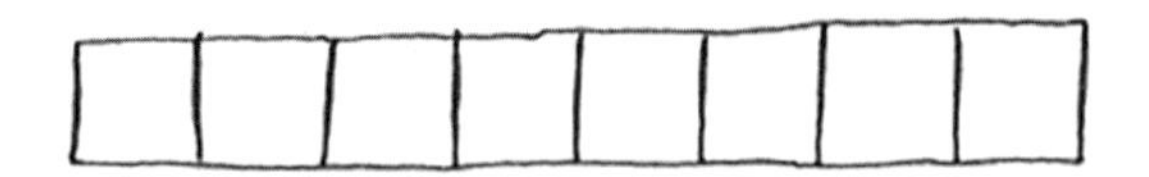

接著，用雜湊函式將所有元素存到新的雜湊表：

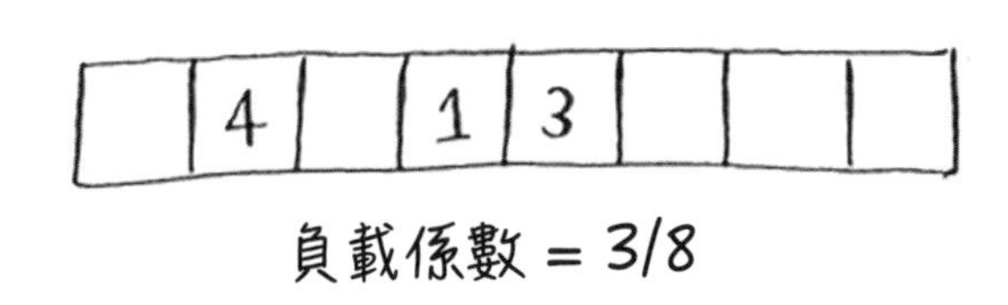

新雜湊表的負戴係數是 3/8。當負載係數越低 (通常指小於 1)，發生碰撞的機率就越低，同時也代表雜湊表的效能較好；依筆者的經驗，當負載係數大於 0.7 時，就應該重新調整雜湊表的大小。

你可能會覺得「調整大小會很耗時」。一點都沒錯，調整大小會很耗時，所以不要經常調整。不過整體來說，即使一邊調整大小一邊執行雜湊表，也只耗時 O(1) 時間。

良好的雜湊函式

良好的雜湊函式會將元素平均分配到陣列中。

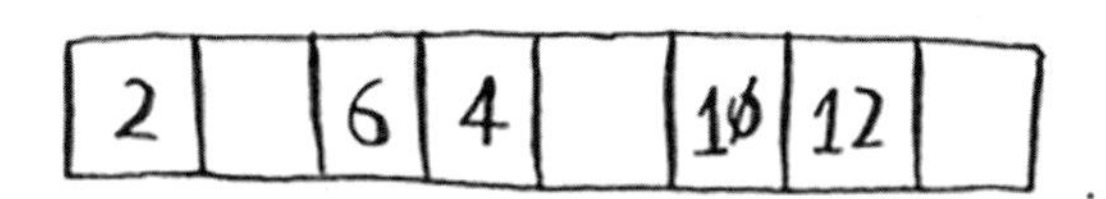

不好的雜湊函式會將多個元素擺在一起，並產生許多碰撞。

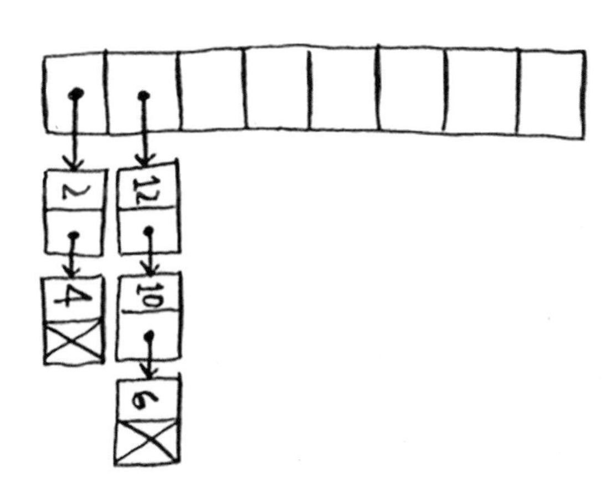

至於什麼樣的雜湊函式才算良好呢？你不用煩惱這個問題，如果你真的很想知道，可以搜尋 SHA 函式 (本書最後一章也會簡單介紹)。你也可以直接用 SHA 函式來當作雜湊函式。

練習

雜湊函式是否能平均分配元素，這點很重要。好的雜湊函式應該盡可能廣泛地分配元素。不好的雜湊函式會將所有元素都分配到雜湊表的同一個儲存槽。

假設以下四種雜湊函式都可以處理字串：

A. 不論輸入什麼，都回傳「1」。

B. 以字串的長度當作索引。

C. 以字串的第一個字母當作索引。意思是第一個字母為 a 開頭的所有字串都會被存到同一個儲存槽，依此類推。

D. 將每個字母對應到一個質數，例如：a=2、b=3、c=5、d=7、e=11，依此類推。字串的雜湊函式是「用對應 d 數字加總除以雜湊表的長度後所得的餘數」作為索引。例如，雜湊表長度為 10，字串為「bag」，其索引就是 (3+2+17)%10 = 22%10 =2。

※ **編註**：在 Python 中 % 是**求餘數** (remainder) 的運算符號。

▼接下頁

請問下列的 3 個範例，使用上述的哪些雜湊函式可以得到最好的分配 (複選) ？雜湊表的預設大小為 10。

5.5 以電話簿裡的姓名為「鍵」，電話號碼為「值」。姓名分別為：Esther、Ben、Bob 和 Dan。

5.6 將電池大小對應到電量。電池大小分別為：A、AA、AAA 和 AAAA。

5.7 將書名對應到作者。書名分別為：Maus、Fun Home 和 Watchmen。

5-5 本章摘要

一般人幾乎不需要自己實作雜湊表，多數程式語言都已經內建雜湊函式了。例如，使用 Python 的雜湊函式，並預期它的效能就是常數時間 O(1)。

雜湊表是功能很強大的資料結構，不僅速度快而且提供彈性的資料對應方法。我們將雜湊表的重點整理如下：

✓ 雜湊表就是將雜湊函式與陣列結合在一起的產物。

✓ 碰撞是不好的。好的雜湊函式能將碰撞的機率降到最低。

✓ 雜湊表在搜尋、插入和刪除的速度都非常快 (指平均情況下)。

✓ 雜湊表擅長建立一個元素與另一個元素的對應關係。

✓ 依筆者的經驗，當雜湊表的負載係數大於 0.7 時，就應該調整大小。

✓ 雜湊表可用來處理快取資料 (例如，網頁伺服器的快取資料就是用雜湊表實作)。

✓ 雜湊表可用來判斷是否有重複項目。

廣度優先搜尋 (Breadth-First Search)

6
chapter

本章重點：

- 學習使用**圖形**（graph）這個抽象的資料結構建立網路模型 (network model)。
- 學習**廣度優先搜尋法** (Breadth-First Search)，你可以在圖形上利用這個演算法找出「抵達某個目的地的最短路徑」。
- 認識**有向圖** (Directed Graph) 和**無向圖** (Undirected Graph)。
- 學習**拓樸排序** (Topological Sort)，這是能夠找出節點之間相依關係的演算法。

本章先帶你認識**圖形** (graph)，接著再介紹本書第一個圖形演算法：**廣度優先搜尋** (Breadth-First Search，BFS)。廣度優先搜尋法可以找出兩點之間的最短距離，不過最短距離的定義很廣，我們可以用廣度優先搜尋來：

- 撰寫西洋棋 AI，計算如何用最少的棋子移動步數贏得勝利。
- 撰寫拼字檢查程式 (用最少的訂正次數修正錯誤的字，例如，READED → READER 就是一次的修訂)。
- 從朋友圈中找出離你最近的醫生。

圖形演算法是我所知道的演算法中，堪稱最實用的演算法之一。請務必詳讀接下來的內容，因為這些都是之後會一再用到的演算法。

6-1 認識「圖形」

提到「圖形」(graph)，可能有人會想到與數學的 x、y 軸有關，或是聯想到長條圖、圓餅圖等。不過這裡要介紹的圖形是指一組含有「節點」(node) 以及「邊」(edge) 所組成的模型。例如，幾位朋友一起玩撲克牌，為了避免遊戲結束後搞不清楚誰欠誰錢，就可以在遊戲進行時畫個欠錢的關係圖。如下圖所示，「ALEX 欠 RAMA 錢」。

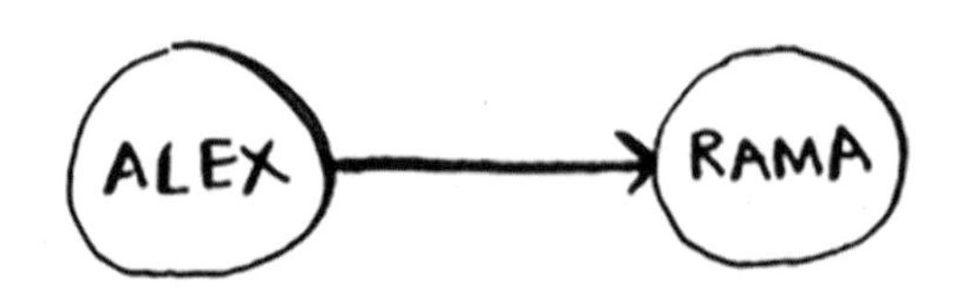

遊戲結束後，畫完的圖形可能像這樣。

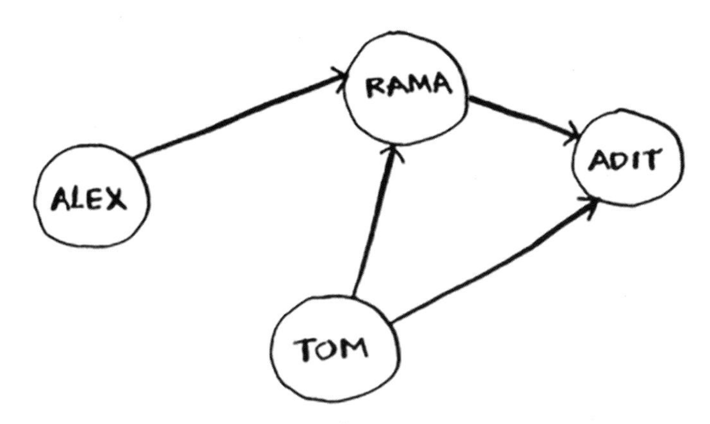

▲ 玩撲克牌遊戲互相欠錢的關係圖

從上圖可以清楚看出 ALEX 欠 RAMA 錢、TOM 欠 ADIT 錢等等。每個圖形都是由**節點** (node) 與**邊** (edge) 所組成的。

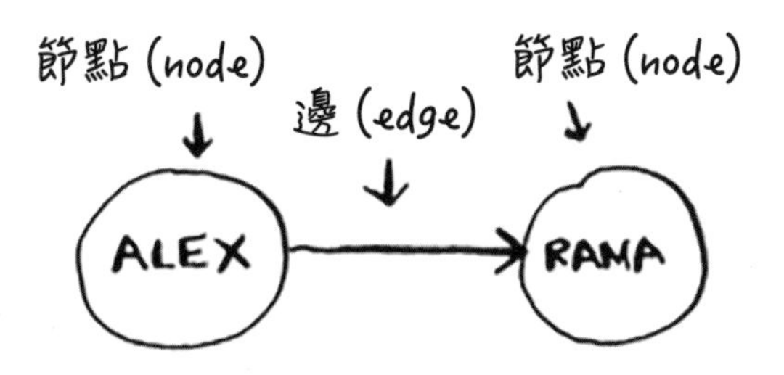

圖形的概念就是這麼簡單！圖形由節點與邊組成，一個節點可能直接與多個節點相連，這些節點稱為**相鄰節點** (neighbor)。以這個例子而言，RAMA 與 ALEX 相鄰，但是 ADIT 不是 ALEX 的相鄰節點，因為他們沒有直接相連，但是 ADIT 與 RAMA 和 TOM 是相鄰的節點。

圖形可以將不同物件之間的關係表現出來。

6-2 最短路徑問題 (Shortest-Path Problem)

假如要從舊金山的雙峰 (Twin peaks) 前往金門大橋 (Golden Gate Bridge)。你想搭公車並用最少的轉乘次數抵達目的地。那麼有以下幾種選擇。

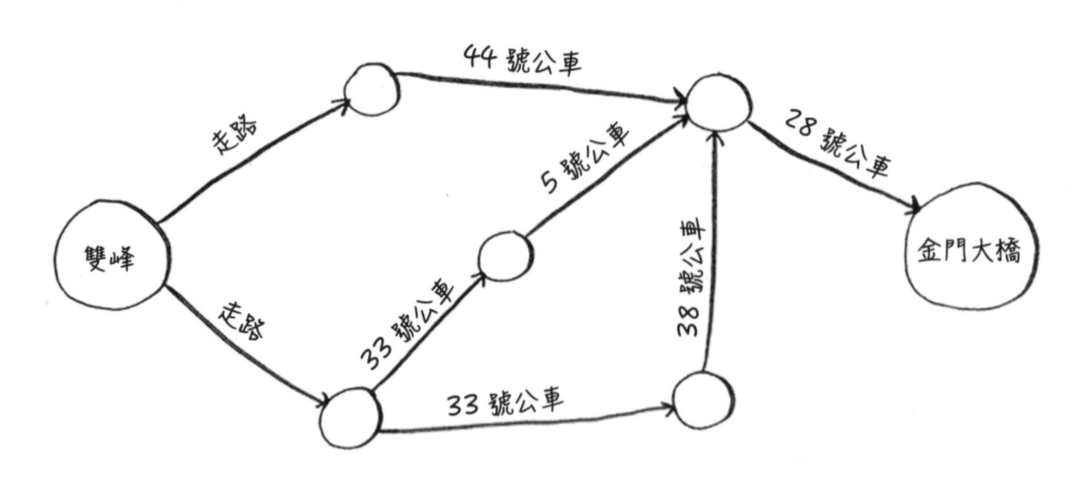

用什麼演算法可以找出最短距離呢？

有沒有方法能夠用一個步驟就抵達目的地呢？用一個步驟能抵達的地方如下 (標示「亮燈」的符號)：

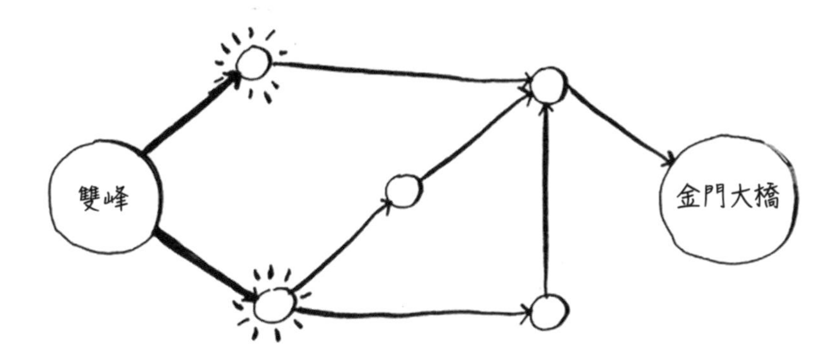

金門大橋未標示「亮燈」符號，所以沒辦法一步就抵達。那麼可以用兩個步驟抵達嗎？

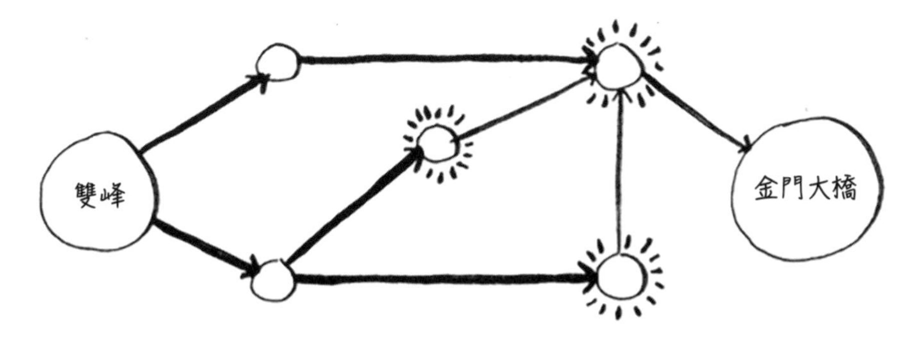

金門大橋還是未標示「亮燈」，所以用兩個步驟也無法抵達目的地。那麼三個步驟可以嗎？

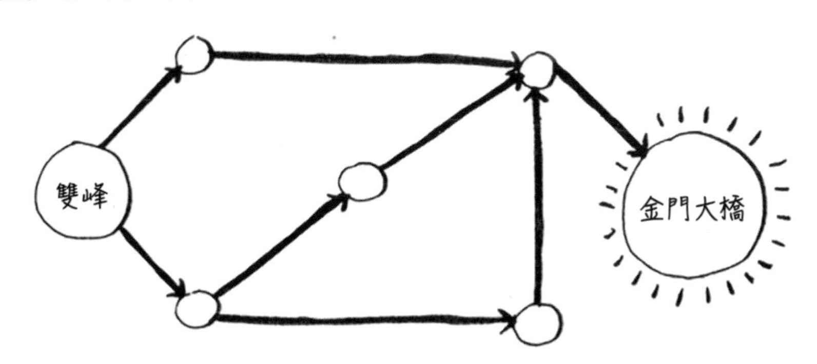

金門大橋標示「亮燈」符號了。表示用三個步驟就能從雙峰抵達金門大橋。

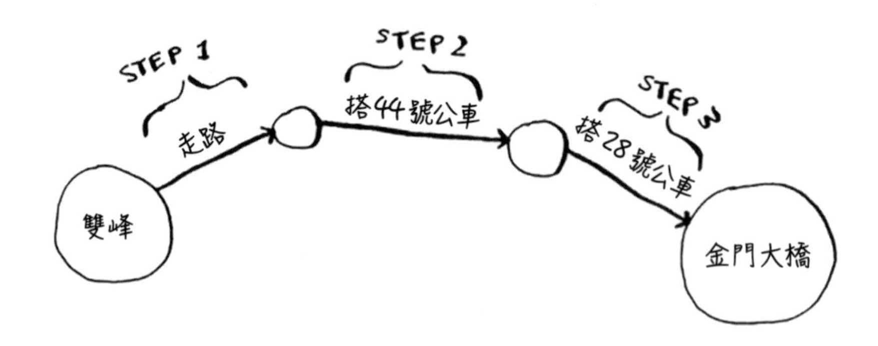

雖然從雙峰到金門大橋還有其他路線可走，但是都太遠了 (要 4 個步驟)，演算法找到的最短路徑是 3 個步驟的路徑。像這類問題稱為**最短路徑問題** (Shortest-Path Problem)。其實，我們經常在尋找最短路徑，這個路徑可能是去朋友家的最短路徑，或是下西洋棋想贏得勝利要移動最少的棋步。能夠解決最短路徑問題的演算法就是**廣度優先搜尋法** (Breadth-First Search)。

要找出雙峰到金門大橋的最短路徑，只需要兩個步驟：

1. 將問題圖形化。

2. 用廣度優先搜尋法解決問題。

接下來，我們將說明廣度優先搜尋法是如何運作的！

6-3 廣度優先搜尋 (Breadth-First Search)

廣度優先搜尋法 (Breadth-First Search) 是一個運用圖形的演算法。這種演算法能解決兩類問題：

- 第 1 類問題：節點 A 與節點 B 之間是否有路徑存在？
- 第 2 類問題：從節點 A 到節點 B 的最短路徑為何？

剛才討論從舊金山雙峰到金門大橋的最短路徑時，已經初步認識了廣度優先搜尋法。此範例所找的「最短路徑」是屬於第 2 類問題。接著，我們用底下的例子說明廣度優先搜尋能解決的第 1 類問題：「路徑是否存在」。

兩個節點間是否有路徑存在

假設你有個芒果園，你正在尋找可以幫忙賣芒果的經銷商。Facebook 上有經銷商嗎？先從 Facebook 上的朋友名單找看看。

這種搜尋過程很直接！首先列出要搜尋的朋友名單。

逐一檢查朋友名單內是否有人賣芒果。

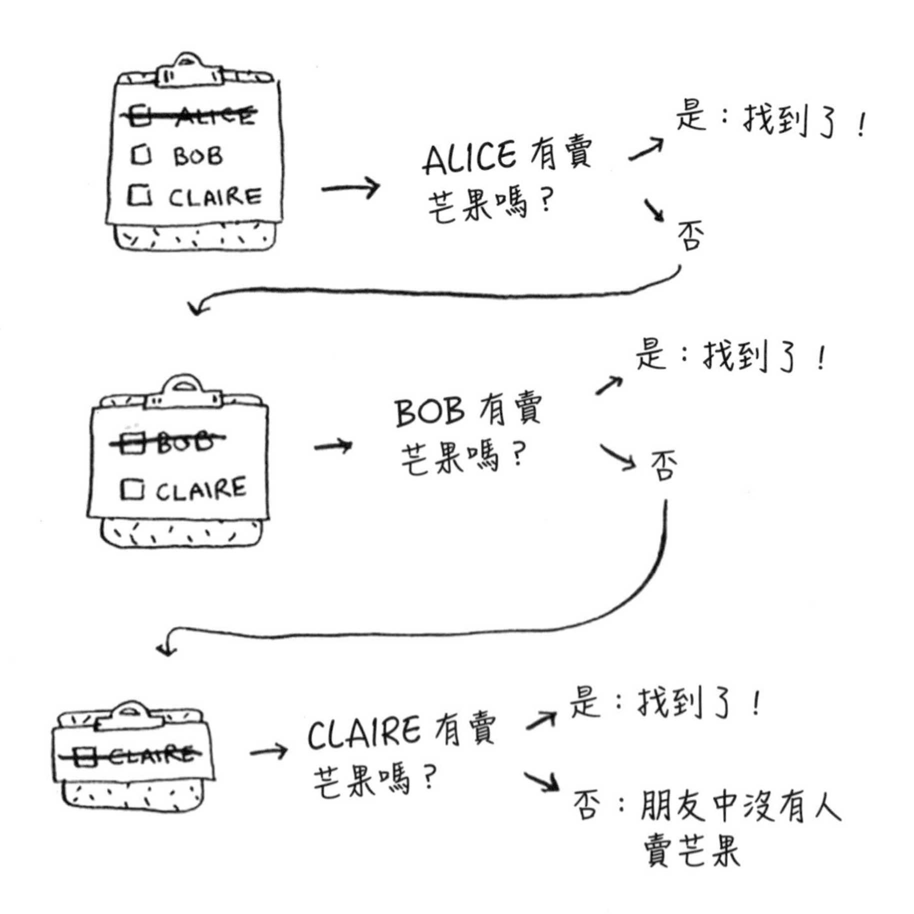

如果朋友中沒有人賣芒果，那就搜尋朋友的朋友。

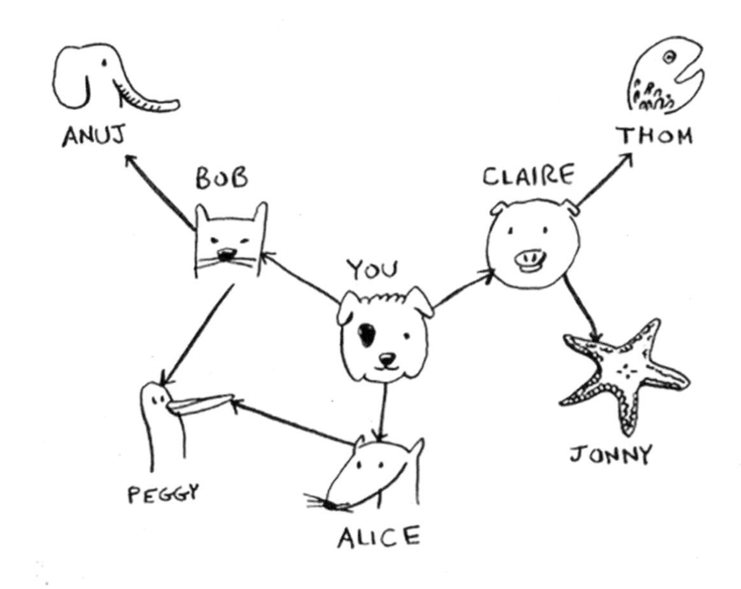

每次搜尋朋友名單上的某位朋友時，也將這位朋友的所有朋友加入搜尋名單。

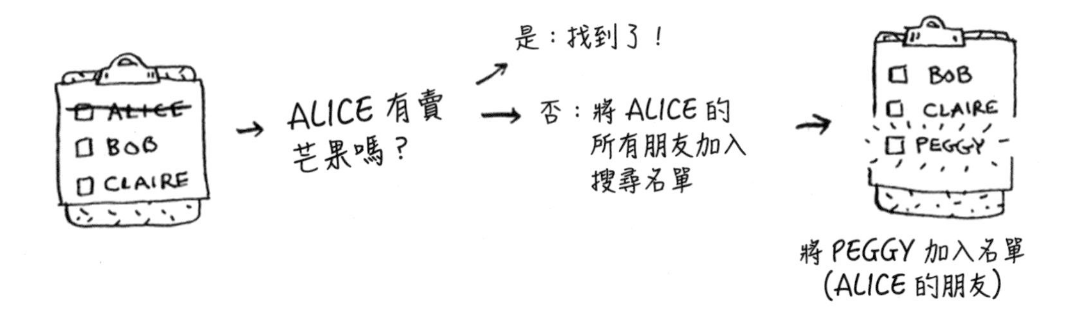

這個方法不但可以搜尋自己的朋友是否為經銷商，還能搜朋友的朋友。我們的目標是要找出朋友圈中是否有賣芒果的經銷商，如果 ALICE 沒有賣芒果，那就把她的朋友加入名單，這樣也會搜尋她的朋友，甚至是她朋友的朋友，依此類推。廣度優先搜尋法會搜尋朋友圈內的所有人，直到找到賣芒果的經銷商。

尋找最短路徑

以「尋找賣芒果的經銷商」範例而言，廣度優先搜尋會回答以下兩類問題：

- 第 1 類問題：節點 A 與節點 B 之間是否有路徑存在？
  (朋友圈裡是否有賣芒果的經銷商？)

- 第 2 類問題：節點 A 到節點 B 的最短路徑為何？
  (和你關係最近的經銷商是誰？)

剛才我們已經討論過第 1 類問題，現在來看第 2 類問題：是否能找到和你關係最近的經銷商？例如，你的朋友和你是一等關係，朋友的朋友和你是二等關係。

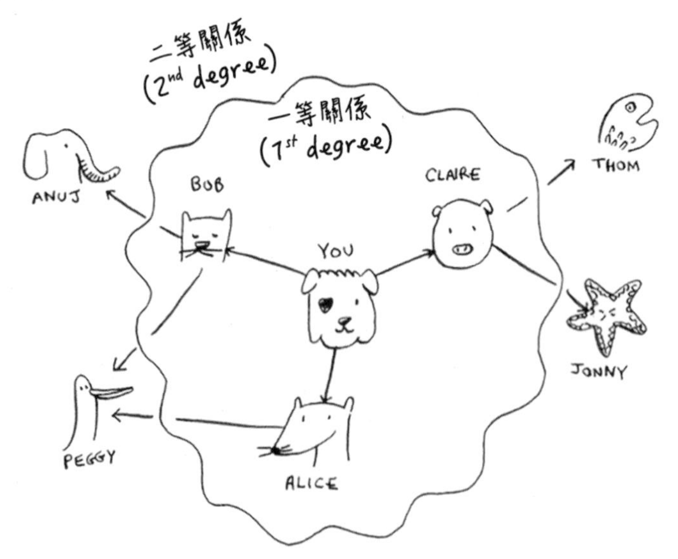

比較合理的做法是，從一等關係連到二等關係，再從二等關係連到三等關係，依此類推。所以在搜尋二等關係之前，我們應該先確認一等關係裡沒有賣芒果的經銷商，也就是說應該先搜尋完一等關係，再搜尋二等關係。廣度優先搜尋的運作模式是從起始點開始向外呈放射狀發散出去。

想想看：要從誰開始檢查呢？先檢查 CLAIRE 還是 ANUJ ？答案：CLAIRE 是一等關係而 ANUJ 是二等關係，所以檢查 ANUJ 之前，應該先檢查 CLAIRE。

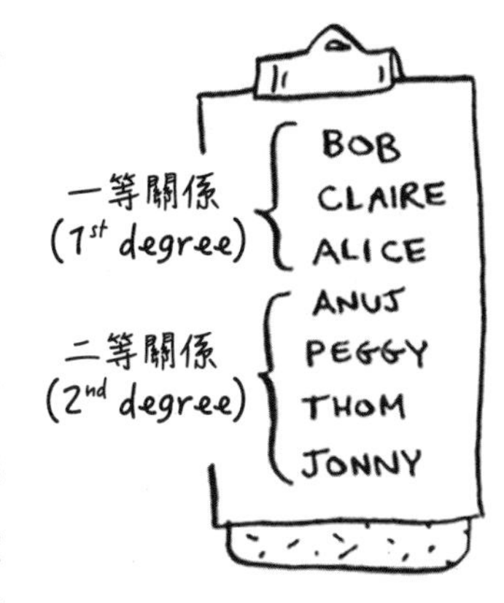

接著，只要逐一檢查名單裡的人是否為經銷商即可。在檢查二等關係之前，會先檢查一等關係裡的所有人，這樣就能找到與你關係最近的經銷商了。廣度優先搜尋不只找出從 A 點到 B 點的路徑，還會找出最短路徑。

值得注意的是，必須依加入的順序搜尋，廣度優先搜尋才能發揮作用。如果 CLAIRE 比 ANUJ 還要早加入名單裡，就必須先搜尋 CLAIRE 再搜尋 ANUJ。如果他們兩個都是經銷商的話，先搜尋 ANUJ 後才搜尋 CLAIRE，會發生什麼事呢？ CLAIRE 和你是一等關係，而 ANUJ 是二等關係，這樣找到的人就不是與你關係最近的經銷商了。所以我們必須依照加入名單的順序來搜尋。與這個方法對應的資料結構稱為**佇列** (queue)，底下將說明佇列的運作方式。

佇列 (queue) 資料結構

佇列 (queue) 的運作跟我們生活中的排隊一樣。當你和朋友一起排隊等公車，你排在朋友的前面就會先上公車。同理，佇列的運作也是如此。佇列和堆疊類似，不可以隨機存取佇列中的元素，只能進行**加入佇列** (enqueue) 和**從佇列移除** (dequeue) 兩個操作。

如果在佇列中加入兩個元素，那麼移除時會先移除第一個加入的元素。將此原理套用到剛才的經銷商搜尋範例，先加入搜尋名單的人也會成為先被搜尋和移除的對象。

佇列是 **FIFO**(First In First Out，先進先出) 的資料結構；相對地，堆疊是 **LIFO**(Last In First Out，後進先出) 的資料結構。

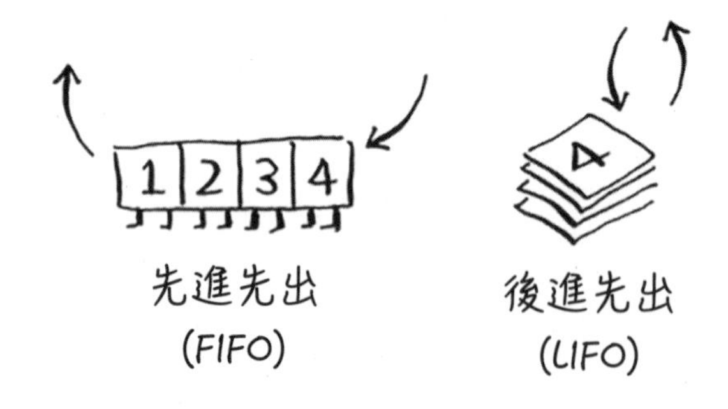

了解佇列的原理後，下一節將進行廣度優先搜尋法的實作。

練習

請用廣度優先搜尋法處理這些圖形，並找出解答。

6.1　請找出起點和終點的最短路徑。

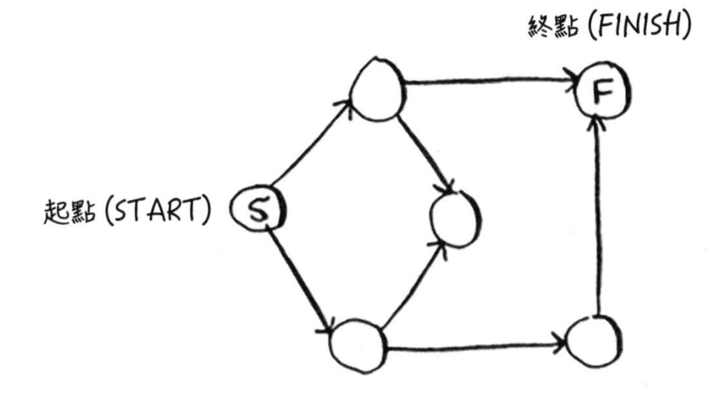

6.2　請找出從「CAB」到「BAT」的最短路徑。

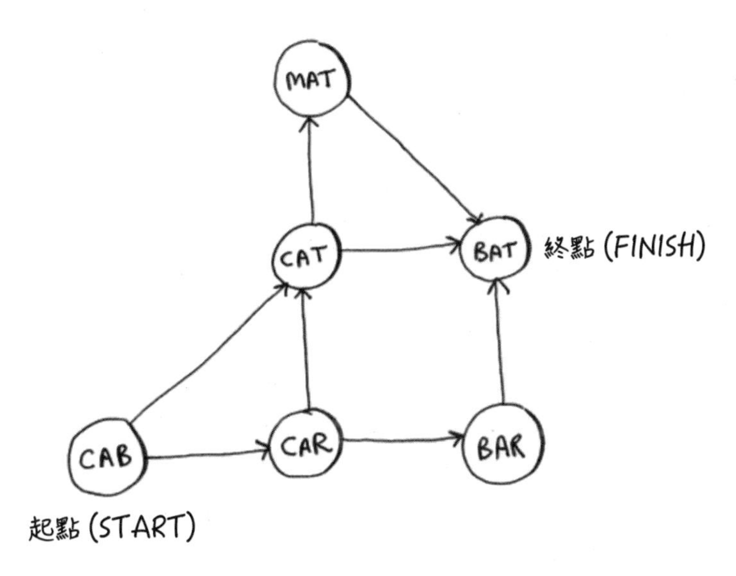

6-4 實作圖形 (Implementing the graph)

首先，我們用程式碼實作圖形。圖形是由多個節點所組成的。每個節點都與相鄰節點連在一起。我們該如何描述像這樣的關係，「YOU->BOB」？幸好我們在第 5 章已經學過用來表達對應關係的資料結構，那就是**雜湊表** (hash table)。

別忘了，雜湊表會將「鍵」對應到「值」。以此範例而言，要將一個節點對應到與該節點所有相鄰的節點。

Python 程式碼如下：

```
graph = {}
graph["you"] = ["alice", "bob", "claire"]
```

請注意，這裡的「you」會對應到一個陣列。所以 graph["you"] 會提供一個與「you」所有相鄰節點組成的陣列。

圖形說穿了就是由一堆節點和邊組成，這也是撰寫 Python 圖形所需的元素。如果是像下圖這種範圍更大的圖形，要如何處理呢？

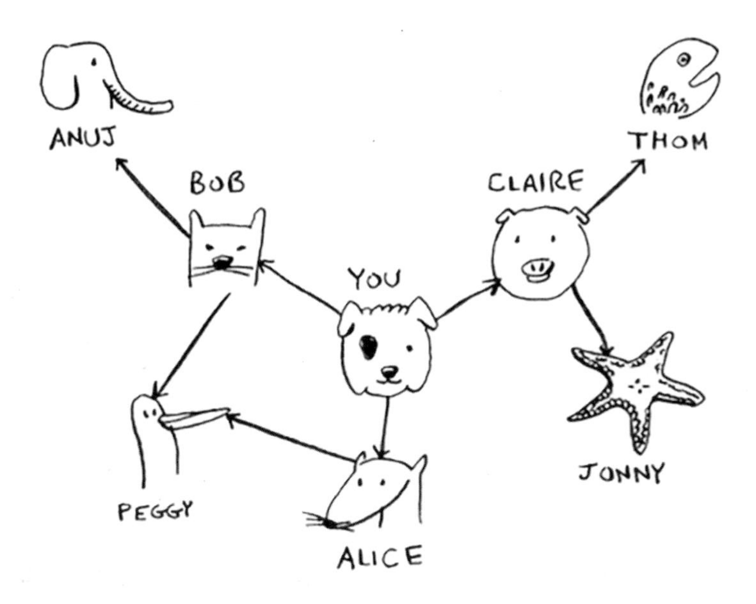

Python 程式碼如下：

```
graph = {}
graph["you"] = ["alice", "bob", "claire"]
graph["bob"] = ["anuj", "peggy"]
graph["alice"] = ["peggy"]
graph["claire"] = ["thom", "jonny"]
graph["anuj"] = []
graph["peggy"] = []
graph["thom"] = []
graph["jonny"] = []
```

想想看：「鍵 / 值」的新增順序不同會造成影響嗎？若程式碼為：

```
graph["claire"] = ["thom", "jonny"]
graph["anuj"] = []
```

而非

```
graph["anuj"] = []
graph["claire"] = ["thom", "jonny"]
```

程式這樣寫可以嗎？請回想上一章的內容。答案：沒有差。因為雜湊表沒有順序之分，所以不論「鍵 / 值」的新增順序為何，都不會有影響 (編註：這就是為什麼 Python 的 dict 型別的元素不講順序的原因)。

有向圖、無向圖

圖形的「邊」(edge) 若有箭頭指向 (例如底下左圖)，表示具有方向性，這樣的圖形稱為**有向圖** (Directed Graph)，節點與節點之間的關係是有方向的。若圖形的「邊」(edge) 沒有任何箭頭指向 (例如底下右圖)，兩個節點彼此互為相鄰節點，這種圖形稱為**無向圖** (Undirected Graph)。

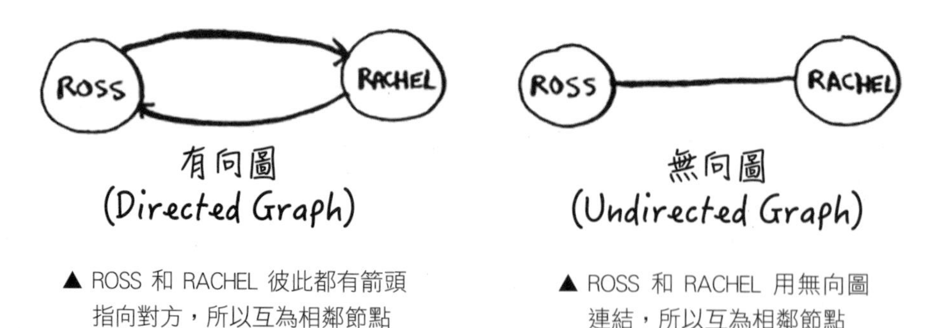

▲ ROSS 和 RACHEL 彼此都有箭頭指向對方，所以互為相鄰節點

▲ ROSS 和 RACHEL 用無向圖連結，所以互為相鄰節點

6-5 實作演算法 (Implementing the algorithm)

在實作廣度優先搜尋演算法前，我們將整個運作流程繪製成下圖：

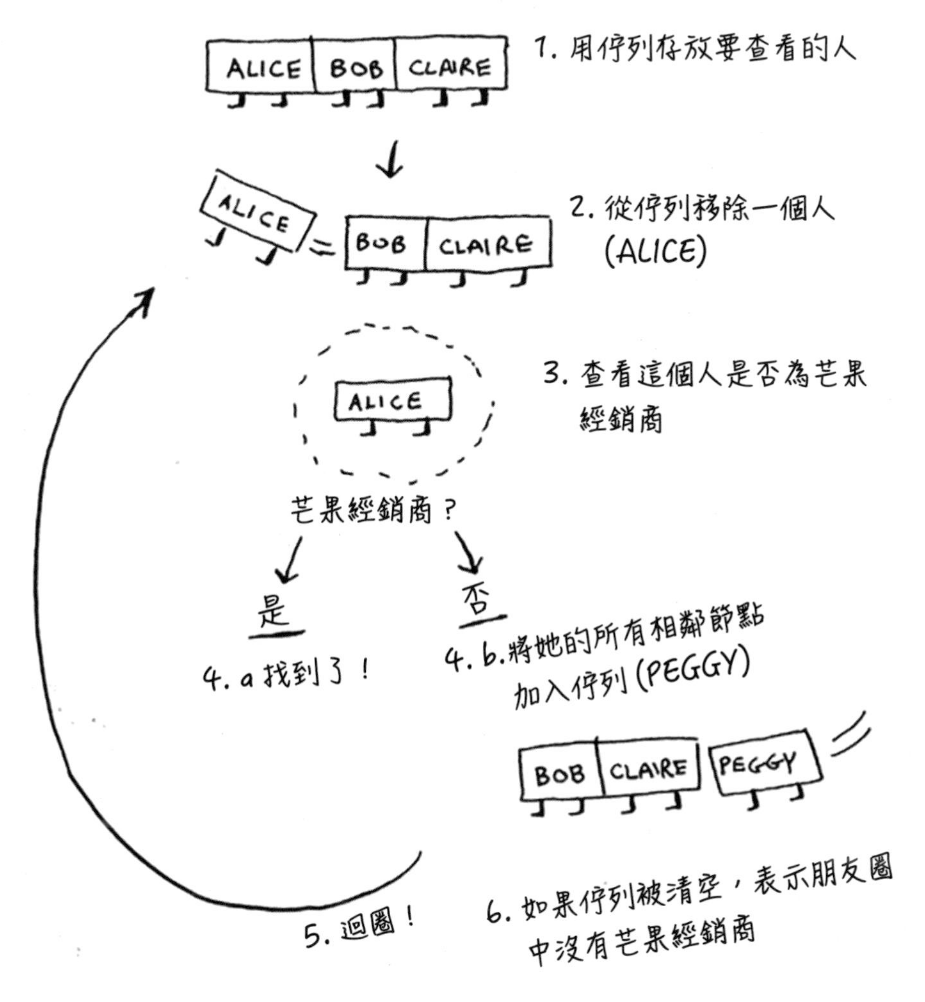

TIPS 剛才說明**佇列**時，我是用**加入佇列** (enqueue) 和**從佇列移除** (dequeue) 這兩個詞。在第 3 章介紹堆疊時我們使用 push 和 pop 來說明。基本上，push 和 enqueue 意思相同；而 pop 和 dequeue 意思相同。

首先，從建立佇列開始。我們可以用 Python 的**雙端佇列函式** (double-ended queue，簡稱 deque) 來撰寫：

```
from collections import deque
search_queue = deque() ←———— 建立新的佇列
search_queue += graph["you"] ←—— 將「you」所有相鄰的節點
                                  加入 search 佇列
```

別忘了，graph["you"] 會建立一份含有與你所有相鄰節點的 list，例如 ["alice", "bob", "claire"]。他們全都會加入待搜尋的佇列裡。

其餘程式碼：

```
while search_queue:   ←— 只要佇列不是空的
    person = search_queue.popleft() ←— 將第一個人從佇列移除
    if person_is_seller(person) :   ←— 檢查是否為芒果經銷商
        print(person + "是芒果經銷商") ←— 印出訊息
        return True
    else:
        search_queue += graph[person] ←— 不是芒果經銷商，將他
                                          全部的朋友加入佇列

return False ←— 如果執行到這裡，就表示佇列裡沒有人是經銷商
```

最後，當找到賣芒果的經銷商時，還需要用 person_is_seller 函式幫忙做判斷：

```
def person_is_seller(name):
    return name[-1] =='m'
```

這個函式會檢查英文人名的最後一個字母是否為「m」，若是「m」則為經銷商。雖然看起來有點奇怪，但這裡只是做個示範。我們來看看廣度優先搜尋如何運作。

…依此類推…

演算法會照這樣執行下去，直到出現以下情形：

- 找到芒果經銷商。

或是

- 佇列被清空，表示沒有人賣芒果。

避免重複值

ALICE 和 BOB 的共同朋友為 PEGGY，所以 PEGGY 會重複加入佇列兩次：第一次是在加入 ALICE 的朋友名單時，第二次是在加入 BOB 的朋友名單時。這麼一來，PEGGY 會在佇列中出現兩次。

但是我們只需要查看一次 PEGGY 是否有賣芒果就可以了。如果檢查兩次，只是在做白工。所以每次搜尋一個人時，應該要標示檢查過了，以避免重複檢查。

如果不這麼做，可能會形成無窮迴圈。假設芒果經銷商的圖形如下圖：

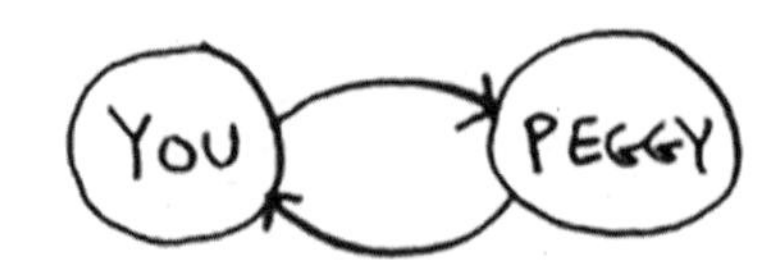

搜尋佇列會先儲存你的所有相鄰節點。

首先查看 PEGGY，發現他沒有賣芒果，所以要將她所有相鄰的節點加入到搜尋佇列。

接著查看自己，你也不是賣芒果的人，所以將你所有相鄰的節點加入搜尋佇列。

這樣下去，會形成一個無窮迴圈，因為搜尋佇列會在你和 PEGGY 之間來回搜尋。

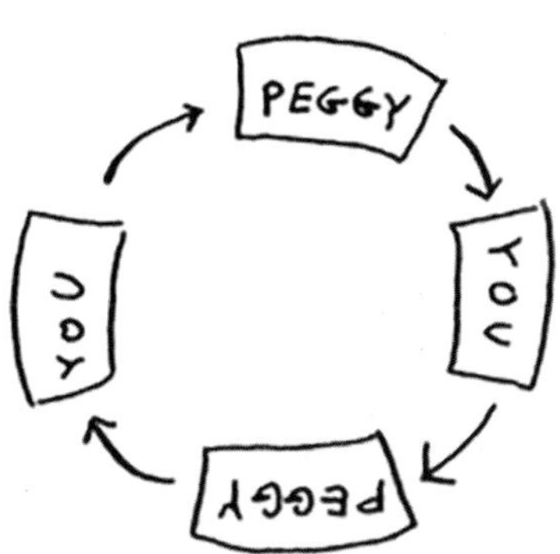

在查看任何人之前，一定要先確認是否已檢查過此人。所以，請建立一份名單，記錄所有查看過的人。

將上述情況列入考量後，完整的廣度優先搜尋程式碼如下：

▶ FileName：Python\Ch06\01_breadth-first_search.py

```
def search(name):
    search_queue = deque()
    search_queue += graph[name]
    searched = [] ←— 存放已經搜尋過的人
    while search_queue:
        person = search_queue.popleft()
        if person not in searched:
            if person_is_seller(person):←— 若還沒搜尋過，則進行搜尋
                print(person + "是芒果經銷商！")
                return True
            else:
                search_queue += graph[person]
                searched.append(person) ←— 將這個人標示為已搜尋
    return False

search("you")
```

執行結果

```
thom 是芒果經銷商！
```

請試著執行以上程式碼，找出芒果經銷商。也可以嘗試將 person_is_seller 這個函式改成比較有意義的檢查（此範例是設定名字結尾為「m」的人是經銷商），並看結果是否符合預期。

廣度優先搜尋法的執行時間

要從朋友圈中找出芒果經銷商時，得要沿著圖形的每個「邊」搜尋 (邊是指從一個人指到另一個人的箭頭或是連結)。所以執行時間以 Big O notation 來表示，至少是 O(邊的數量)。

將一個人加入到佇列所需的時間是常數時間 O(1)，將所有人加入佇列的所需時間為 O(總人數)。所以廣度優先搜尋的執行時間為 O(人數 + 邊數)，常見的寫法為 O(V + E)，其中 V 代表**頂點** (vertex)、E 代表**邊** (edge) 。

練習

這是我從起床開始固定的生活作息圖。

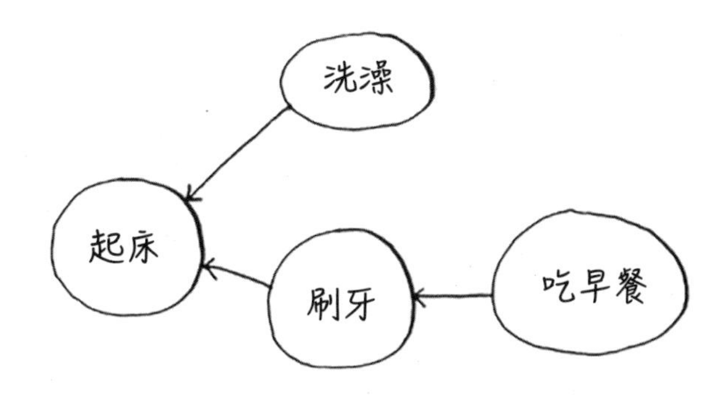

如圖所示，我一定會在刷完牙後才吃早餐，所以「吃早餐」取決於是否「刷牙」。

不過洗澡不取決於刷牙 (沒有相依關係)，我可以先洗澡再刷牙。從這個圖形可以列出我的早晨既定作息：

1. 起床　2. 洗澡　3. 刷牙　4. 吃早餐

▼接下頁

洗澡的順序可以隨意調配，所以也可以這樣列：

1. 起床　2. 刷牙　3. 洗澡　4. 吃早餐

6.3　以下三種情形，哪些正確？哪些不正確？

A.

1. 起床
2. 洗澡
3. 吃早餐
4. 刷牙

B.

1. 起床
2. 刷牙
3. 吃早餐
4. 洗澡

C.

1. 洗澡
2. 起床
3. 刷牙
4. 吃早餐

6.4　請為底下這張圖列出一份正確的順序表。

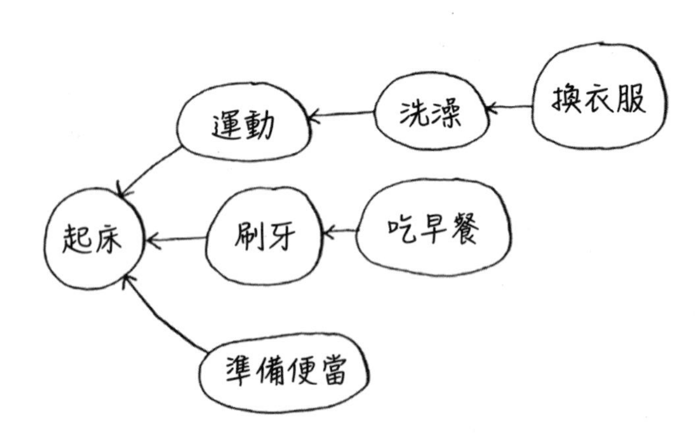

拓樸排序 (Topological Sort)

如果事件 A 取決於事件 B，那事件 A 就會出現在事件 B 之後。這種情況稱為**拓樸排序** (Topological Sort)，這是一種從圖形中提列出排序表的方法。假設你正在籌備婚禮，並且畫了一大張圖，上面有許多待辦事項，但是該從哪一件事做起呢？這時候就可以用拓樸排序，依照先後順序列出一份待辦事項。

下圖以一份簡單的家譜為例，帶你了解拓樸排序。

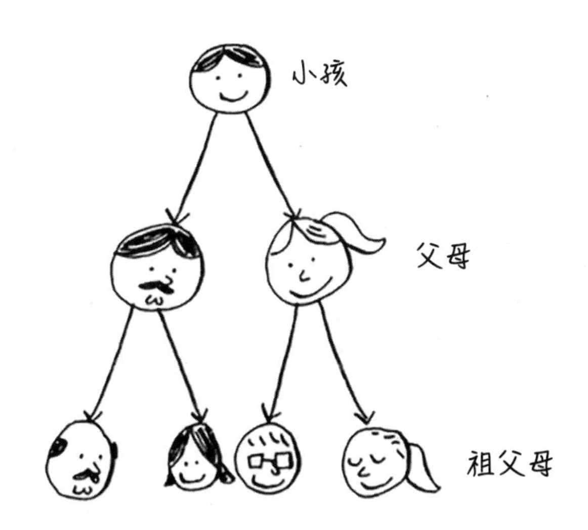

這張家譜有節點（人）也有邊，所以是一張圖形。每個邊都指向父母節點，所有的邊都是往下指，因為家譜不可能有任何邊往上指，因為父親不可能是祖父的爸爸！

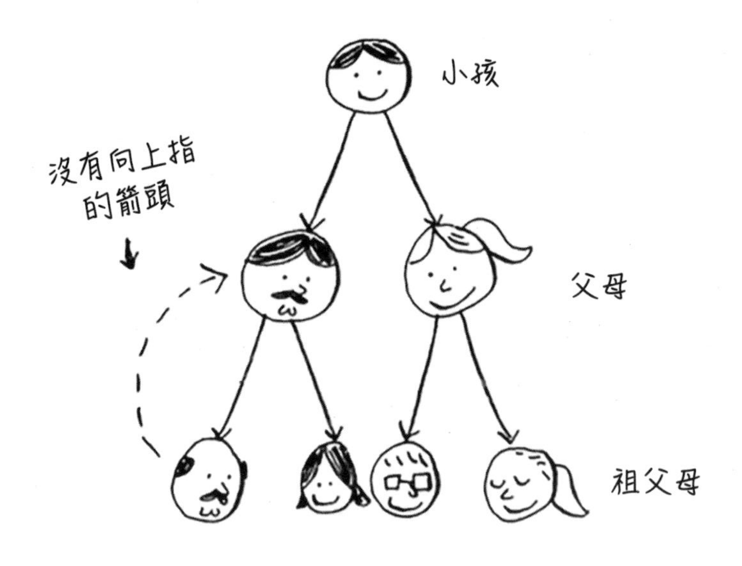

這種結構就稱為**樹** (tree)。樹是一種特殊圖形，沒有任何邊往回指。

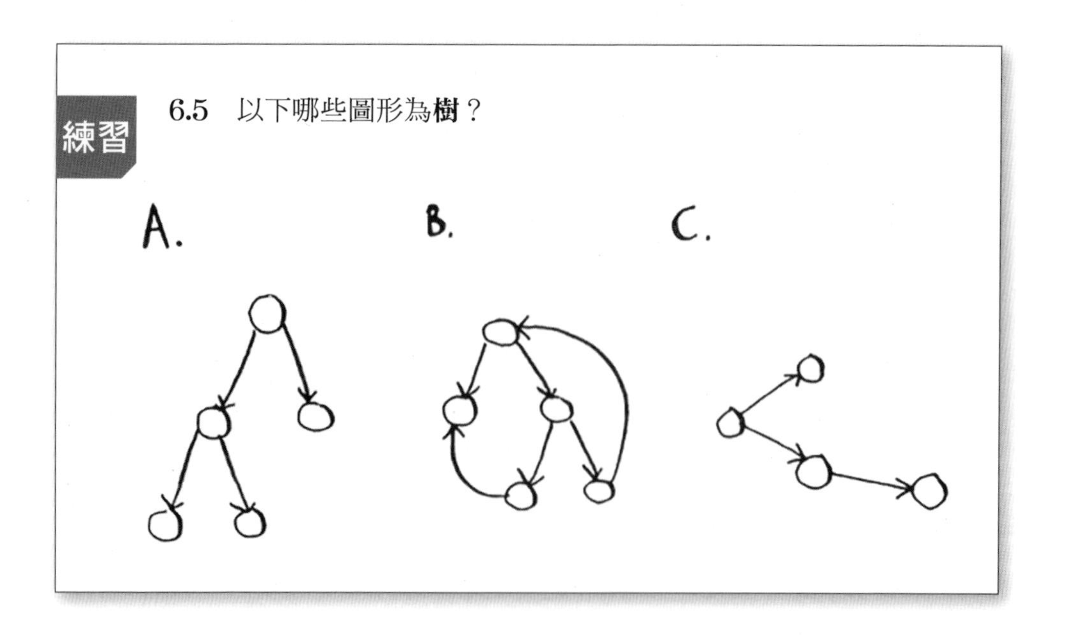

6.5　以下哪些圖形為**樹**？

6-6 本章摘要

- ✓ 廣度優先搜尋能找出 A 點到 B 點之間是否存在路徑。
- ✓ 若路徑存在，廣度優先搜尋會找出最短路徑。
- ✓ 如果需要找出「尋找最短的○○」問題時，可針對問題建立圖形，再用廣度優先搜尋解決問題。
- ✓ **有向圖** (Directed Graph) 用箭頭來指示圖形，節點間的關係是**單向** (例如：RAMA -> ADIT，表示「RAMA 欠 ADIT 錢」)。
- ✓ **無向圖** (Undirected Graph) 沒有箭頭，節點間的關係是**雙向** (例如：ROSS - RACHEL，表示「ROSS 和 RACHEL 約會，同時也是 RACHEL 與 ROSS 約會」)。
- ✓ 佇列為 **FIFO** (First In First Out，先進先出)。
- ✓ 堆疊為 **LIFO** (Last In First Out，後進先出)。
- ✓ 若必須依照加入搜尋名單的順序做檢查時，這個搜尋名單須為佇列資料結構。若不按照此順序搜尋，會找不到最短路徑。
- ✓ 搜尋過某個人，應該標示此人已經查看過了，否則會陷入無窮迴圈。

M E M O

戴克斯特拉 (Dijkstra) 演算法

7

chapter

本章重點：

- 繼續探討圖形，並說明**加權圖形** (weighted graph) 的用法，這種圖形的邊會有不同**權重** (weight)。
- 學習 **Dijkstra's Algorithm** (戴克斯特拉演算法)，這個演算法可以找出加權圖形中「哪一條是抵達 x 的最短路徑？」。

上一章我們學會用**廣度優先搜尋法** (Breadth-First Search) 找出 A 點到 B 點之間的最短路徑 (如下圖，三個路段是最短的路徑)。

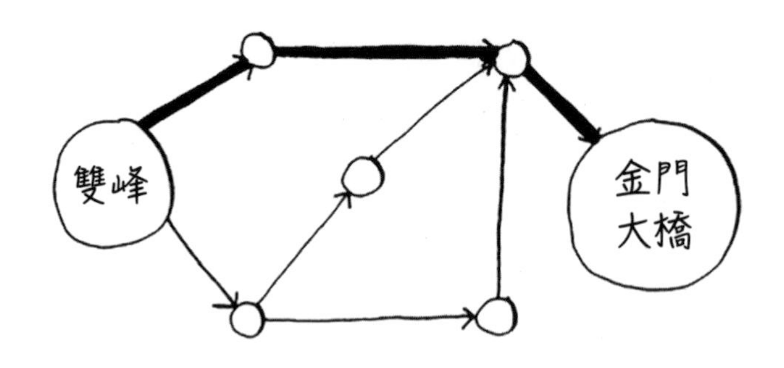

但如果每個路段所花的時間不同的話，那麼這條路徑不一定是最快的，如下圖所示，共要花 29 分鐘 (4 + 21 + 4)。在圖形中標示時間就會發現，其實還有更快的路徑 (如下圖粗線所標示的路徑，只要 24 分鐘)。那麼想要找出最快的路徑該怎麼做呢？這時候就用 **Dijkstra's Algorithm** (**戴克斯特拉演算法**) 以最快的方法解決問題吧！

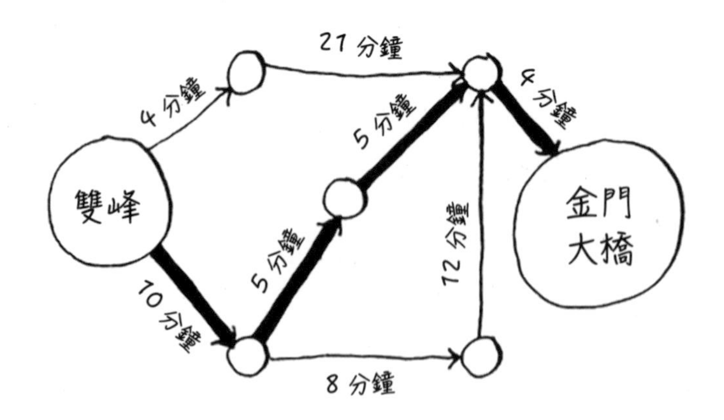

7-1 Dijkstra 演算法搭配圖形的運作

首先，以下圖為例，看看 Dijkstra 演算法如何搭配圖形運作。我們在每個路段 (segment) 都以分鐘為單位標示抵達時間，透過 Dijkstra 演算法就能找出從起點最快抵達終點的路徑。

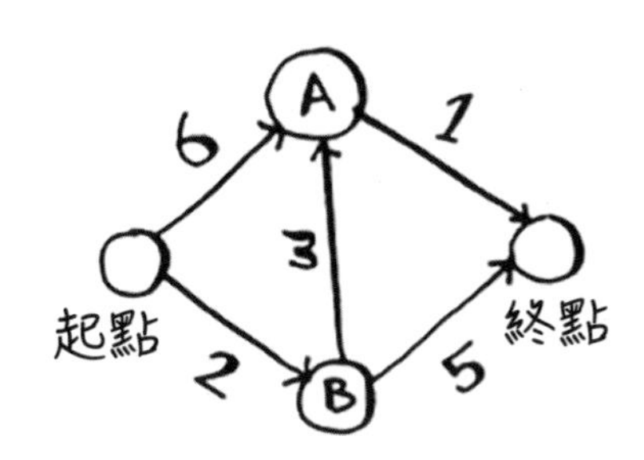

之前用廣度優先搜尋法，得到的是「路段最少」的路徑 (如下圖的粗線所標示)。這條路徑如果用每個路段的時間來計算的話，需要 7 分鐘的時間才能抵達終點，有沒有比 7 分鐘快的路徑呢？

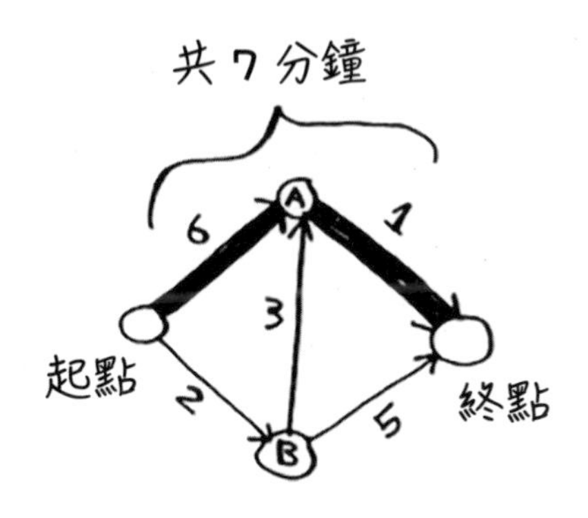

我們用 Dijkstra 演算法來找出「時間最短」的路徑吧！其步驟如下：

Step 1 找出「最快」抵達的節點。亦即花最少時間就能抵達的節點。

Step 2 更新這個節點的相鄰節點成本 (稍後會說明)。

Step 3 對圖形上的每個節點執行以上兩個步驟。

Step 4 計算出最終路徑。

實作操演

從起點開始處理

Step 1 找出「最快」抵達的節點。從起點開始，要去 A 節點還是 B 節點？兩個節點分別需要多少時間？

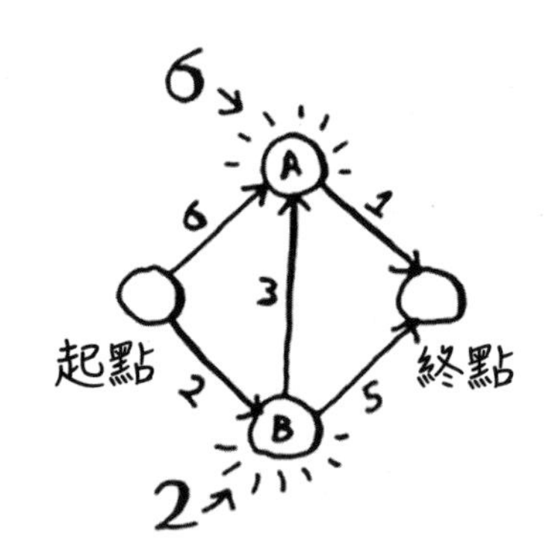

從起點到 A 節點需要 6 分鐘，從起點到 B 節點只要 2 分鐘。由於還沒決定接下來的路徑，所以還不知道其他節點所需的時間。

分別將從起點到 A 節點及 B 節點的時間，以及到終點的時間記到表格裡。由於還不知道實際抵達終點要多少時間，所以先標記成 ∞ (無窮大) 符號。

節點	抵達時間
A	6
B	2
終點	∞

從上表可知，B 節點是距離起點最近的節點，只要 2 分鐘就能抵達。

處理 B 節點

Step 2 從 B 節點開始，沿著邊線 (edge) 抵達與 B 節點相鄰的兩個節點，並計算抵達各節點的時間。

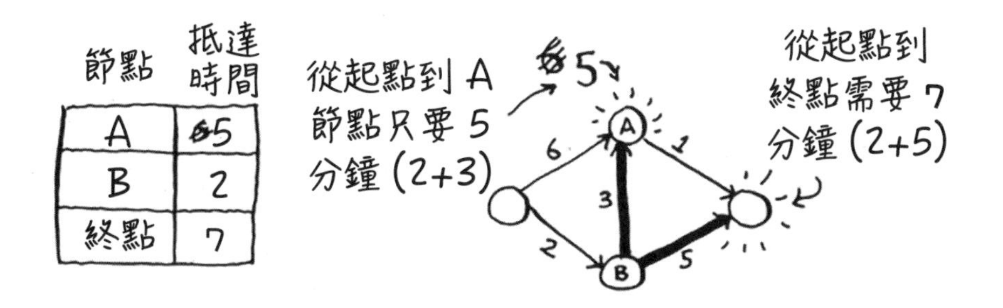

節點	抵達時間
A	~~6~~5
B	2
終點	7

用這個方法，我們找到能更快抵達 A 節點的新路徑。從起點到達 A 節點原本需要 6 分鐘 (如下左圖)。若先通過 B 節點再到 A 節點，就只需要 5 分鐘 (如下右圖)。

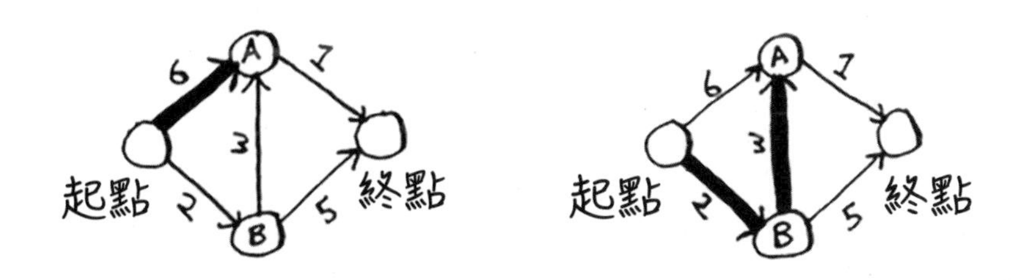

從 B 節點通往相鄰節點時，若找到一條更短的路徑，就要更新該相鄰節點的成本。以本例而言：

- 找到一條更快抵達 A 節點的路徑 (從 6 分鐘縮短為 5 分鐘)。
- 找到一條更快抵達終點的路徑 (從 ∞ (無窮大) 變成 7 分鐘)。

Step 3 重複上述步驟！

處理 A 節點

再次執行 Step 1：找出花最少時間就能抵達的節點。

我們在剛才的 Step 1 先處理 B 節點，因為 B 節點的所需時間最短 (2 分鐘)；而 A 節點的所需時間是第二短的，所以現在要處理 A 節點。

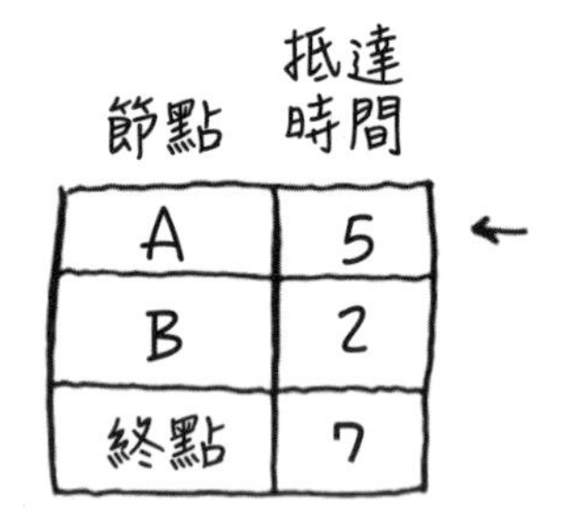

※ **編註**：雖然 A 節點花費時間比 B 節點多，但難保 A 節點接下來的路徑時間會比 B 節點少，所以每一個節點都要算過！

再次執行 Step 2：更新 A 節點的相鄰節點成本。

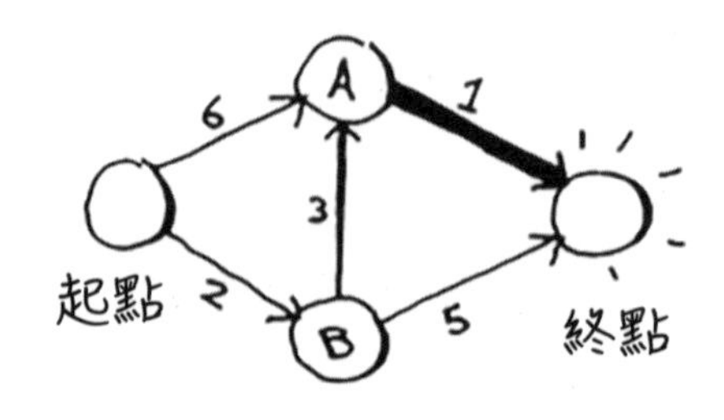

我們已經對所有節點執行 Dijkstra 演算法 (不用對終點執行此演算法)。到目前為止，我們知道：

- 從起點抵達 B 節點 2 分鐘。
- 從起點通過 B 節點，再抵達 A 節點 5 分鐘 (2+3)。
- 從起點通過 B 節點，再抵達 A 節點後，到終點需要 6 分鐘 (2+3+1)。

節點	抵達時間
A	5
B	2
終點	6

現在，我們就可以畫出最快的路徑圖。

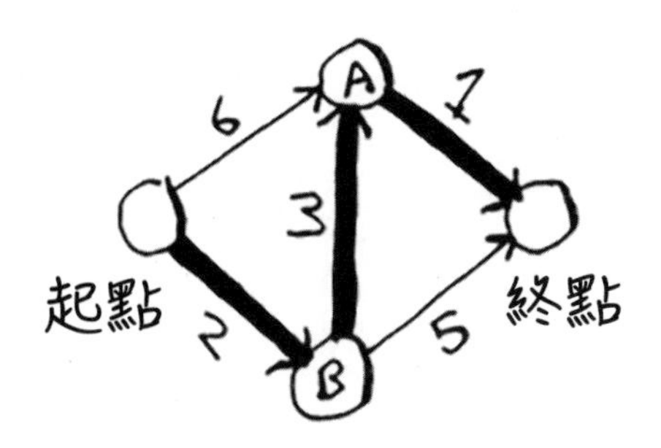

▲ 哇！最快只要 6 分鐘就能抵達終點！

若是使用廣度優先搜尋法就不會找到這條路徑，因為這條路徑會經過三個路段，對廣度優先搜尋法而言，會先找行經兩個路段就能抵達終點的最短路徑。

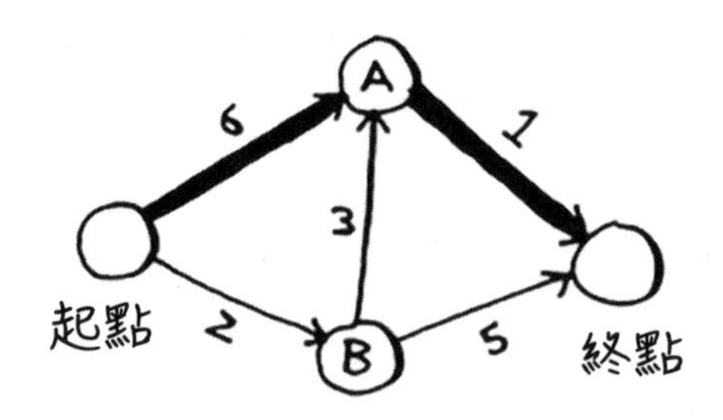

廣度優先搜尋法找到的最短路徑
(圖中標示粗線的路段)

廣度優先搜尋與 Dijkstra 的差異

上一章使用廣度優先搜尋法，尋找兩點之間的最短路徑，「最短路徑」的定義是行經最少路段的路徑。但是使用 Dijkstra 演算法時，我們在每個路段分配了**權重** (weight)，Dijkstra 演算法尋找的是總權重最小的路徑。

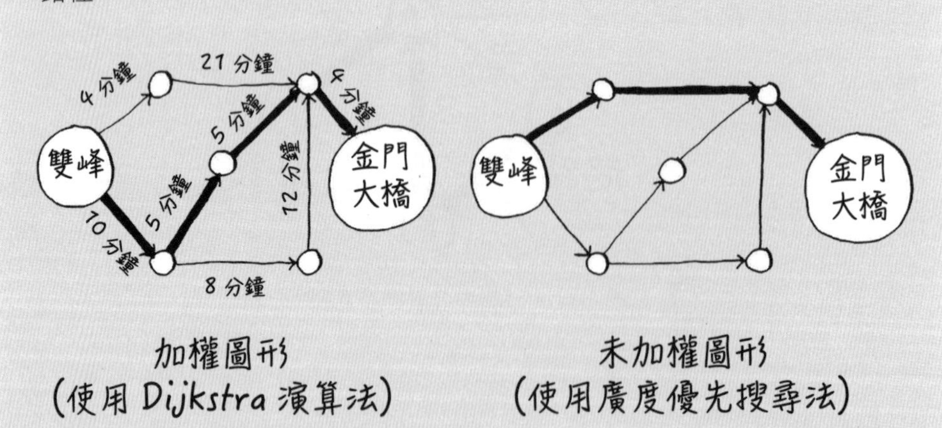

加權圖形
(使用 Dijkstra 演算法)

未加權圖形
(使用廣度優先搜尋法)

7-2 專有名詞解釋

接下來將繼續介紹 Dijkstra 演算法的應用範例。在此之前，我們先釐清一些專有名詞：

- **權重 (Weight)**：使用 Dijkstra 演算法時，圖形的每個邊都會分配一個數字，這個數字稱為**權重** (weight)。

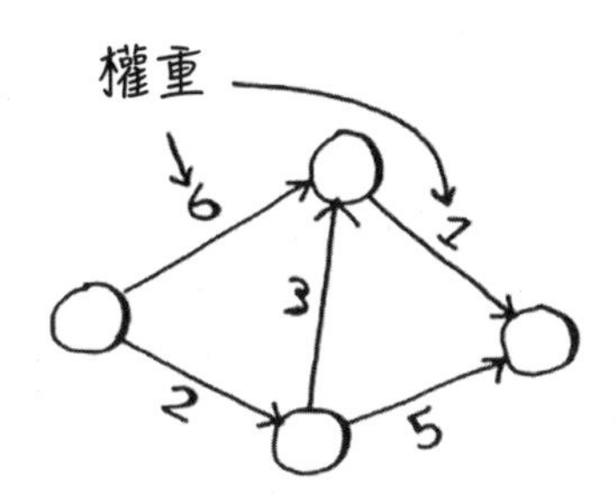

※ **編註：**這裡的邊 (edge) 就是之前講的路段 (segment)，有時也稱為邊線。還可以有權重或無權重，可以有方向或無方向。

- **加權／未加權圖形**：含有權重的圖形稱為**加權圖形** (Weighted Graph)；沒有權重的圖形稱為**未加權圖形** (Unweighted Graph)。

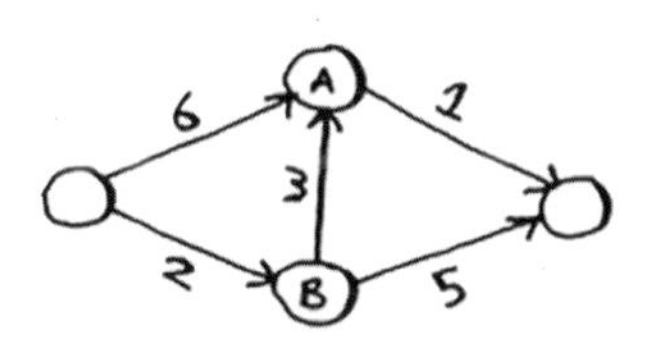

加權圖形
(Weighted Graph)

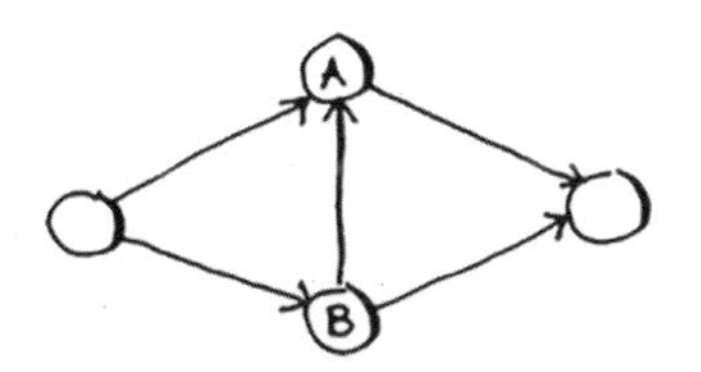

未加權圖形
(Unweighted Graph)

- **迴路** (Cycle)：要找出「未加權圖形」中的最短路徑，可以用廣度優先搜尋法；若要找出「加權圖形」中的最短路徑，則使用 Dijkstra 演算法。不過，圖形中可能會有**迴路** (cycle) 的情況 (如下圖)。

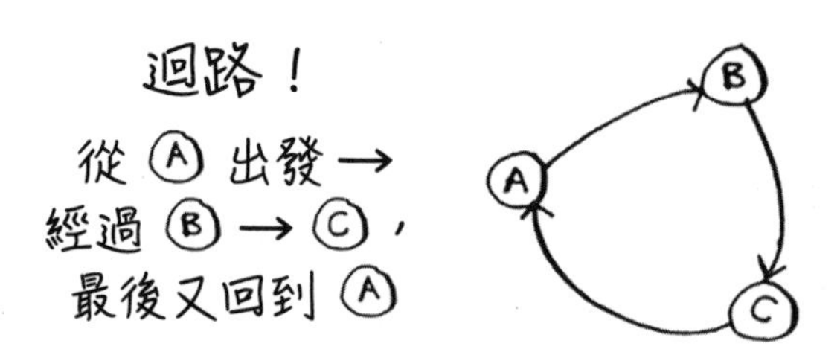

迴路就是從一個節點出發，經過其他節點繞了一圈後，又回到相同的節點。以下圖為例，要在有迴路的圖形中找出最短路徑。

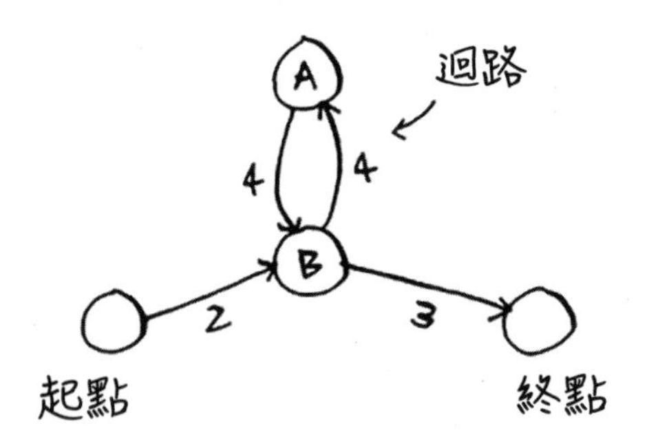

跟著迴路的路線繞有意義嗎？我們可以選擇避開迴路的路徑。

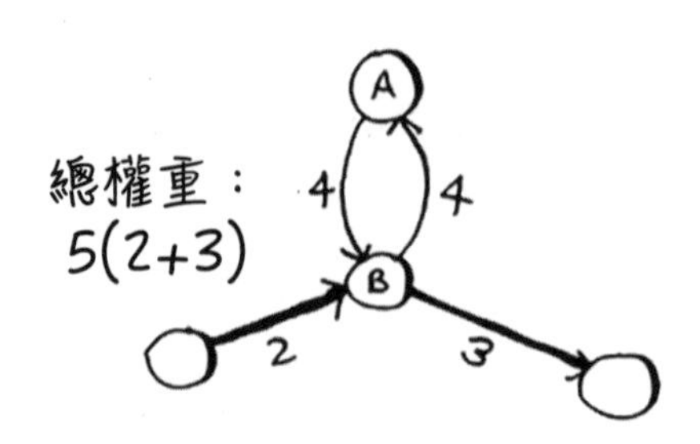

或是選擇沿著迴路路徑走。

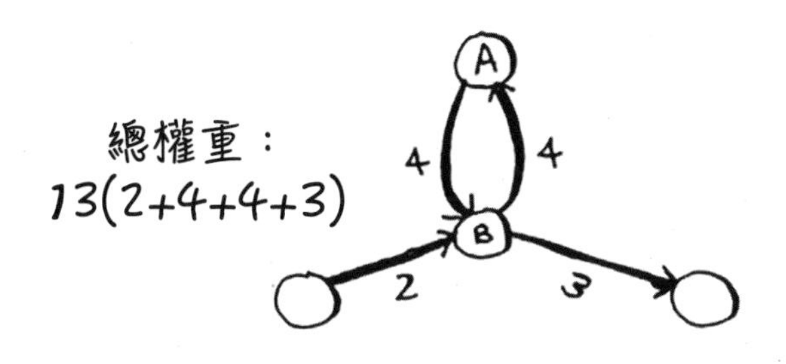

雖然最後都會回到 A 節點，但是迴路會造成路徑的權重變大。你甚至可以沿著迴路繞兩次。

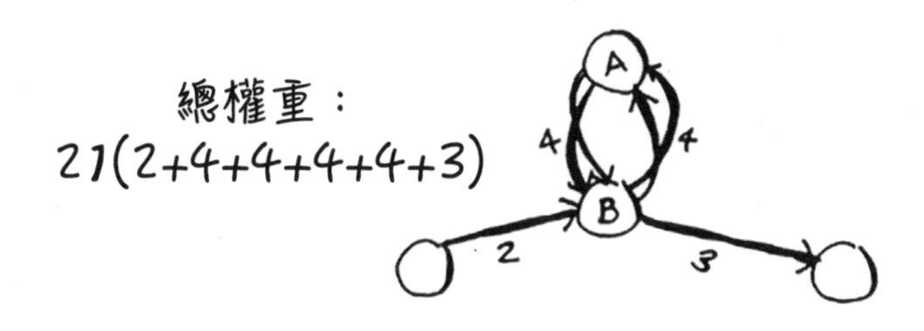

但每繞一次迴路總權重就會增加 8，所以**跟著迴路走絕對找不到最短路徑**。

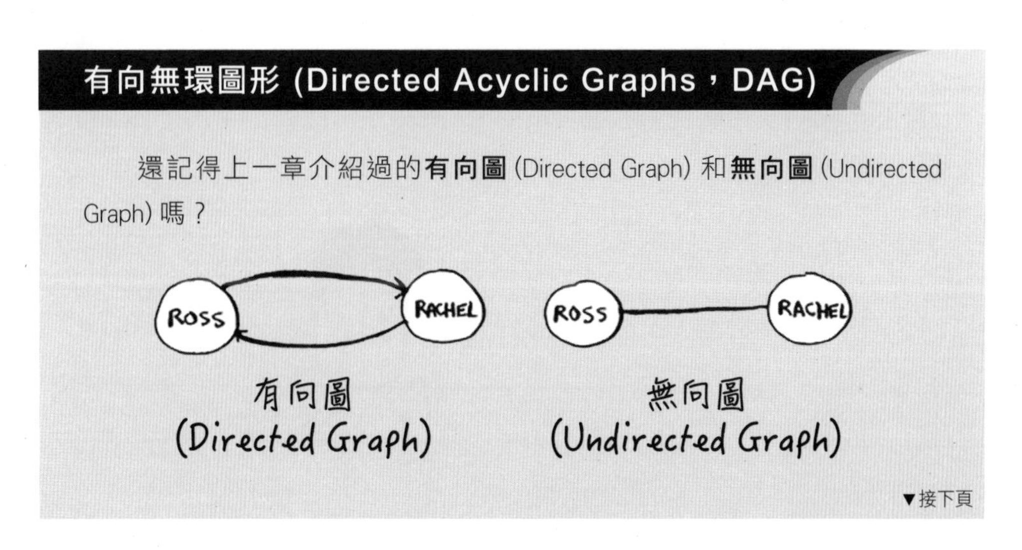

有向無環圖形 (Directed Acyclic Graphs，DAG)

還記得上一章介紹過的**有向圖** (Directed Graph) 和**無向圖** (Undirected Graph) 嗎？

▼接下頁

無向圖表示兩個節點的關係是雙向的(意思是兩個節點互相指向對方),其實這就是一個迴路!

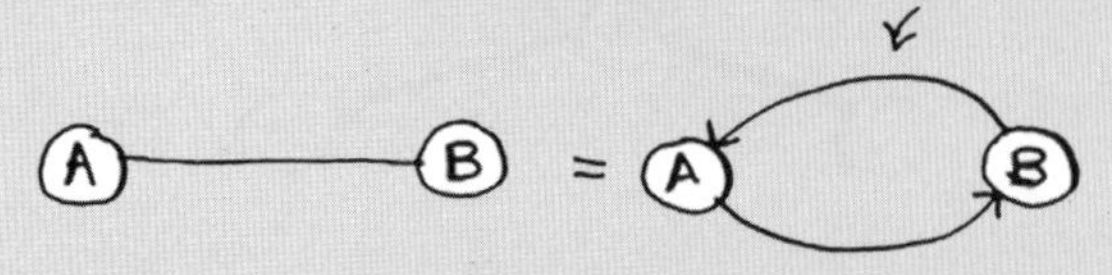

如上圖所示,無向圖每增加一個邊,就會多一個迴路,所以 Dijkstra 演算法可用在**有向無環圖 (Directed Acyclic Graph,DAG)** 或是權重為正數的圖形。

7-3 Dijkstra 應用範例 – 用鋼琴換樂譜

接著,我們要用範例來說明 Dijkstra 演算法。此範例主角是 Rama,他想用樂譜換一台鋼琴。

Alex：「我用海報跟你換樂譜。」

「這是我最喜歡的 Destroyer 樂團海報，或是我用這張稀有的 Rick Astley 的 LP（黑膠唱片）換你的樂譜，再加 5 元。」

Amy：「聽說這張黑膠唱片有首歌超好聽。」

「我用我的貝斯或是爵士鼓跟你換 Destroyer 樂團海報或是黑膠唱片。」

Beethoven：「我一直想要有把貝斯！」

「我用我的鋼琴換 Amy 的任何一樣物品。」

太棒了！只要花一點錢，Rama 就能依照他所想的用樂譜換到一台鋼琴。現在他只需要思考如何用最少的錢完成這些交易。首先把大家要交換的物品畫成圖形。

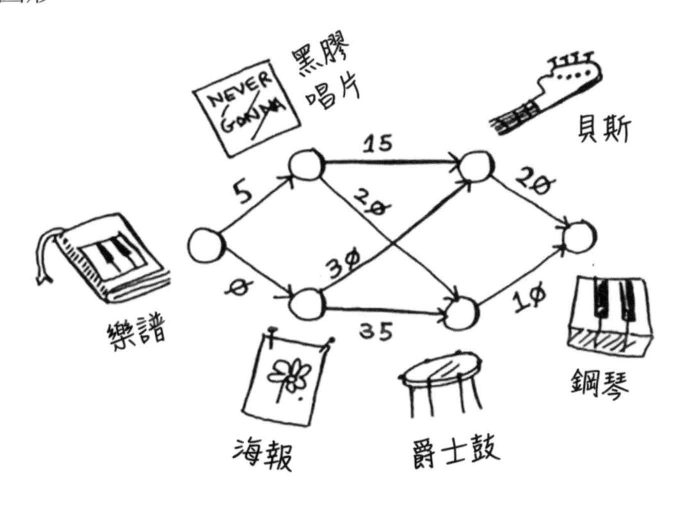

※ **編註：**上圖的交易金額只是便於範例說明，並非物品的實際價值。

※ **編註：**為避免後續物品交換造成混淆，在此將物品及所有者整理成下表：

人名	擁有的物品
Rama	樂譜
Alex	海報/黑膠唱片
Amy	貝斯/爵士鼓
Beethoven	鋼琴

圖中的每個節點是 Rama 可以交換的物品。邊線上的權重為「完成這項交易所需花費的金額」。他可以付 30 元用海報交換貝斯，或是付 15 元用黑膠唱片換貝斯。Rama 要怎麼做才能花最少的錢用樂譜換到鋼琴呢？

這個難題用 Dijkstra 演算法就能解決！還記得 Dijkstra 演算法的四個執行步驟嗎？在此範例中，我們要完成這四個步驟才能算出最終路徑。

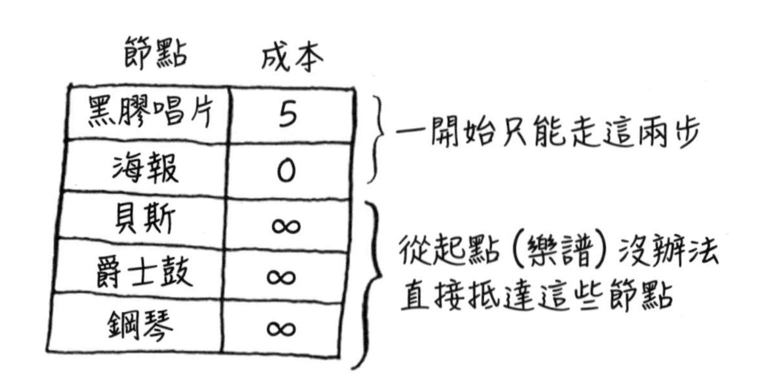

節點	成本
黑膠唱片	5
海報	0
貝斯	∞
爵士鼓	∞
鋼琴	∞

在開始之前要做些準備，那就是建立一個記錄所有節點成本的表格。節點成本就是指**到達該節點所需的花費**。

在演算法的執行過程中要隨時更新這張表格，為了計算最終的路徑，還需要一個**父** (parent) 欄位。稍後會說明父欄位的作用，現在先說明演算法。

節點	父欄
黑膠唱片	樂譜
海報	樂譜
貝斯	—
爵士鼓	—
鋼琴	—

Step 1 找出最便宜的節點。這個例子中，海報的金額是 0，所以最便宜。還能用更便宜的方式取得海報嗎？這是非常重要的問題，請仔細想想。你能找出讓 Rama 用比 0 元還低的成本交換到海報的路徑嗎？請先思考這個問題再繼續看下去。答案：沒有，因為海報節點是 Rama 所能到達的節點中成本最低的節點，沒有更便宜的節點了。

為方便理解，再舉一個從不同角度看這個問題的例子，假設從家裡出發到公司。

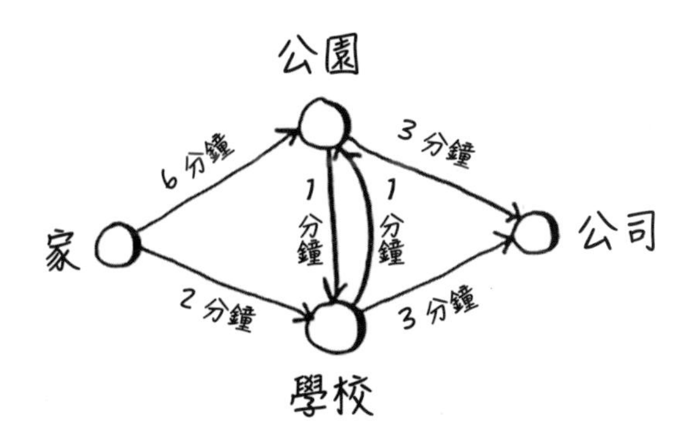

如果選擇往學校這條路，需要 2 分鐘；如果選擇往公園的這條路，需要 6 分鐘。有沒有哪條路可以在低於 2 分鐘以下的時間經過公園再到學校呢？這是不可能的，因為光是走到公園就超過 2 分鐘了。但如果反過來問，有沒有一條可以更快抵達公園的路呢？有的。

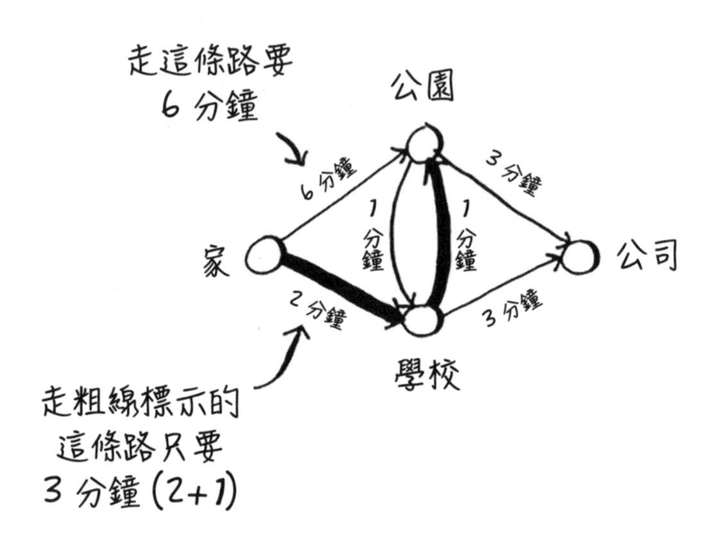

這就是 Dijkstra 演算法的關鍵概念。**找出圖形中成本最低的節點**，沒有比這個節點成本還低的節點了。

再回到前面樂譜的例子，海報是最便宜的交易 (0 元)。

Step 2　從海報找出抵達相鄰節點的成本。

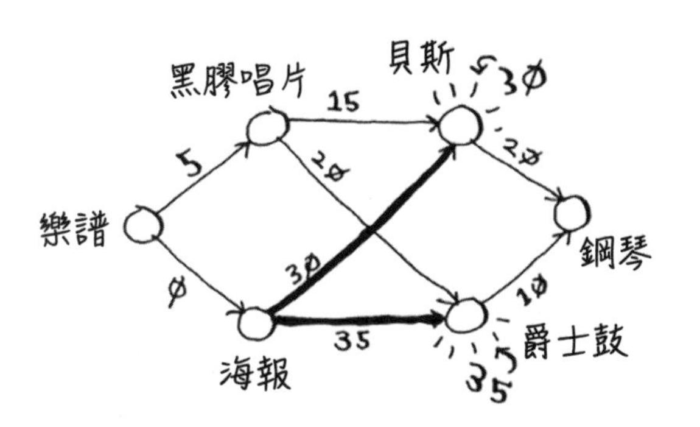

父欄	節點	成本
樂譜	黑膠唱片	5
樂譜	海報	0
海報	貝斯	30
海報	爵士鼓	35
—	鋼琴	∞

上表列出貝斯和爵士鼓的價錢。它們的價錢是在抵達海報後設定的，所以海報節點是它們的父節點 (parent)。意思是必須從海報節點出發沿著邊線才能到達貝斯節點和爵士鼓節點。

父欄	節點	成本
樂譜	黑膠唱片	5
樂譜	海報	0
海報	貝斯	30
海報	爵士鼓	35
—	鋼琴	∞

從「海報」節點抵達這兩個節點

重複執行 STEP 1：以樂譜為起點出發，黑膠唱片是第二便宜的節點，只要 5 元 (最便宜的是 0 元海報)。

重複執行 STEP 2：更新抵達相鄰節點的成本。

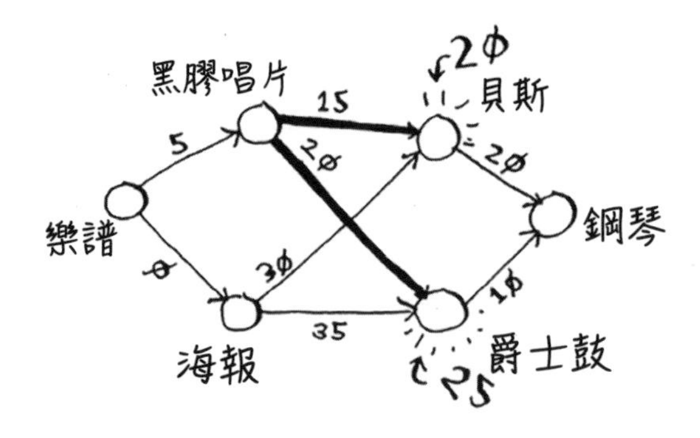

父欄	節點	成本
樂譜	黑膠唱片	5
樂譜	海報	0
黑膠唱片	貝斯	~~30~~ 20
黑膠唱片	爵士鼓	~~35~~ 25
—	鋼琴	∞

更新貝斯和爵士鼓的價錢了！這表示從黑膠唱片出發，可以用更低的成本抵達貝斯或爵士鼓。所以黑膠唱片是貝斯和爵士鼓的**父節點**。貝斯是接下來最便宜的物品，我們來更新它的相鄰節點。

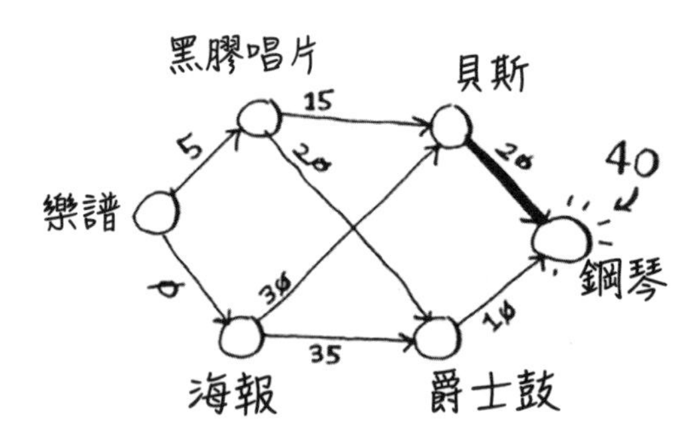

父欄	節點	成本
樂譜	黑膠唱片	5
樂譜	海報	0
黑膠唱片	貝斯	20 (5+15)
黑膠唱片	爵士鼓	25 (5+20)
貝斯	鋼琴	40 (5+15+20)

終於可以確定鋼琴的價錢了 (40 元)。這是用貝斯交換鋼琴所得到的價錢，所以貝斯是鋼琴的父節點。接下來要看最後一個爵士鼓節點。

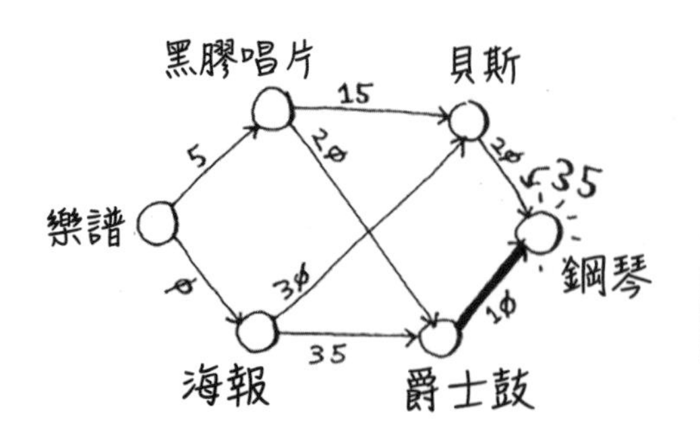

父欄	節點	成本
樂譜	黑膠唱片	5
樂譜	海報	0
黑膠唱片	貝斯	20
黑膠唱片	爵士鼓	25
爵士鼓	鋼琴	35 (5+20+10)

如果 Rama 用爵士鼓換鋼琴，鋼琴的成本會比較便宜。結論是：若採用最省錢的交換方式，Rama 只需要付 35 元。

現在，我們已經知道最省錢的路徑只需要付 35 元。現在的重點是 35 元是怎麼來的？也就是說這條路徑在哪裡？我們要如何讓演算法找出這條路徑呢？這就是父節點的作用了。首先，從鋼琴的父節點開始。

父欄	節點
樂譜	黑膠唱片
樂譜	海報
黑膠唱片	貝斯
黑膠唱片	爵士鼓
→ 爵士鼓	鋼琴

鋼琴的父節點是爵士鼓。表示 Rama 是用爵士鼓換鋼琴。所以我們要沿著這個邊往回走，來找出最省錢的路徑。

接著，來看看如何沿著邊走。鋼琴的父節點為爵士鼓。

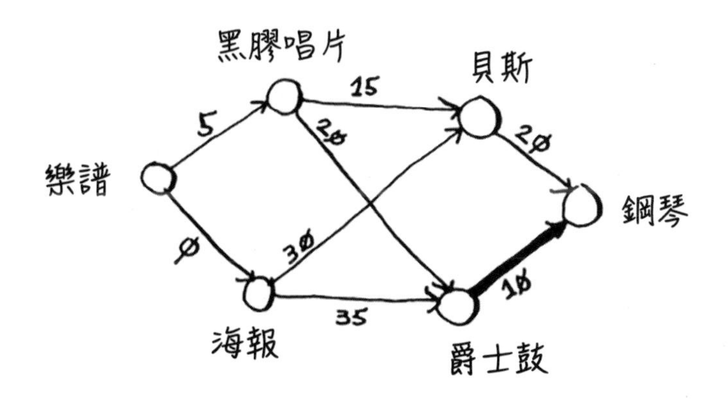

爵士鼓的父節點為黑膠唱片。

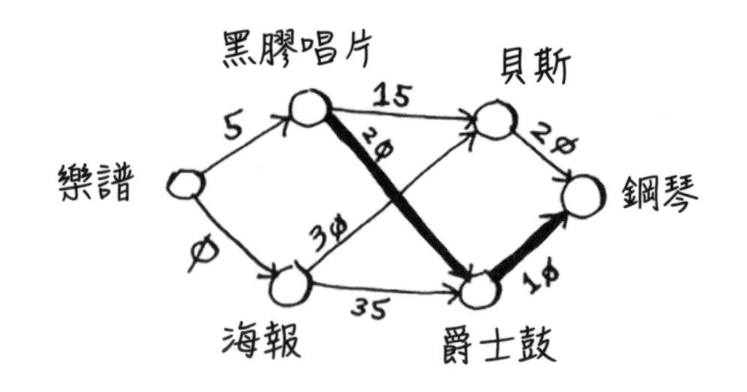

Rama 用黑膠唱片換爵士鼓、用樂譜換黑膠唱片。只要往回追蹤父節點，就能找出完整的路徑了。

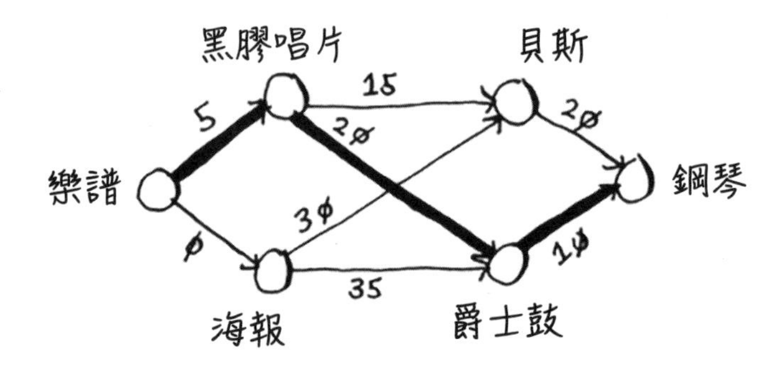

右圖是 Rama 一連串的物品交換過程。

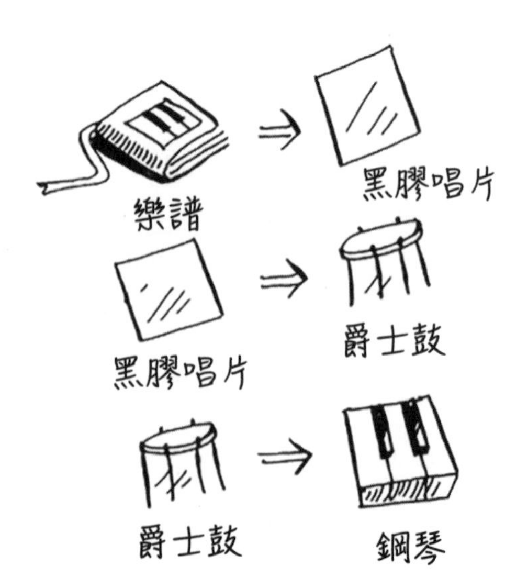

到目前為止，最短路徑正如字面上的意思，就是計算出兩個點或兩個人之間的最短（最省錢）路徑。但實際上最短路徑還含有「將○○最小化」或是「將○○減到最低」的意思。所以我舉 Rama 這個例子來說明如何用最少的錢換到鋼琴。

7-4 負權重邊 (Negative-weight edge)

在剛才的物品交換範例中，Alex 願意用海報或黑膠唱片交換樂譜。

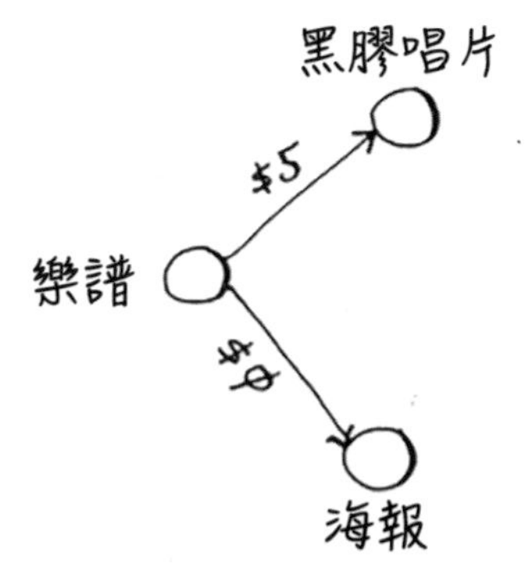

現在 Sarah 向 Rama 提議用黑膠唱片換海報，而且還願意另外給 Rama 7 元，那麼 Rama 在這項交易中不但不用花錢，還能賺到 7 元。我們要如何用圖形表示呢？

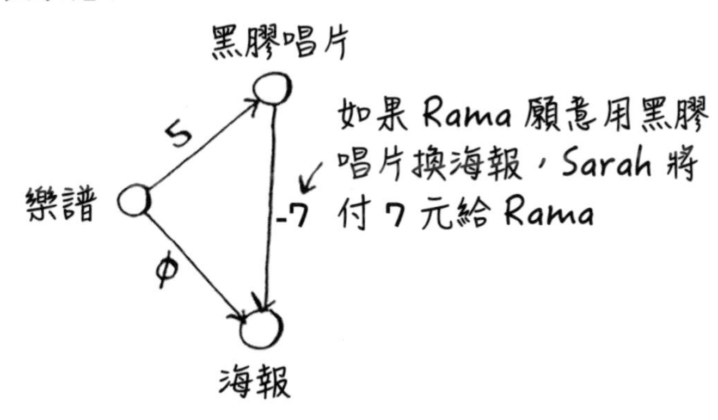

黑膠唱片到海報的邊其權重是負的！ Rama 如果完成這項交易會賺到 7 元。這麼一來，Rama 有兩條路徑可換海報。

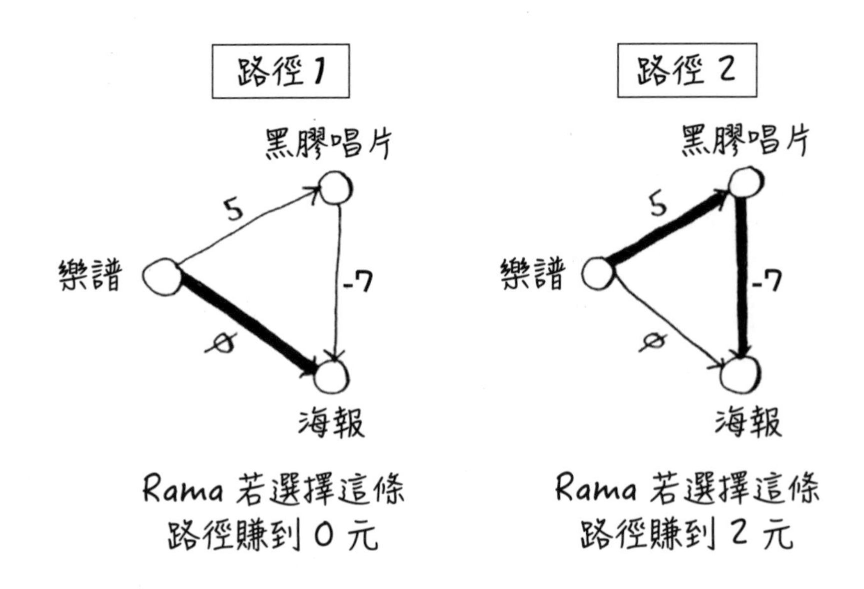

選擇第二條路徑較合理，因為 Rama 能賺到 2 元。還記得 Rama 可以用海報換到爵士鼓嗎？他有兩條路徑可選擇。

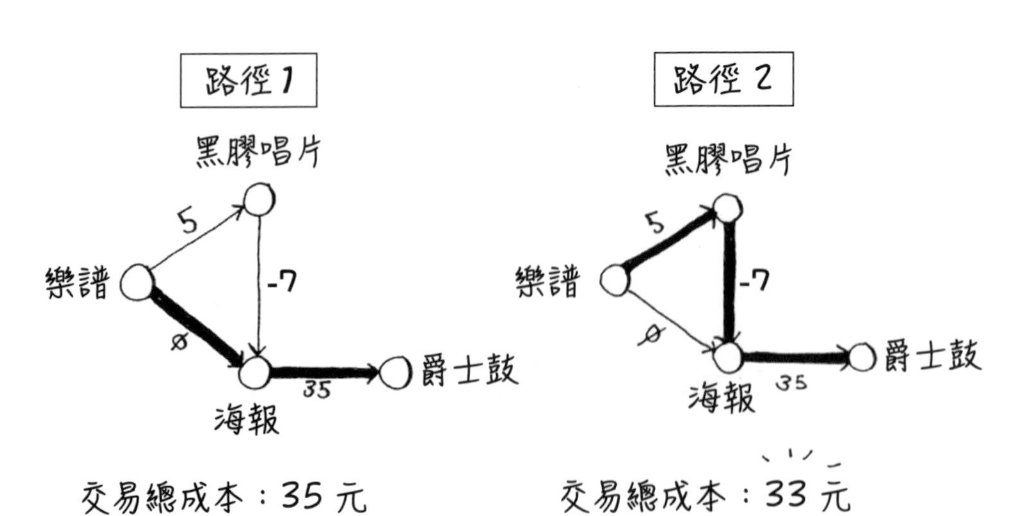

第二條路徑能省下 2 元，所以 Rama 應該選擇第二條路徑，對吧？想想看接下來會發生什麼事？若是在這個圖形上執行 Dijkstra 演算法，Rama 會選到比較貴的路徑。**請記住！ Dijkstra 演算法不能處理含有負權重邊的圖形**。我們來看看如果用 Dijkstra 演算法處理這個圖形會發生什麼事。首先，建立一份成本表。

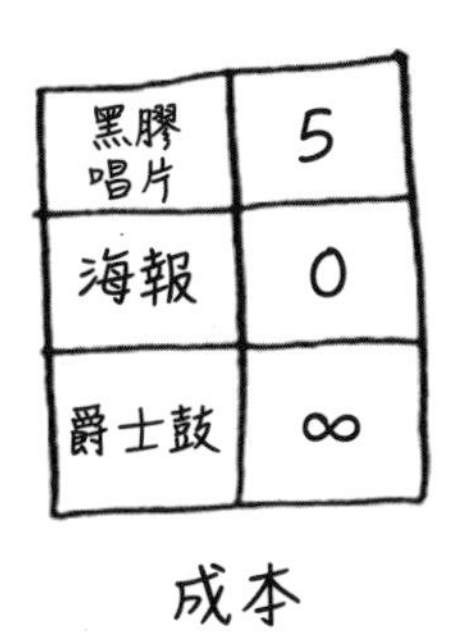

黑膠唱片	5
海報	0
爵士鼓	∞

成本

接著，找出成本最低的節點，並更新其相鄰節點的成本。以此範例而言，成本最低的節點就是海報。依照 Dijkstra 演算法的定義來看，沒有比 0 元還要便宜就能取得海報的路徑了 (但你現在知道這種說法是錯的！)。無論如何，我們先更新海報相鄰節點的成本。

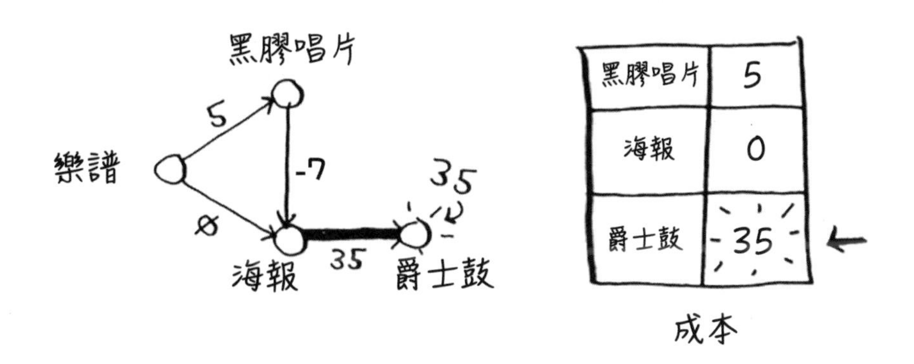

現在爵士鼓的成本是 35 元 (0+35)。

接著，找出尚未處理且第二便宜的節點。

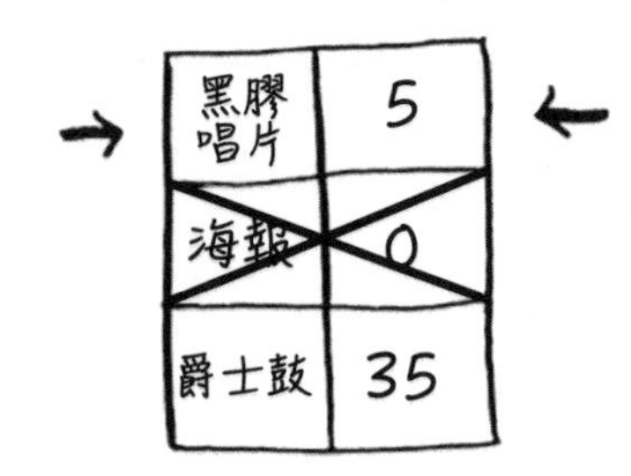

更新黑膠唱片節點的相鄰節點成本。

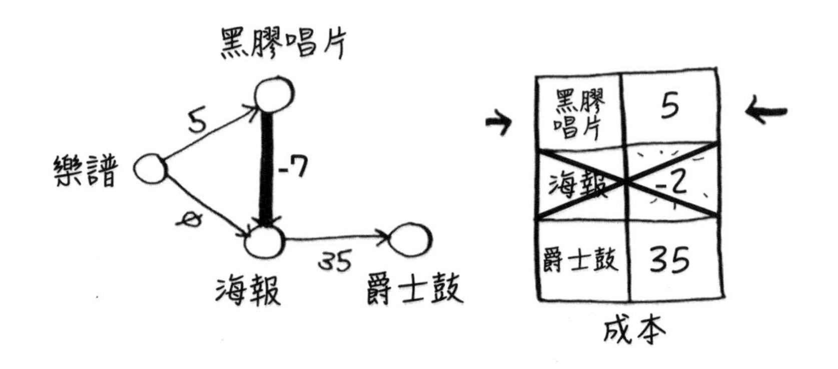

前面已經處理過海報節點，但是這裡又再次更新海報的成本。這是一個很大的危險訊息，因為節點經過處理就表示沒有比這個節點的成本還要低的路徑了。但是剛才卻找到可以用更低的成本取得海報的路徑！由於爵士鼓沒有相鄰節點，所以演算法到此執行完畢。下圖顯示每個節點的最終成本：

黑膠唱片	5
海報	-2
爵士鼓	35

最終成本

抵達爵士鼓節點需要 35 元成本。雖然我們知道有另一條路徑只要 33 元，但 Dijkstra 演算法卻找不到，因為 Dijkstra 演算法只適用在沒有負權重邊的圖形，所以處理過海報節點後，演算法就會認為沒有更快可以抵達爵士鼓節點的路徑。如果要在有負權重邊的圖形找出最短路徑，那就要改用 **Bellman-Ford（貝爾曼福特）**演算法。Bellman-Ford（貝爾曼福特）演算法不在本書的討論範圍內，若有興趣可自行從網路搜尋相關的資源。

※ **編註：**Bellman-Ford 演算法與 Dijkstra 演算法一樣，可以找出有向圖的最短路徑，其差異在於 Bellman-Ford 可以處理含有負權重的圖形。從使用時機來看，如果邊線上沒有負權重，適合選擇執行時間較快的 Dijkstra；若邊線上有負權重，選擇 Bellman-Ford 可以得到最佳解，但是其執行時間較長 O(V*E)，其中 V 代表**頂點** (vertex)、E 代表**邊** (edge)。

7-5 實作 Dijkstra 演算法

了解 Dijkstra 演算法的運作原理後，我們以下圖為例，帶你用程式碼實作。

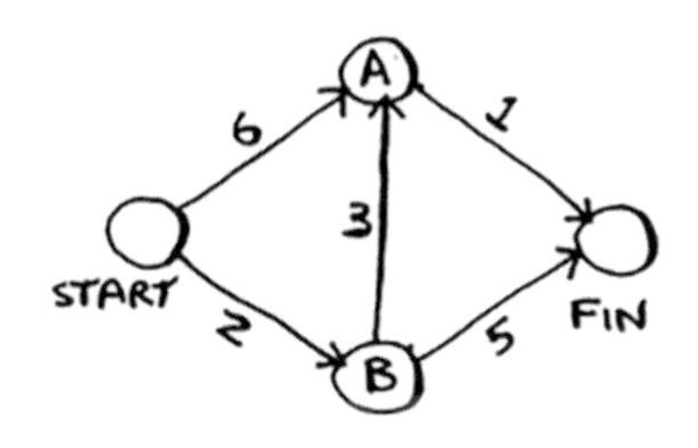

※ **編註：**邊線上的數字以「分鐘」為單位。

此圖形的程式碼會用到 3 個雜湊表。

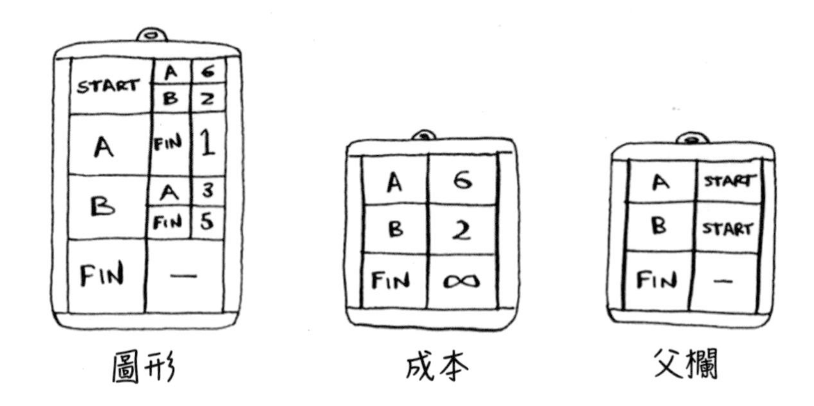

建立「圖形」雜湊表

在演算法的執行過程中，記錄成本和父節點的雜湊表會不斷更新。首先要完成圖形的實作，方法和第 6 章一樣，使用雜湊表實作：

```
graph = {}
```

上一章，我們將特定節點的所有相鄰節點存入雜湊表內，例如：

```
graph["you"] = ["alice", "bob", "claire"]
```

但本章的範例除了存放相鄰節點外，還要儲存指向相鄰節點的成本（也就是邊線上的權重）。例如，START 有兩個相鄰的節點，分別為節點 A 和 B。

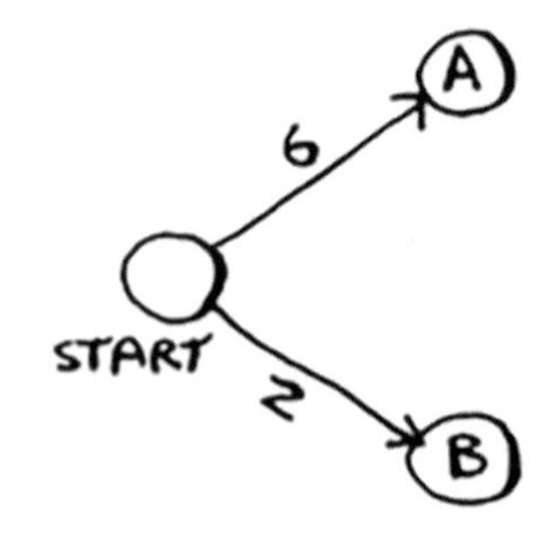

我們要如何記錄這兩條邊的權重呢？不妨再建立一個雜湊表：

```
graph["start"] = {}
graph["start"]["a"] = 6
graph["start"]["b"] = 2
```

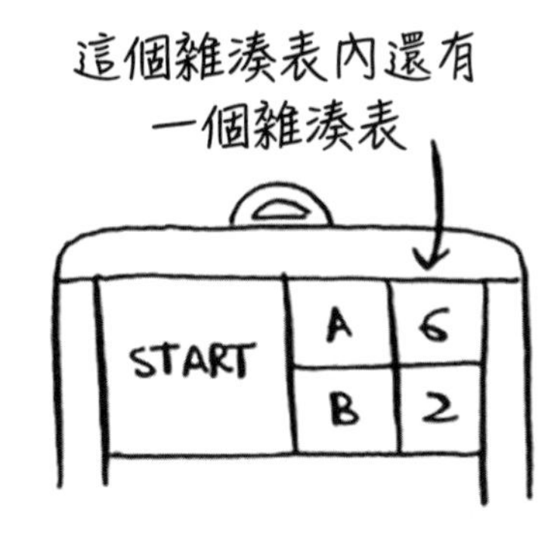

graph["start"] 是一個雜湊表。用以下程式碼可以抵達 START 的所有相鄰節點：

```
>>> print(graph["start"].keys())
["a", "b"]
```

從 START 到 A 節點有一個邊，從 START 到 B 節點也有一個邊。要如何找出這些邊的權重呢？

```
>>> print(graph["start"]["a"])
6
>>> print(graph["start"]["b"])
2
```

接著將剩下的節點和它們的相鄰節點加入圖形：

```
graph["a"] = {}
graph["a"]["fin"] = 1

graph["b"] = {}
graph["b"]["a"] = 3
graph["b"]["fin"] = 5

graph["fin"] = {} ← 終點的節點沒有相鄰節點
```

完整的圖形雜湊表如下：

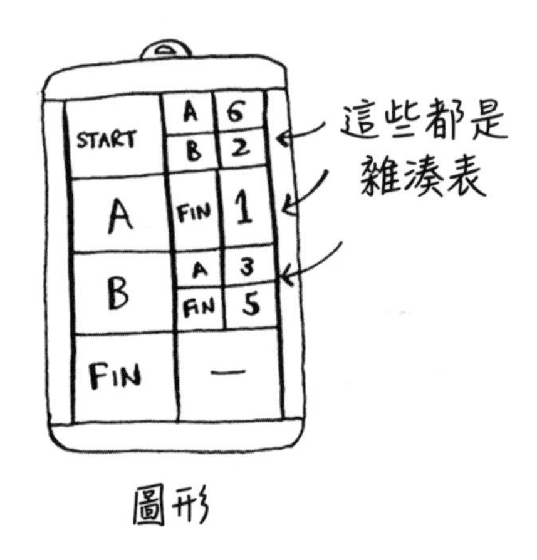

圖形

建立每個節點「成本」的雜湊表

接著，需要一個存放每個節點成本的雜湊表。

成本

每個節點的成本就是從 START 節點抵達這個節點所需要的時間。從 START 到 B 節點需要 2 分鐘，從 START 到 A 節點需要 6 分鐘 (或許有更短的路徑)。目前我們還不知道抵達 FIN (終點) 要多久時間。在不知道成本的情況下，先放入無窮大符號 ∞。在 Python 裡要怎麼表示無窮大？可以寫成這樣：

```
infinity = float("inf")
```

建立成本雜湊表的程式碼如下：

```
infinity = float ("inf")
costs = {}
costs["a"] = 6
costs["b"] = 2
costs["fin"] = infinity
```

建立「父節點」雜湊表

我們還需要另一個雜湊表來存放父節點：

父節點

以下是父節點雜湊表的程式碼：

```
parents = {}
parents["a"] = "start"
parents["b"] ="start"
parents["fin"] = None
```

由於每個節點只需要處理一次，所以最後要建立一個串列 (list) 來存放所有已處理過的節點：

```
processed = []
```

用 Python 撰寫 Dijkstra 演算法

接下來，就是演算法的部份了。我們將整個流程繪製成下圖：

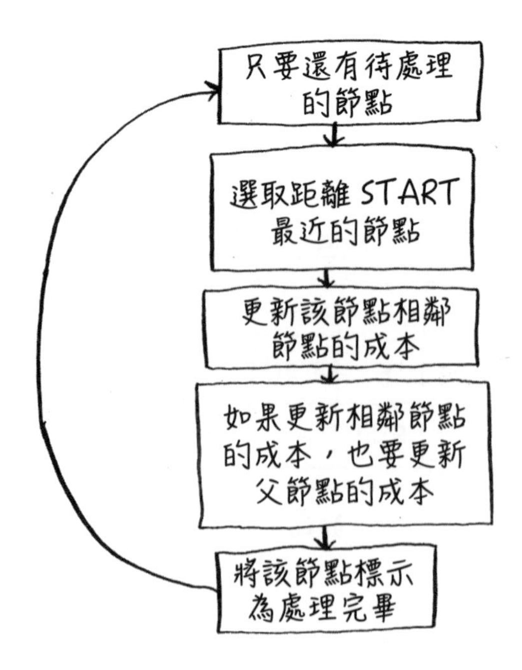

在此先列出程式碼，稍後再做說明。程式碼如下：

```
node = find_lowest_cost_node(costs)
 ↑___ 這個函式的程式碼在 7-38 頁，現在只要知道它能由
      costs 這個雜湊表中找出成本最低的節點就好了

while node is not None:
 ↑___ 處理完所有節點時，這個 while 迴圈就會結束

   cost = costs[node]
   neighbors = graph[node]
   for n in neighbors.keys() : ←── 處理這個節點的所有相鄰節點
      new_cost = cost + neighbors[n]
      if costs[n] > new_cost:
       ↑___ 如果通過這個節點到達相鄰節點的成本較低，則：

         costs[n] = new_cost  ←── 更新這個節點的成本
         parents[n] = node    ←── 這個節點會成為相鄰節點的新父節點
   processed.append(node) ←── 將節點存入已處理的串列中
   node = find_lowest_cost_node(costs)
    ↑___ 找出下一個需要處理的節點，並繼續執行迴圈
```

這就是用 Python 撰寫的 Dijkstra 演算法，稍後會再說明函式的內容。在此之前，先看看 find_lowest_cost_node 程式碼是如何運作的。

- 找出成本最低的節點：

● 取得該節點的成本及相鄰節點。

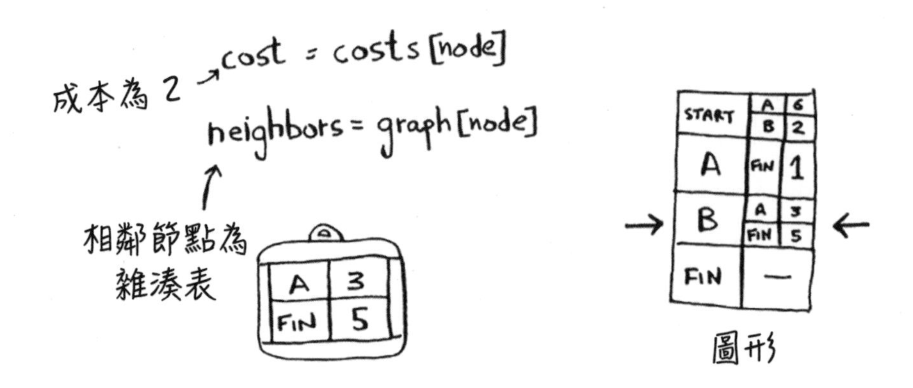

● 檢查每個相鄰節點。

每個節點都有成本。成本就是從 START 開始抵達該節點所需的時間。以此例而言，若路徑為「START > B 節點 > A 節點」，而非「START > A 節點」，這樣的路徑需要多久時間才會抵達 A 節點。

```
new_cost = cost + neighbors[n]
```

B 節點的成本為 2

從 B 節點到 A 節點的成本為 3

新成本為 5 (2+3)

● 比較成本：

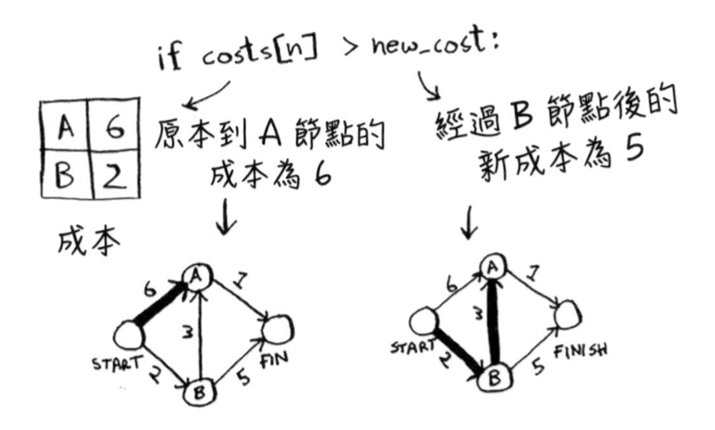

我們找到一條通往 A 節點的更短路徑了。更新成本：

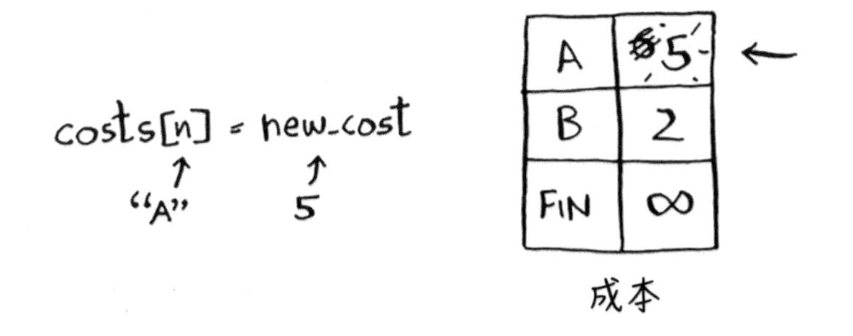

新的路徑會先經過 B 節點，所以 B 節點是新的父節點。

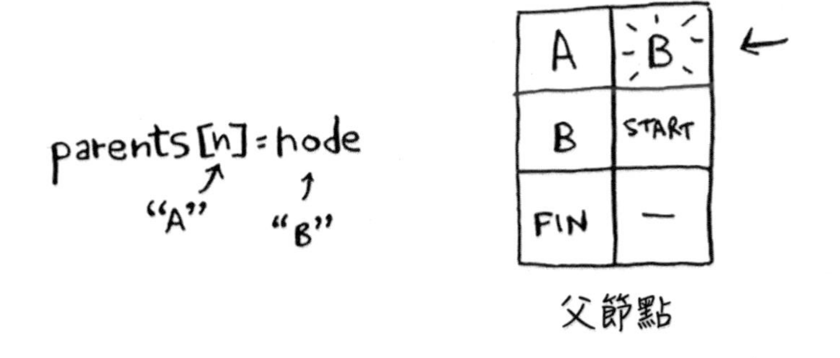

這樣就又回到迴圈的最上面了。用 for 處理下一個相鄰節點，即終點節點。

for n in neighbors.Keys():

n 是「FIN」
(終點)

A | FIN

若通過 B 節點前往終點需要多少時間？

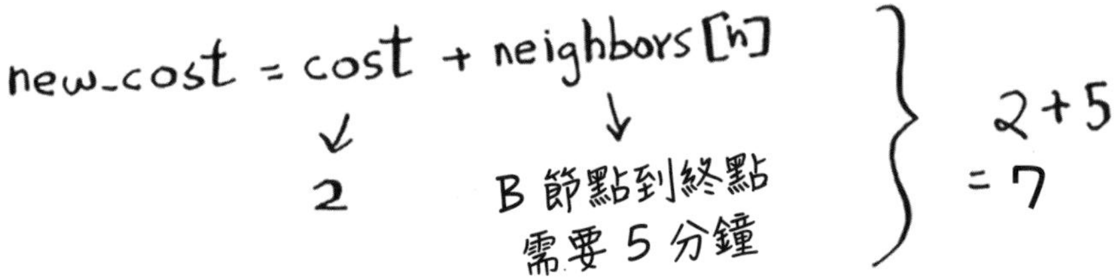

new_cost = cost + neighbors[n]

2

B 節點到終點
需要 5 分鐘

2+5
=7

從 START 通過 B 節點到終點共需 7 分鐘。先前的成本是無窮大，現在的成本是 7 分鐘，7 小於無窮大。

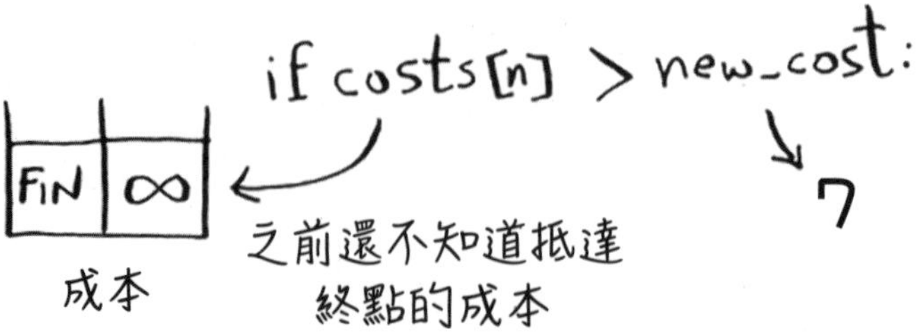

if costs[n] > new_cost:

FIN | ∞

成本

之前還不知道抵達
終點的成本

7

● 更新 FIN (終點) 節點的成本和新的父節點。

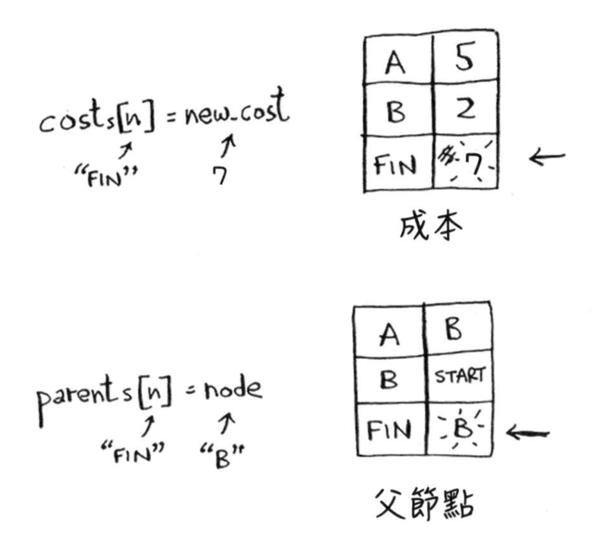

現在已經更新完 B 節點所有相鄰節點的成本，將 B 節點標示為已處理。

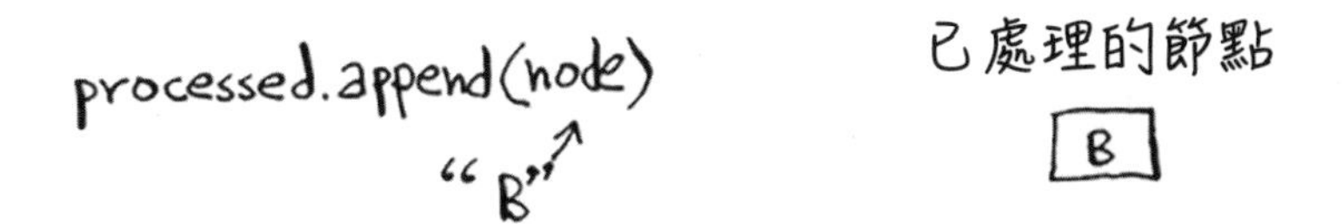

● 找出下一個需要處理的節點：

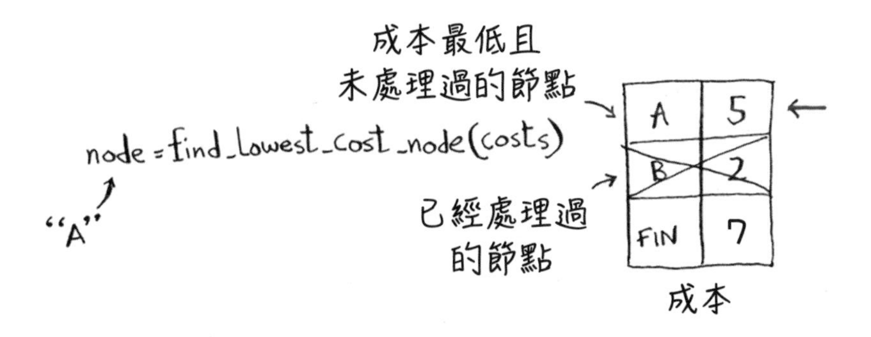

● 取得 A 節點的成本和相鄰節點。

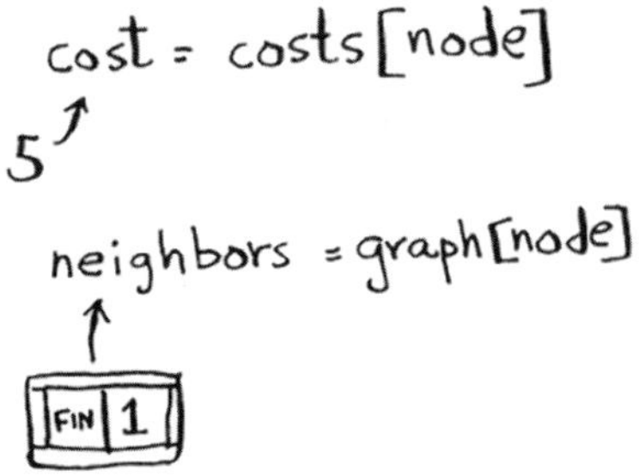

```
cost = costs[node]
5 ↗

neighbors = graph[node]
↑
FIN | 1
```

● A 節點只有一個相鄰節點，那就是 FIN (終點) 節點。

```
for n in neighbors.keys():
"FIN"                FIN
```

之前從 START 透過 A 節點抵達 FIN 節點需要 7 分鐘 (6+1)。如果透過 B 節點再透過 A 節點，抵達終點需要多少時間？

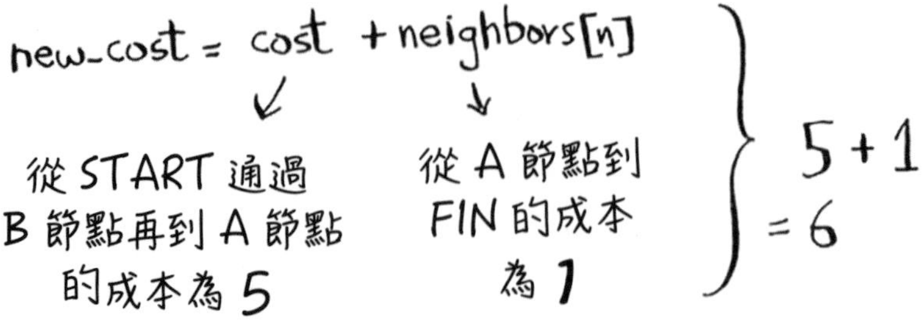

```
new_cost = cost + neighbors[n]
```

從 START 通過 B 節點再到 A 節點的成本為 5

從 A 節點到 FIN 的成本為 1

5 + 1 = 6

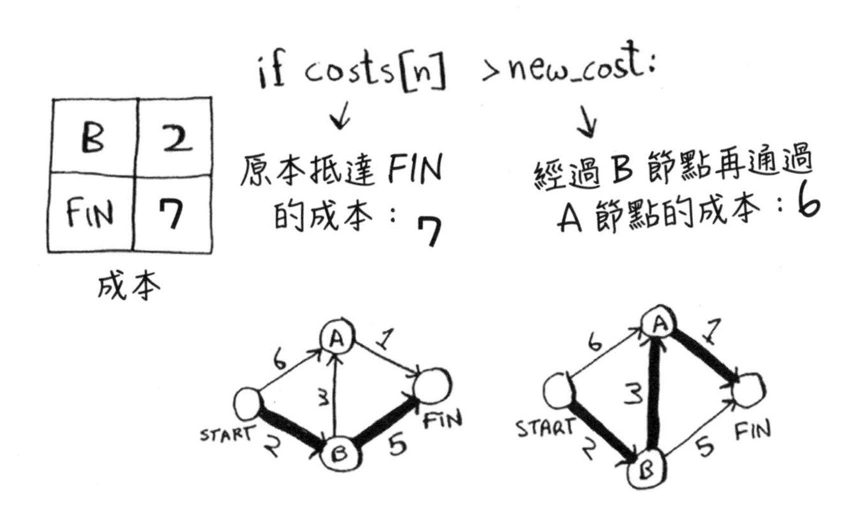

從 B 節點通過 A 節點會比較快抵達終點，所以要更新成本和父欄。

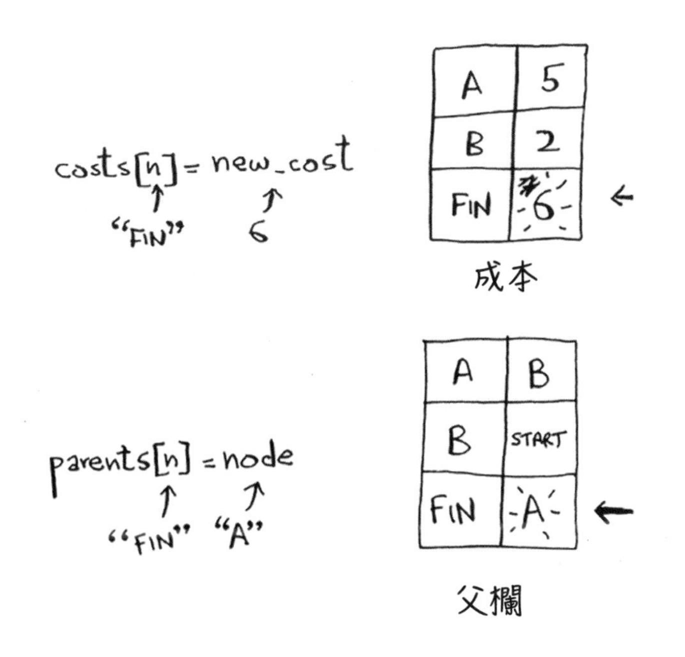

處理完所有節點後，演算法就執行完畢了。希望這樣的逐步解說能幫助你理解 Dijkstra 演算法。用 find_lowest_cost_node 函式就能輕鬆找出成本最低的節點。程式碼如下：

```
def find_lowest_cost_node(costs):
    lowest_cost = float ("inf")
    lowest_cost_node = None
    for node in costs:  ← 逐一檢查每個節點
        cost = costs[node]
        if cost < lowest_cost and node not in processed:
        └── 如果是目前最低的成本且尚未處理過的節點
            lowest_cost = cost  ← 將該節點更新為最低成本的新節點
            lowest_cost_node = node
    return lowest_cost_node
```

執行結果

```
{'a': 5, 'b': 2, 'fin': 6}
```

完整的程式範例，可開啟 Python\Ch07\01_dijkstras_algorithm.py。

7.1 請問，以下各圖形從 START 到 FINISH 最短路徑的權重分別是多少？

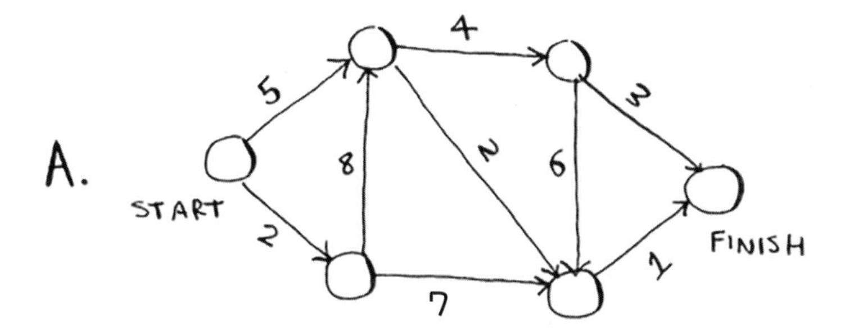

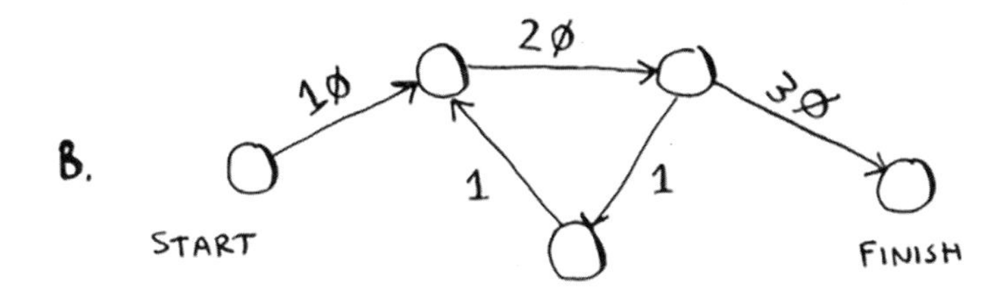

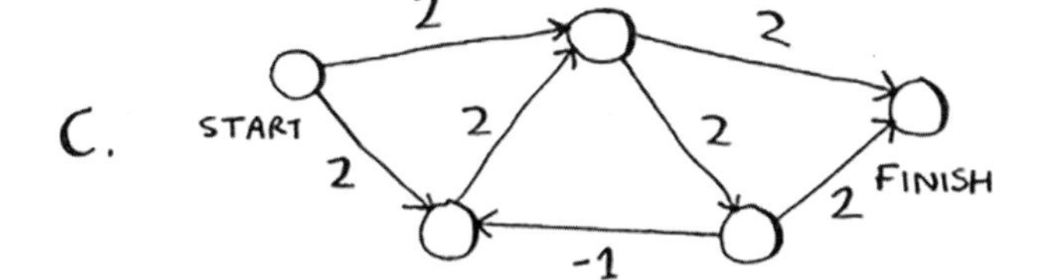

7-6 本章摘要

- ✓ 廣度優先搜尋法 (Breadth-First Search) 可用來計算未加權圖形中的最短路徑 (路段最少的路徑)。
- ✓ Dijkstra 演算法可用來計算加權圖形中的最快路徑 (總加權值最小的路徑)。
- ✓ Dijkstra 演算法只能處理正權重的圖形；若圖形中含有負權重，就要改用 Bellman-Ford (貝爾曼 - 福特) 演算法。

貪婪演算法 (Greedy Algorithm)

8
chapter

本章重點：

- 有些問題無法透過快速演算來得到答案，這些問題稱為 **NP-Complete** (NP 完備) 問題，本章將教你解決這些問題的方法。
- 學習如何分辨「NP-Complete」問題，避免浪費時間尋找快速解決問題的演算法。
- 學習**近似演算法** (Approximation Algorithm)，這種演算法能快速地為「NP-Complete」問題，找出近似的答案。
- 學習貪婪策略，這是一種簡單解決問題的策略。

8-1 排課問題 (Classroom Scheduling Problem)

假如想充份利用教室資源，希望盡可能排滿課程，因此列了一份課程表。

課程	開始	結束
藝術	9 AM	10 AM
英文	9:30 AM	10:30 AM
數學	10 AM	11 AM
電腦	10:30 AM	11:30 AM
音樂	11 AM	12 PM

由於有些課程時間重疊，所以沒辦法在此教室排入所有課程。

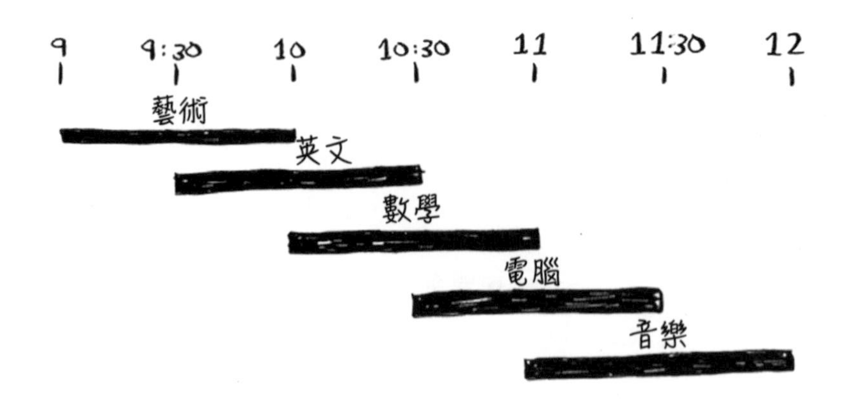

要如何挑選才能在這間教室排入最多課程呢？

這個問題聽起來很難，對吧？事實上，只要會用**貪婪演算法** (Greedy Algorithm)，你會發現這個問題非常簡單。來看看怎麼做吧！

1. 首先，找出最早結束的課程，也就是要在這間教室上的第一堂課。
2. 接著，找出第一堂課結束後才開始，而且是最早結束的課程。這個課程就可以排入第二堂課。
3. 依照上述的規則找下去，就會找到答案！

最早結束的是藝術課 (10:00AM)，所以可以排這堂課。

藝術	9AM	10AM	✓
英文	9:30AM	10:30AM	
數學	10AM	11AM	
電腦	10:30AM	11:30AM	
音樂	11AM	12PM	

接著，要找出 10:00AM 以後開始且最早結束的課。由於英文課與藝術課衝堂 (上課時間重疊)，所以不能選英文課，但是數學課可以。

藝術	9AM	10AM	✓
英文	9:30AM	10:30AM	X
數學	10AM	11AM	✓
電腦	10:30AM	11:30AM	
音樂	11AM	12PM	

繼續排第三堂課，由於電腦課和數學課衝堂，所以不能選電腦課，但是可以選音樂課。

藝術	9AM	10AM	✓
英文	9:30AM	10:30AM	X
數學	10AM	11AM	✓
電腦	10:30AM	11:30AM	X
音樂	11AM	12PM	✓

最後，能安排的課程就是：藝術、數學與音樂這三堂課。

9 9:30 10 10:30 11 11:30 12

藝術 數學 音樂

很多人認為這個演算法太簡單了，簡單到令人懷疑。但這正是**貪婪演算法** (Greedy Algorithm) 最吸引人的地方！貪婪演算法非常簡單，**每個步驟只要挑選出一個最佳選項**即可。以上述的範例而言，每次挑出一堂最早結束的課程，用專業術語來描述就是：每個步驟挑選出一個**局部最佳解** (Local Optimal Solution)，最後就會得到**全域最佳解** (Global Optimal Solution)。不論你是否相信，但這個簡單的演算法確實找出了排課問題的最佳解。

※ 編註：貪婪演算法和前幾章學過的演算法不同，它沒有具體的問題解決框架，而是依不同的問題制定策略，所以有人覺得這是很抽象的演算法。其實只要在制定策略時掌握一個重點，那就是每一個步驟都只挑選最有利或是能得到最大好處的結果，就能透過局部最佳解逐步得到全域的最佳解。

貪婪演算法無法解決所有問題，但是很容易撰寫。底下再舉一個例子來說明。

8-2 背包問題 (Knapsack problem)

有個貪心的小偷揹著背包潛入購物中心，他可以偷走任何物品，不過前提是要能放得進背包，他的背包容量為 35 磅。

小偷希望將最有價值的物品裝到背包裡，該用什麼演算法才能達成這樣的目的呢？

就用簡單好用的貪婪演算法吧！小偷擬定的策略如下：

1. 挑選最貴又能放進背包的物品。
2. 挑選第二貴且能放進背包的物品，以此類推。

為了方便說明，假設小偷可以偷走以下三樣物品。

由於背包只裝得下 35 磅的物品，這三樣物品中，立體聲音響最貴，偷走它就裝不下其他東西了。

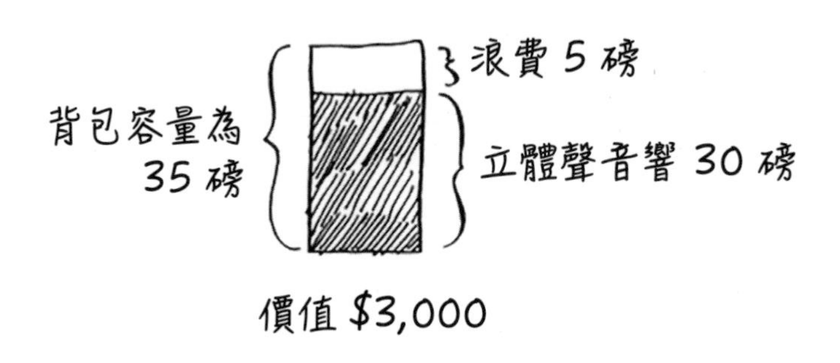

用貪婪演算法小偷可以得手價值 $3,000 的物品。不過，進一步想想！如果偷筆記型電腦和吉他，得手的總價值為 $3,500 ！

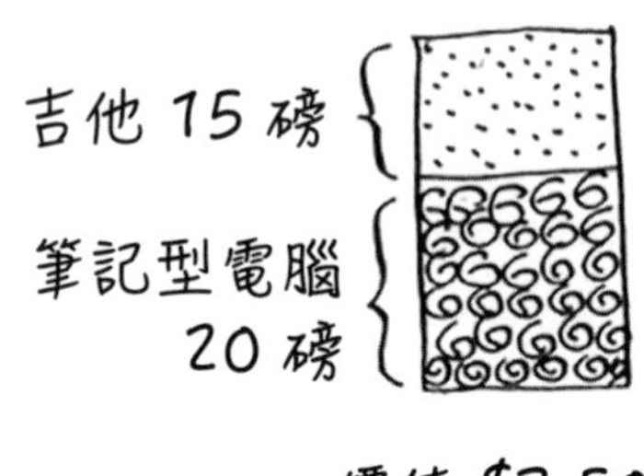

從上述的例子可得知，貪婪策略並沒有找出最佳解（得手 $3,500 的價值），但是已經很接近了。下一章會說明如何計算出正確答案。但是對於溜進購物中心的小偷而言，是不是最完美的方案不重要，只要能接近完美就可以了。

此外，太過追求完美可能反而連好的結果都得不到，有時候我們只需要一個能把問題解決得令人滿意的演算法，那就適合選用貪婪演算法，因為該演算法簡單且容易撰寫，而且還能得到還不錯的結果。

練習

8.1 傢具公司的員工必須將傢具運送到全國各地，因此得將一箱箱的貨品搬到貨車上，但是箱子的大小不一，要如何挑選適當的箱子，讓貨車發揮最佳的利用空間呢？請試試用貪婪策略，看能不能得到最佳的解決方案！

8.2 到歐洲旅遊時，希望能在七天內盡可能遊覽最多景點。你可以事先替每個景點設定一個數值，數值愈高代表愈想去，並估算預計停留時間。要怎麼做才能在這趟旅程中排入最多想去的景點呢？請利用貪婪策略，看能不能得到最佳的解決方案。

再舉最後一個例子，底下這個例子必須用貪婪演算法才能解決。

8-3 集合覆蓋問題 (Set Covering Problem)

有個新廣播節目希望能在全美 50 個州播送，每家電台的訊號會覆蓋多個州，且不同電台覆蓋的州有重疊。每在一家電台播送就得支付一筆費用，若是在所有電台播送，成本會太高，必須盡量降低合作電台的數量。

我們從下圖的電台及訊號覆蓋的州，來看看如何挑選合作的電台。

廣播電台	訊號覆蓋的州
KONE	ID,NV,UT
KTWO	WA,ID,MT
KTHREE	OR,NV,CA
KFOUR	NV,UT
KFIVE	CA,AZ

… 等等 …

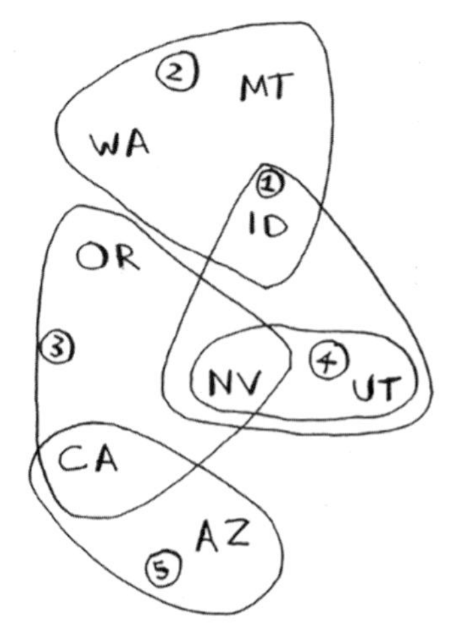

▲ 每家電台會覆蓋特定的區域，
不同電台的覆蓋區域有重疊

※ **編註：**上圖各州的名稱是以縮寫來表示，我們將各州縮寫、全名及中文名稱列表如下，方便您做對照。

縮寫	**洲名**	**中文**
ID	Idaho	愛達荷州
NV	Nevada	內華達州
UT	Utah	猶他州
WA	Washington	華盛頓州
MT	Montana	蒙大拿州
OR	Oregon	奧勒岡州
CA	California	加州
AZ	Arizona	亞利桑那州

我們要如何找出能覆蓋全美 50 州且最少的合作電台數呢？聽起來不難！但其實很困難。做法如下：

1. 列出各種可能的電台**子集** (subset)，所有子集的集合稱為**冪集合** (power set)。假設有 n 個電台，那麼共會有 2^n 種可能的子集。

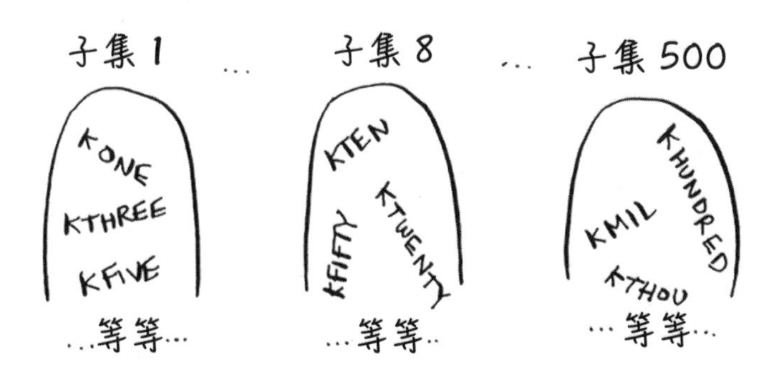

※ **編註：子集、冪集合**是高中數學知識，若您已經忘記所學，可以用這兩個關鍵字 google 到相關的教學。

2. 從這些子集中挑選出能覆蓋全美 50 州且電台數最少的子集。

問題是得要花很多時間才能算出各種可能的電台子集。因為有 2^n 集合，所以執行時間為 $O(2^n)$。如果只有 5 到 10 家電台在計算上還不成問題。但是當電台很多時，得花多少時間？假設每秒計算 10 個集合。

沒有任何一個演算法處理速度這麼快！我們該怎麼做呢？

電台數量	所需時間
5	3.2 秒 ($2^5/10$)
10	102.4 秒 ($2^{10}/10$)
32	13.6 年 ($2^{32}/10$，再換算成以「年」為單位)
100	4×10^{21} 年 ($2^{100}/10$，再換算成以「年」為單位)

近似演算法 (Approximation Algorithm)

要找出能覆蓋全美 50 州且電台數最少的子集，這時就得靠貪婪演算法了！用以下的貪婪策略可以得到非常近似的結果：

1. 選出一家覆蓋最多州的電台，此電台可以包含一些已由其他電台覆蓋的州。
2. 重複上述步驟，直到覆蓋所有的州。

貪婪演算法是一種**近似演算法** (Approximation Algorithm)。當計算最佳解答得花很多時間時，就可以使用近似演算法。是否採用近似演算法可由以下兩點來做判斷：

- 速度快慢。
- 與最佳解答的近似程度。

貪婪演算法的優點在於容易撰寫，而且因為夠簡單，所以執行速度很快。以本例而言，貪婪演算法的執行時間為 $O(n^2)$，n 表示電台的數量。

以下將用 Python 來實作此範例。

建立程式碼

以剛才的電台範例來做說明，不過為了避免範例過於複雜，我們只用 5 家電台來舉例。

建立集合 (set)

首先，對訊號覆蓋的州建立一份清單：

```
states_needed = set(["mt", "wa", "or", "id", "nv", "ut",
 "ca", "az"]) ←— 將訊號覆蓋的州放入串列，並轉換成集合
```

在此，我們使用了**集合** (set)。集合與串列類似，但是**集合裡不能有重複的項目**。以下方的串列為例：

```
>>> arr = [1, 2, 2, 3, 3, 3]
```

轉換成集合：

```
>>> set(arr)
{1, 2, 3}
```

1、2 和 3 只會在集合內出現一次。

[1,2,2,3,3,3] → 轉換成集合 → (1,2,3)
集合

用雜湊表列出各電台所覆蓋的州

接著，還需要列出一份各家電台所覆蓋的州，在此使用雜湊表來實作：

```
stations = {} ←— 先建一個空字典 (即雜湊表)
stations["kone"] = set(["id", "nv", "ut"]) ←—— 放入第 1 組鍵：值
stations["ktwo"] = set(["wa", "id", "mt"]) ←—— 放入第 2 組鍵：值
stations["kthree"] = set(["or", "nv", "ca"]) ←— 放入第 3 組鍵：值
stations["kfour"] = set(["nv", "ut"]) ←— 放入第 4 組鍵：值
stations["kfive"] = set(["ca", "az"]) ←— 放入第 5 組鍵：值
```

鍵 (key) 為電台名稱，**值** (value) 為電台所覆蓋的州。本例的 kone 電台覆蓋了 id (愛達荷州)、nv (內華達州) 和 ut (猶他州)。這裡將它們放到一個 set 來做為 "kone" 這個 key 的 value。將所有項目都轉成集合會讓整個範例更單純，稍後就會明白為什麼了。

最後，還需要一個集合以存放最後決定合作的電台：

```
final_stations = set()  ← 建立一個空的 set 來儲存最後決定合作的電台
```

計算答案

接著，要計算該選擇哪些電台。請試著從右圖預測看看應該選擇哪些電台。

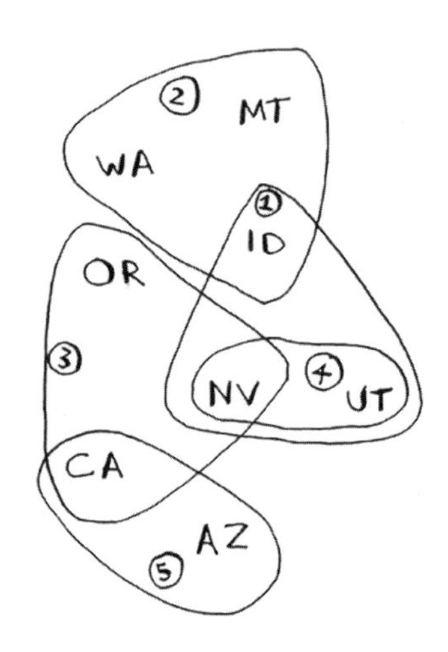

正確答案不止一個。必須逐一檢查每家電台，以「覆蓋最多且尚未被其他電台覆蓋的州」為條件，來選出要合作的電台。我將這些選出的電台稱為 best_station：

```
best_station = None
states_covered = set()
for station, states_for_station in stations.items() :
```

電台　該電台覆蓋的州　從電台覆蓋字典逐一取 "鍵：值"

states_covered 是由該電台覆蓋，但其他電台尚未覆蓋的州所組成的集合。

for 迴圈會逐一檢查每個電台，並判斷哪個是最佳電台。for 迴圈的內容如下：

需要廣播的州　　該電台所覆蓋的州

```
covered = states_needed & states_for_station
```

此行是新的語法，稱為**集合的交集** (intersection)

```
if len(covered) > len(states_covered):
    best_station = station
    states_covered = covered
```

在此有一行有趣的程式碼：

```
covered = states_needed & states_for_station
```

這行程式碼有什麼特別呢？請看底下的「集合」說明！

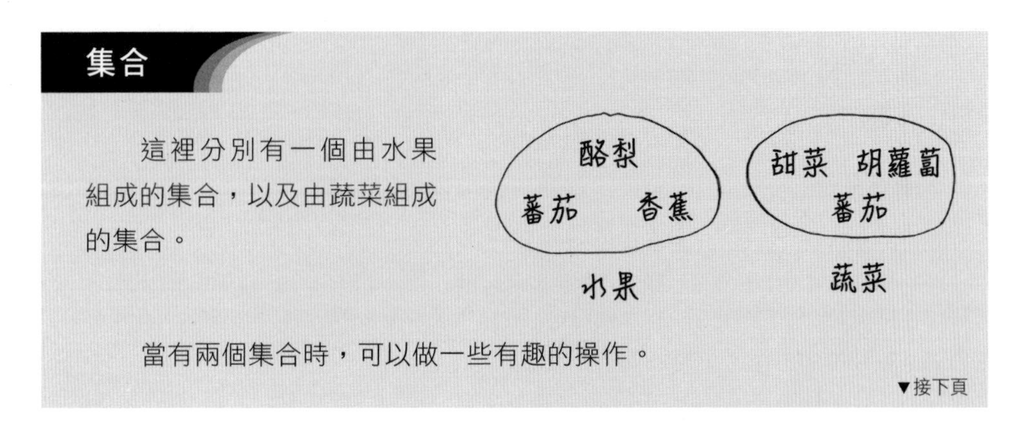

集合

這裡分別有一個由水果組成的集合，以及由蔬菜組成的集合。

當有兩個集合時，可以做一些有趣的操作。

▼接下頁

我們可以如下處理水果及蔬菜集合。

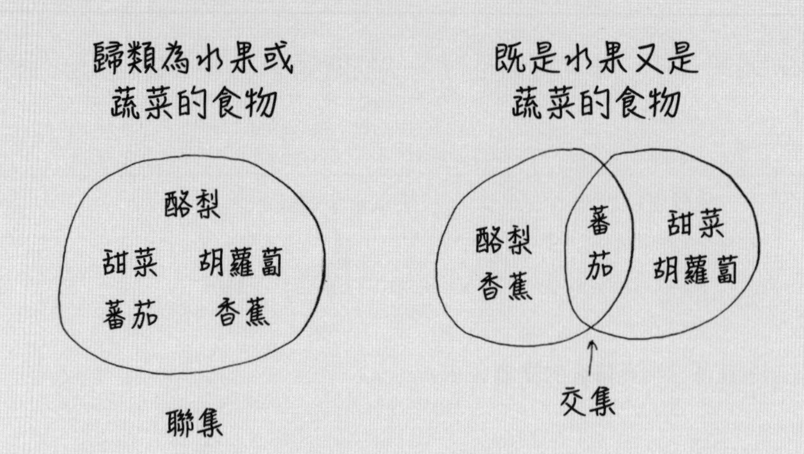

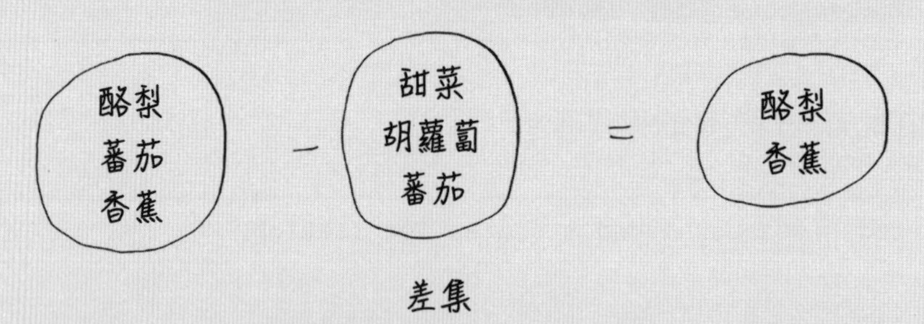

- **集合聯集** (set union)：將兩個集合結合在一起。
- **集合交集** (set intersection)：找出兩個集合共有的項目，以本例而言就是「番茄」。
- **集合差集** (set difference)：將兩個集合相減後的結果。

※ **編註：**對初學者而言，**集合差集**比較難理解，你只要想成「A-(A 與 B 的交集)，這樣就比較容易懂了。以本例而言，就是「水果-(水果與蔬菜的交集)」，水果集合減掉「蕃茄」，就剩下酪梨與香蕉了。

▼接下頁

例如：

```
>>> fruits = set(["酪梨", "蕃茄", "香蕉"])
>>> vegetables = set(["甜菜", "胡蘿蔔", "蕃茄"])
>>> fruits | vegetables   ← 這是集合聯集
{"甜菜", "胡蘿蔔", "蕃茄", "酪梨", "香蕉"}
>>> fruits & vegetables   ← 這是集合交集
{"蕃茄"}
>>> fruits - vegetables   ← 這是集合差集
{"酪梨", "香蕉"}
>>> vegetables - fruits   ← 你覺得結果會是什麼？
```

重點整理：

- 集合與串列類似，但是集合不能含有重複值。
- 集合提供了一些有趣的運算，例如：聯集、交集和差集。

回到程式碼

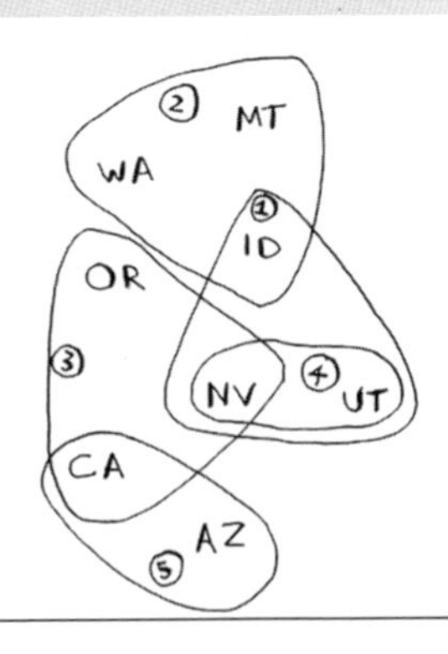

回到剛才的電台範例程式碼。

這是集合交集：

```
covered = states_needed & states_for_station
```

covered 是 states_needed 與 states_for_station 的集合交集。也就是說，covered 是由該電台覆蓋且未被其他電台覆蓋的州組合起來的集合！接下來，要檢查該電台所覆蓋的州數是否比 best_station 所覆蓋的州還多。

```
if len(covered) > len(states_covered):
    best_station = station
    states_covered = covered
```

如果該電台所覆蓋的州數比 best_station 所覆蓋的州還多，那該電台就是新的 best_station。

最後，當 for 迴圈執行結束，要將 best_station 存到最後要合作的電台清單：

```
final_stations.add(best_station)
```

此外，也要更新 states_needed，由於該電台覆蓋了某些州，現在不再需要這些州了：

```
states_needed -= states_covered  ←— 做差集運算
```

繼續執行迴圈，直到 states_needed 變成空值，表示 50 州都已覆蓋。以下是迴圈部份的完整程式碼。

```
while states_needed:
      best_station = None
      states_covered = set()
      for station, states in stations.items():
          covered = states_needed & states
          if len(covered) > len(states_covered):
             best_station = station
             states_covered = covered

      states_needed -= states_covered
      final_stations.add(best_station)
```

最後，將 final_stations 的內容列印出來，就會看到以下四家可以合作的電台：

```
>>> print(final_stations)
{'kone', 'ktwo', 'kthree', 'kfive'}
```

選擇這四家電台，可得到覆蓋最多的州。

電台	覆蓋的州
Kone	id、nv、ut
Ktwo	wa、id、mt
Kthree	or、nv、ca
Kfive	ca、az

這和你原本預期的是否一致？除了選擇電台 1、2、3 和 5，你也可以選擇電台 2、3、4 和 5。

下圖是貪婪演算法和精確演算法的執行時間。雖然貪婪演算法得到的是近似的結果，但是執行時間比精確演算法快上許多。

電台數目	$O(2^n)$ 精確演算法	$O(n^2)$ 貪婪演算法
5	3.2 秒	2.5 秒
10	102.4 秒	10 秒
32	13.6 年	102.4 秒
100	4×10^{21} 年	16.67 分

練習

請問，下列幾種演算法是否為貪婪演算法？

8.3 快速排序法

8.4 廣度優先搜尋

8.5 Dijkstra 演算法

8-4 NP-Complete 問題

有些問題無法透過快速演算來得到答案，這些問題稱為 NP-Complete (NP 完備) 問題。要解決這些問題，在最差的情況下都需要指數的執行時間。就如同 8-9 頁提到的，如果只計算 5 到 10 家電台，那還不成問題，如果要計算 100 家電台，那得花 4×10^{21} 年，目前沒有任何演算法有這麼快的速度！

所以當你遇到很難解決的問題時，要先想想這是不是一個「NP-Complete」問題 (下一節會說明幾項判斷原則)，以免浪費時間尋找快速解決問題的演算法。

上一節介紹的集合覆蓋問題，還有第 1 章提到的旅行推銷員問題等等，都是著名的「NP-Complete」問題。

為了解決集合覆蓋問題，必須計算所有可能的集合。

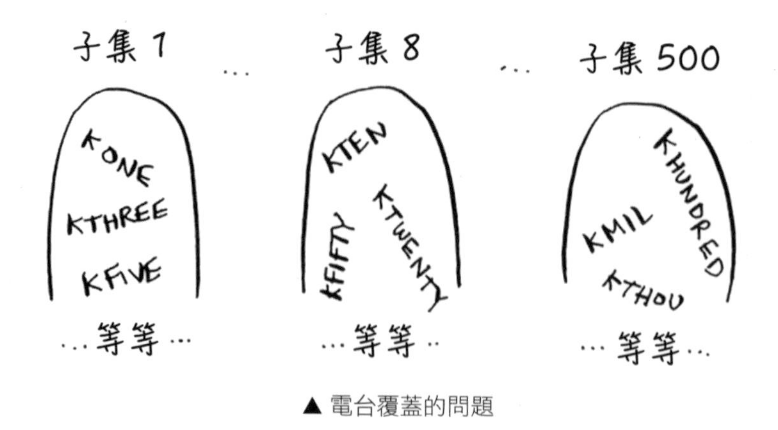

▲ 電台覆蓋的問題

還記得旅行推銷員問題嗎？推銷員準備拜訪 5 座城市。

他試著規劃一條拜訪這 5 座城市的最短路徑。為了找出最短路徑，必須先計算每條可能的路徑。

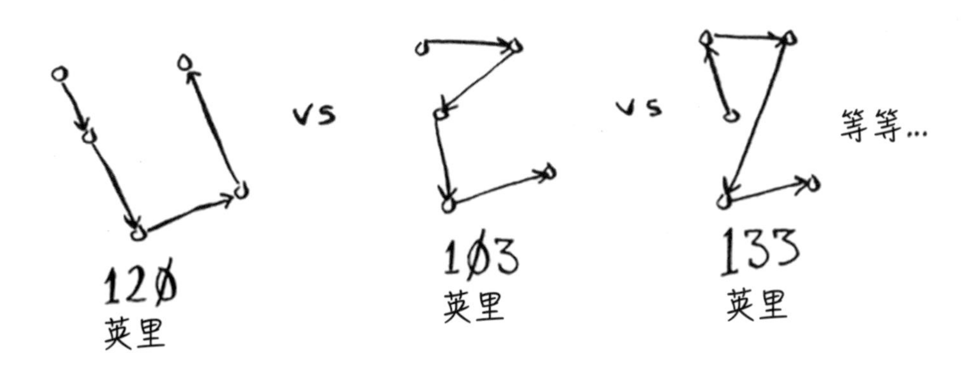

拜訪這 5 座城市究竟要計算幾條路徑呢？

逐步解析「旅行推銷員問題」

拜訪 2 座城市

首先，我們把範圍縮小一點。假設只要拜訪 2 座城市，那麼會有以下兩條路徑可選。

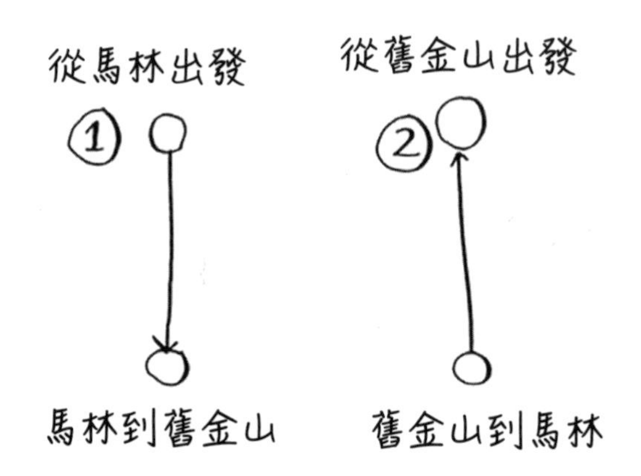

這不是一樣的路徑嗎？

你可能會覺得這明明就是同一條路徑啊！難道「舊金山到馬林」的距離和「馬林到舊金山」的距離不一樣嗎？這就不一定了，因為有些城市像舊金山一樣有許多單行道，出發的那條路不一定就是回程的路，或是回程可能得多行駛 1 或 2 英里才能找到通往高速公路的匝道。所以，這兩條路徑的距離未必相同。

你可能會想，「旅行推銷員問題是否有規定出發的城市？」，假設有位住在舊金山的旅行推銷員打算拜訪 4 座城市，那麼他的出發城市就是舊金山。

但有時候不一定要從哪裡出發。例如，聯邦快遞 (FedEx) 將包裹送到灣區 (The Bay Area)。包裹會先從芝加哥運送到聯邦快遞在灣區的 50 個據點中的某個據點。接著，再由貨車送往其他地點遞送包裹，這個包裹應該先送到哪個地點呢？這個例子沒有特定的出發點。同樣地，旅行推銷員的最佳出發地及路徑都是由計算結果所決定的。

不論是否指定出發點，其執行時間都是一樣的。但是不指定出發點比較容易處理，所以接下來會以不指定出發點的路徑做說明。

2 座城市 = 2 種可能的路徑

拜訪 3 座城市

如果再加入一座城市，那麼會有幾條可能的路徑呢？

例如，從柏克萊出發拜訪另外兩座城市。

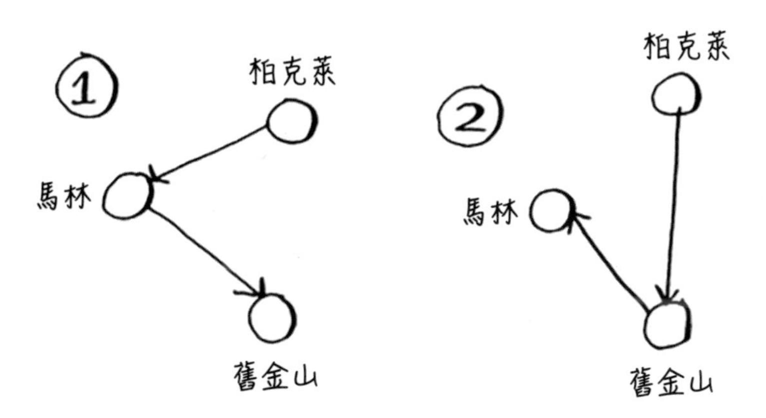

如果從不同城市出發拜訪另外 2 座城市，每座出發城市都有兩條路徑，總共有 6 條路徑。

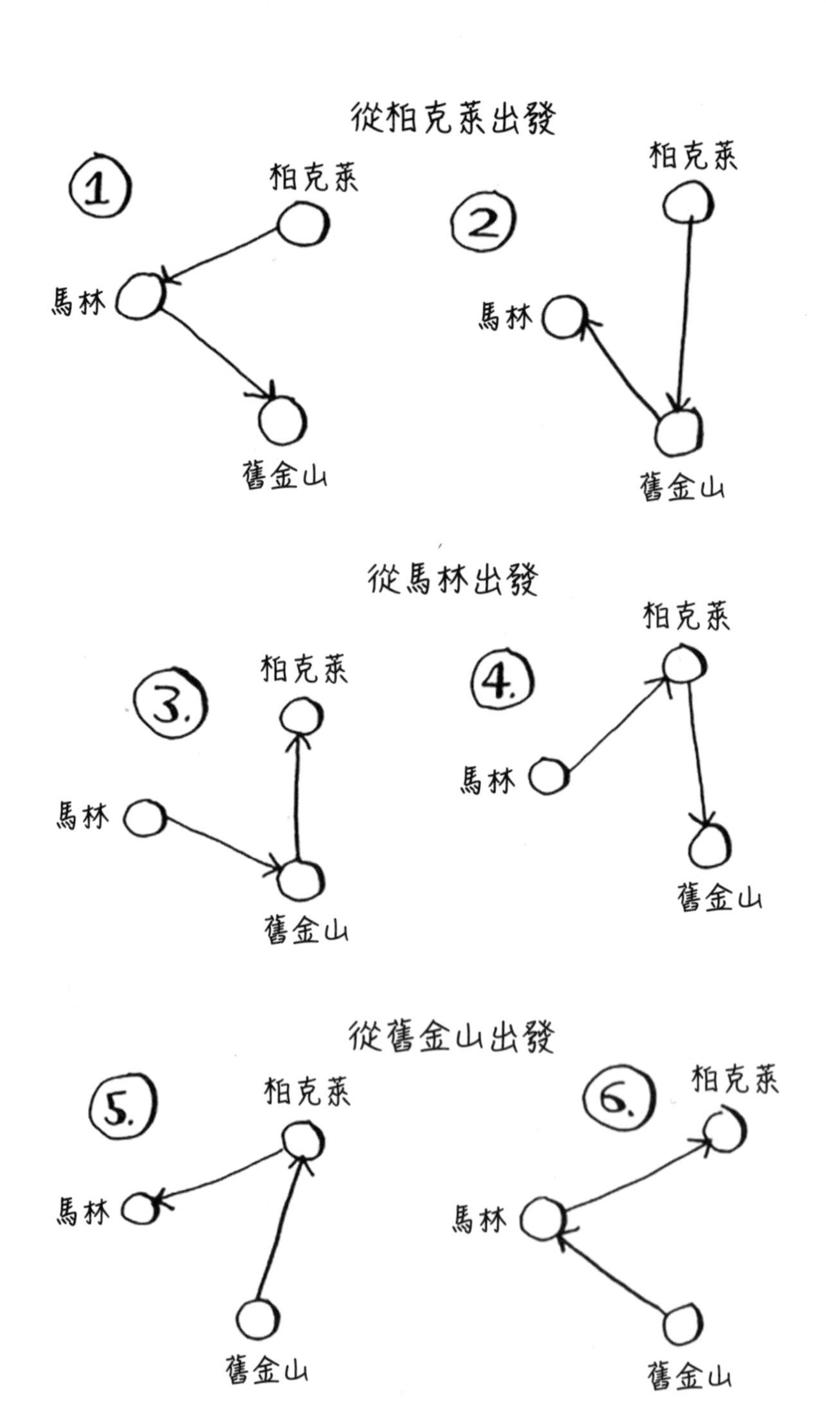

3 座城市 = 6 種可能的路徑

拜訪 4 座城市

如果再加入佛利蒙市，而且從佛利蒙市出發。

從佛利蒙出發

如果第二座城市是柏克萊：

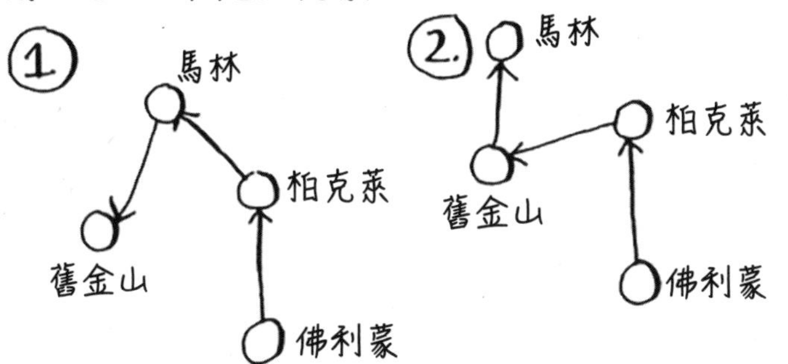

如果第二座城市是馬林：

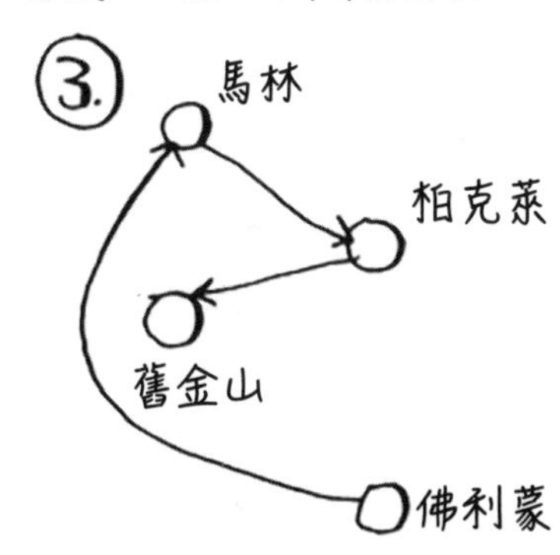

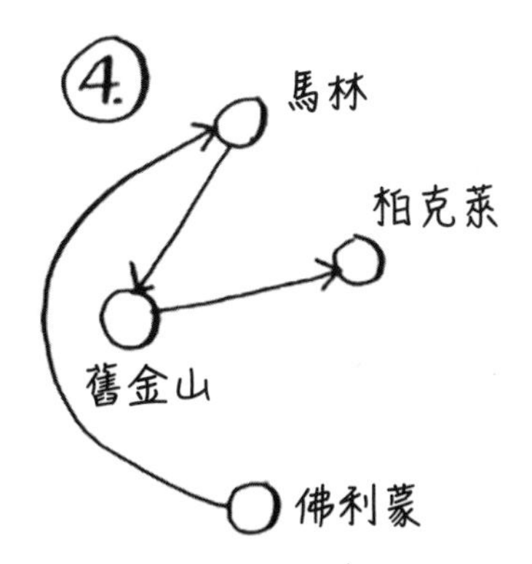

如果第二座城市是舊金山：

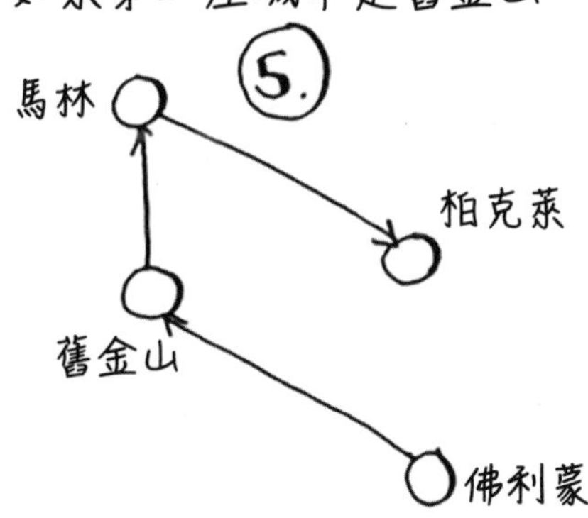

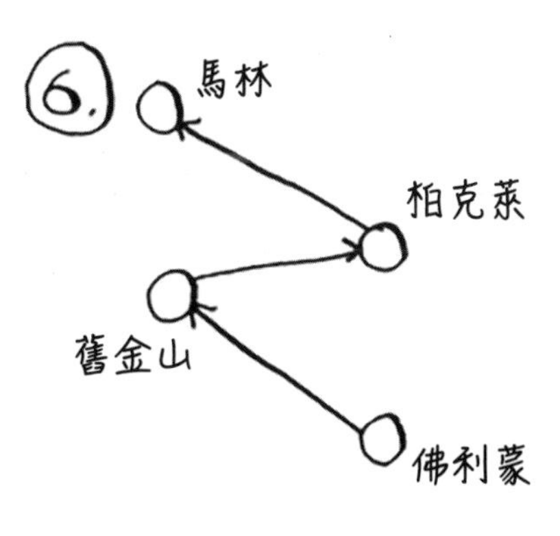

從佛利蒙出發共有 6 種可能的路徑。有沒有發現這和之前 3 座城市的 6 條路徑很像？差別在於多了佛利蒙這座城市！這表示路徑的排列是有跡可循的。在 4 座城市的情形中，不論選擇從哪座城市出發（例如選擇佛利蒙為出發城市），就只剩 3 座城市了。依據前面計算 3 座城市時，我們得知會有 6 種不同的路徑。所以從佛利蒙或其他城市出發，也只會有 6 種可能的路徑。

從馬林出發 =
6 條可能的路徑

從舊金山出發 =
6 條可能的路徑

從柏克萊出發 =
6 條可能的路徑

▲ 如果出發城市確定了，就有 6 條可能的路徑

總結

當拜訪 4 座城市也就是有 4 個可能的出發城市，每個出發城市各有 6 條可能的路徑，所以總共有 4*6 =24 條可能的路徑。發現規則了嗎？每加入 1 座城市，可能的路徑數量也會隨之增加。

城市數
1 → 1 條路徑
2 → 2 座出發城市 * 每座出發城市各 1 條路徑 = 共 2 條路徑
3 → 3 座出發城市 * 2 條路徑 = 共 6 條路徑
4 → 4 座出發城市 * 6 條路徑 = 共 24 條路徑
5 → 5 座出發城市 * 24 條路徑 = 共 120 條路徑

那麼 6 座城市有幾條可能的路徑？若回答 720 條，那就答對了！ 7 座城市有 5,040 條路徑，8 座城市有 40,320 條路徑。

這就是**階乘函數** (Factorial Function)，還記得第 3 章介紹過的內容嗎？ 5!=120。若有 10 座城市，會有幾條可能的路徑？ 10!=3,628,800。10 座城市需要計算超過 300 萬條以上可能的路徑。你是不是發現可能的路徑數量暴增很多？這就是為什麼城市數量愈多愈不可能幫旅行推銷員計算出精準答案的原因。

旅行推銷員和集合覆蓋問題有個共通點，那就是逐一列出每種可能的路線或集合，並從中選擇最短或最小的方案。前者有 n! 個路線，後者有 2^n 個方案，數量隨著 n 的增加而暴增，這兩個問題都屬於 NP-Complete 問題。

取得近似值

請試著想想看有什麼既簡單而且能夠找到最短路徑的演算法，以解決旅行推銷員問題。

不妨試試近似演算法：隨機選擇 1 座出發城市，每次選擇下一座要拜訪的城市時，只選距離最近而且還沒拜訪過的城市。假設從馬林出發，如右圖所示總距離為 71 英里，雖然可能不是最短距離，但是距離已經算短了。

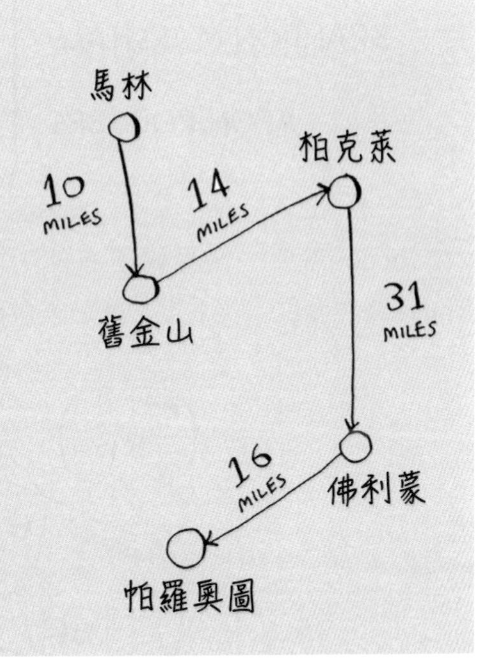

有些問題是大家都知道很難解決的，像旅行推銷員和集合覆蓋就是兩個有名的例子，就連許多聰明的人也認為無法寫出快速解決這些問題的演算法。

如何分辨是不是 NP-Complete 問題？

Jonah 正在挑選組成夢幻橄欖球隊的隊員。篩選條件包括：厲害的四分衛、厲害的跑鋒、雨天比賽表現優異、抗壓性高等等。他手上有一份球員名單，每位球員都具備某些能力。

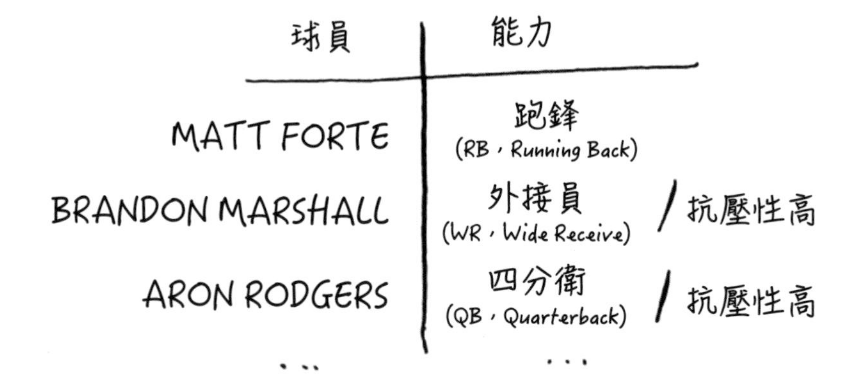

Jonah 需要一個具備所有能力的球隊，而且球員人數不能太多。Jonah 突然發現「咦！這不就是集合覆蓋的問題嗎？」。

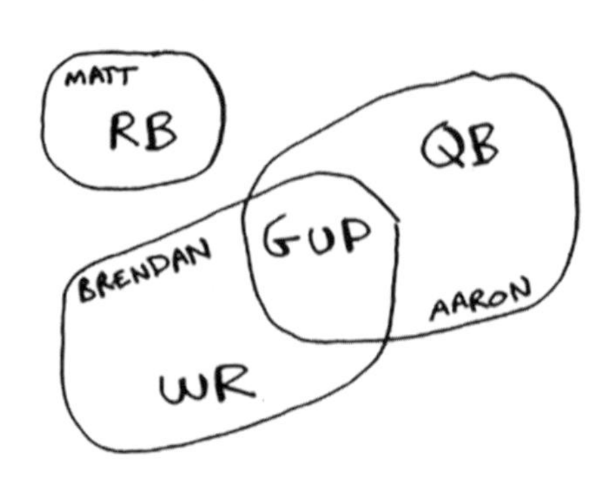

Jonah 可以用近似演算法來建立夢幻球隊：

1. 挑選出一位球員，該球員要能符合最多且還沒有人符合的能力。

2. 重複上述步驟，直到球員具備所有能力為止。

NP-Complete 問題無所不在。若能事先知道要處理的問題是 NP-Complete 會很有幫助，因為這麼一來就不用找出最精準的答案，可以改用近似演算法來處理。但是要分辨是否為 NP-Complete 問題並不容易。可以完美解決的問題和 NP-Complete 問題只有很小的差異。

例如，第 6 章的最短路徑問題，我們知道如何計算 A 點到 B 點的最短路徑。

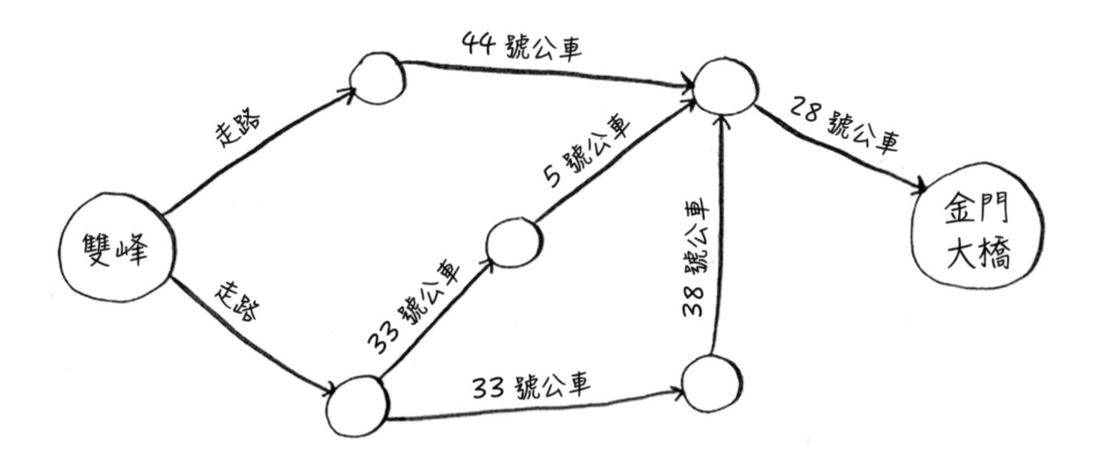

但是如果要找出一條連接多個城市的最短路徑，那就是旅行推銷員問題了，也就是 NP-Complete 問題。

要如何判斷是否為 NP-Complete 問題並不容易，但是你可以參考以下幾點來做判斷：

- 演算法在處理少量項目時執行速度快，但是處理多個項目時速度明顯變慢。
- 通常用「X 的所有組合」來描述，就是 NP-Complete 問題。
- 是否因為無法將 X 分割成更小的問題，所以才需要計算 X 的「每種可能狀況」？如果是，那就可能是 NP-Complete 問題。
- 如果要處理的問題含有序列 (sequence)，例如旅行推銷員問題涉及連續的多座城市，而且難以解決，可能就是 NP-Complete 問題。
- 如果要處理的問題含有集合（例如廣播電台的集合），而且難以解決，那可能就是 NP-Complete 問題。
- 有沒有辦法將要處理的問題敘述成集合覆蓋或是旅行推銷員問題？若可以，那鐵定就是 NP-Complete 問題。

練習

8.6 郵差準備送信到 20 戶人家。他希望找出最短路徑來完成這 20 戶人家的信件遞送。這是 NP-Complete 問題嗎？

8.7 在一群人裡面找出最大的「朋友圈」(「朋友圈」是指彼此認識的人組成的小圈子)。這是 NP-Complete 問題嗎？

8.8 繪製美國地圖時，相鄰的兩個州必須用不同顏色塗滿。如果要用最少的顏色繪製地圖，又要確保相鄰的州以不同顏色標示。這是 NP-Complete 問題嗎？

8-5 本章摘要

✓ 貪婪演算法在每個步驟挑出一個最佳解，以期最後達到全域的最佳解。

✓ 目前還沒有演算法可以解決 NP-Complete 問題。

✓ 遇到 NP-Complete 問題時，退而求其次就是使用近似演算法。

✓ 貪婪演算法容易撰寫且執行速度快，是良好的近似演算法。

MEMO

動態規劃演算法 (Dynamic Programming Algorithm)

9

chapter

本章重點：

- 學習用**動態規劃** (Dynamic Programming) 演算法，將困難的大問題分割成許多小問題，解出小問題的答案後先儲存起來，接著就可以根據小問題的答案來解決原本的大問題。
- 教你用動態規劃演算法來解決新的問題。

9-1 背包問題 (Knapsack Problem)

第 8 章我們討論背包問題時，是用貪婪策略找出最接近的答案，小偷可以得手價值 $3,000 的立體聲音響，不過這樣會浪費 5 磅的背包容量。本章將說明如何計算出最佳解，也就是小偷可以得手最高價值的物品，而且不浪費背包的容量。

為了簡化計算流程，在此假設小偷的背包容量只能裝 4 磅的物品。小偷有 3 樣物品可拿。

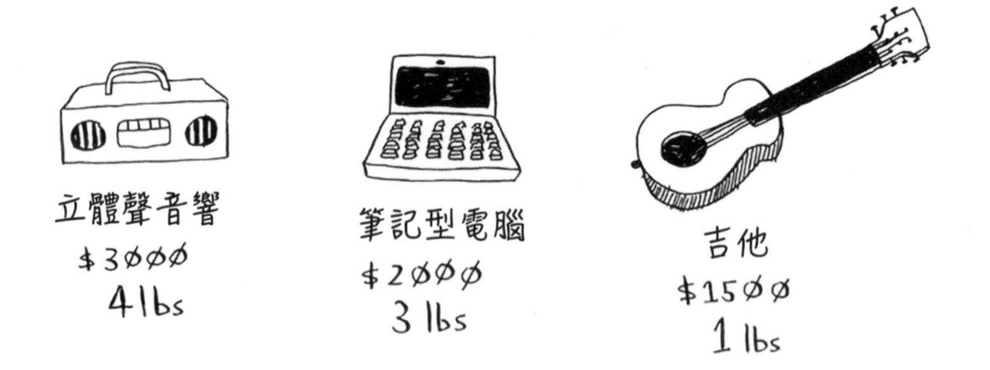

要拿走哪些物品，才能得到最高的金錢價值呢？

簡單的解決方法

用簡單的演算法來算就像這樣：嘗試每一種可能的物品組合，再選出最有價值的組合。

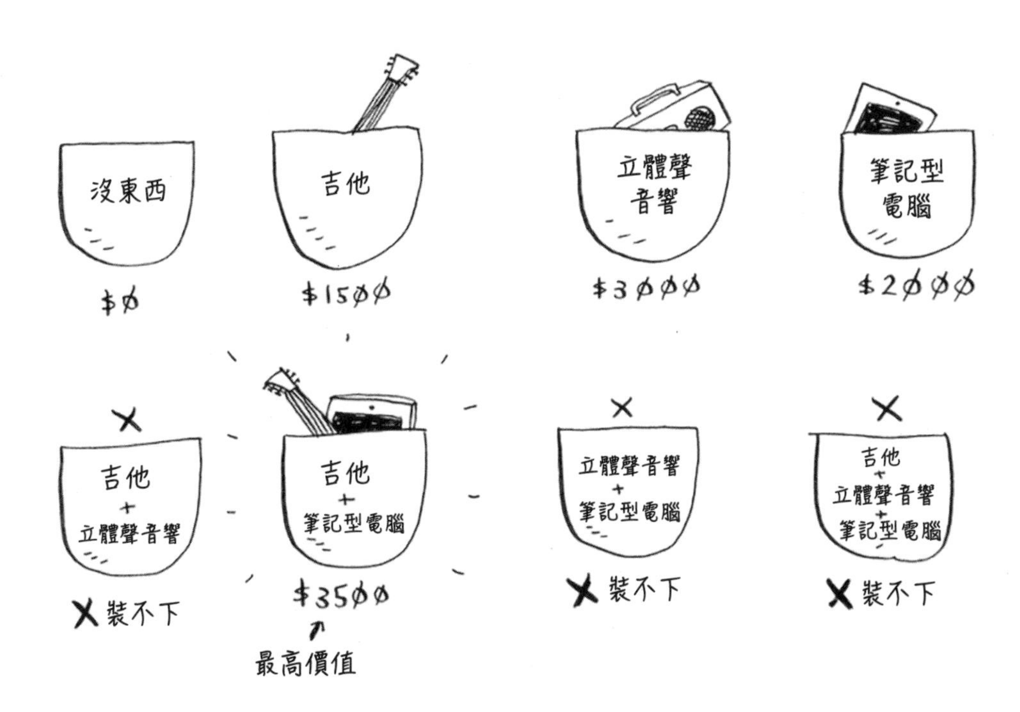

用簡單的演算法雖然可以找出答案，但速度實在太慢了。3 種物品就要計算 8 種組合，如果有 4 種物品，就得計算 16 種組合。每增加一項物品，要計算的組合就會增加一倍。這個演算法的執行時間為 $O(2^n)$，速度非常、非常地慢。

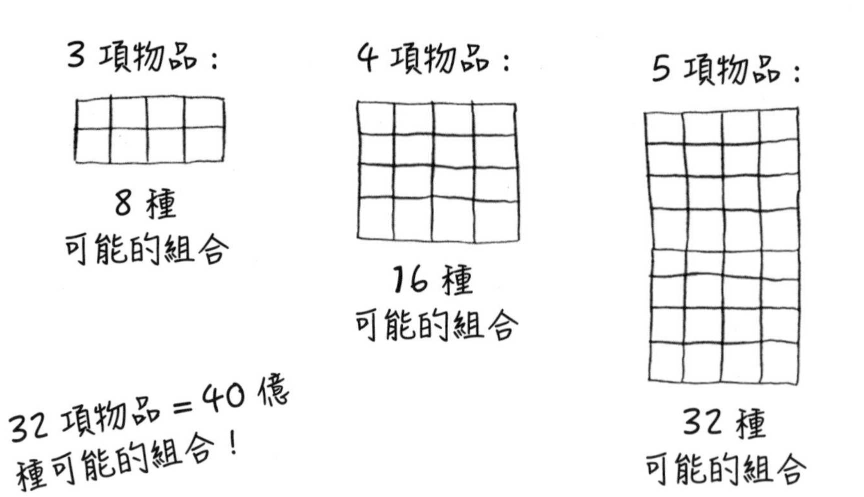

想想看！ 32 項物品就得計算 40 億種可能的組合，要計算這麼多種組合實在是不符合效益。那麼有更好的方法嗎？答案是：**動態規劃** (Dynamic Programming) 演算法。

動態規劃 (Dynamic Programming) 演算法

動態規劃 (Dynamic Programming) 演算法是將困難的大問題分割成許多小問題，當小問題解決了以後，大問題也就解決了。

※ **編註：**這聽起來和其它演算法沒什麼差異？其重點在於，如果這些小問題都是一樣的，我們可以把這些小問題的解答先用陣列存起來，下次遇到同樣的小問題時，就可以快速地從陣列中找出解答，避免一再重複計算，讓程式執行得更快。

現在，我們就以背包問題為例，用動態規劃演算法先解決小背包 (子背包) 的問題，再逐步擴大範圍，直到解決原本的問題。就像下圖分別有 1 磅及 3 磅的小背包，解決這兩個小背包的問題後，也就能解決 4 磅背包的問題了。

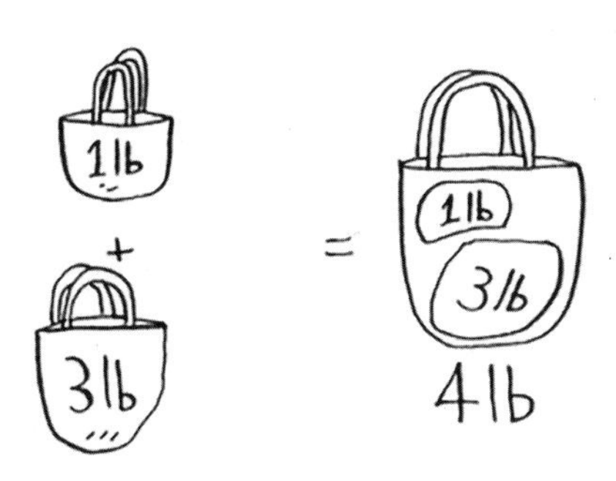

動態規劃演算法的概念不易理解，若是感到困惑也不需擔心，我們會陸續用不同範例做說明。

首先帶你透過範例來了解動態規劃演算法的運作方式，第一次看完整個流程，你一定會有不懂的地方，下一節會用問與答的方式，盡可能解決你的疑惑。

請記住！動態規劃演算法的重點就是「用表格做記錄」，表格其實就是代表陣列，把已經計算過的東西放到陣列裡，就可以避免之後不斷重算。以背包問題為例：

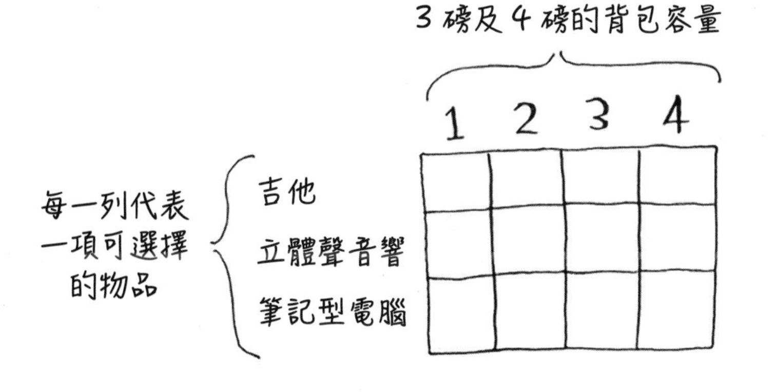

※ **編註：**很多人常常搞不清楚欄、列方向，在此提供一個方便記憶的口訣「直欄／橫列」，這樣就很好懂了吧！

表格的列代表可選擇的物品，而欄則是分別代表背包的容量，從 1 磅到 4 磅。每一欄都是必要的，因為在計算子背包的價值時，會用到這些欄。

表格一開始是空的，必須逐步填滿每個格子。當表格填滿後，就可以得到這個問題的解答了。請務必親手做一遍，先畫出表格再逐步填滿格子。

吉他列

首先，從吉他這一列開始填入數值。

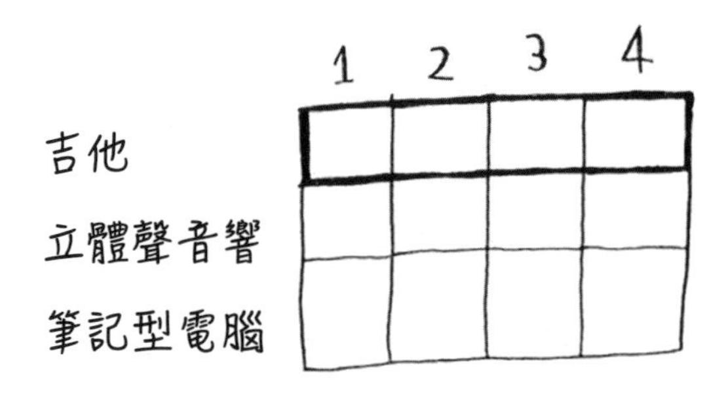

第一列是吉他列，也就是試著將吉他放入背包裡。每個格子代表一個決定：是否要偷吉他？別忘了，小偷的目的是帶走總價值最高的物品組合。

第 1 格的背包容量為 1 磅，吉他也是 1 磅，表示吉他可以放進背包。所以這 1 格的價值是 $1,500，內容物是吉他。開始填入表格吧！

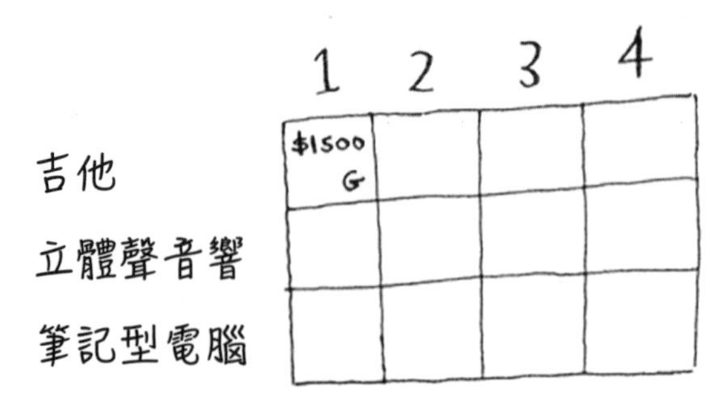

※ **編註：**為了方便查看每一格的價值及內容物，我們除了在每一格標示價格外，也會標示物品的英文單字首字字母。例如：吉他 (Guitar) 會標示 G、立體聲音響 (Stereo) 標示 S、筆記型電腦 (Laptop) 標示為 L。

再看下一個格子。這個背包的容量為 2 磅，一定裝得下吉他 (1 磅)，所以把吉他的價格填入這個格子裡。

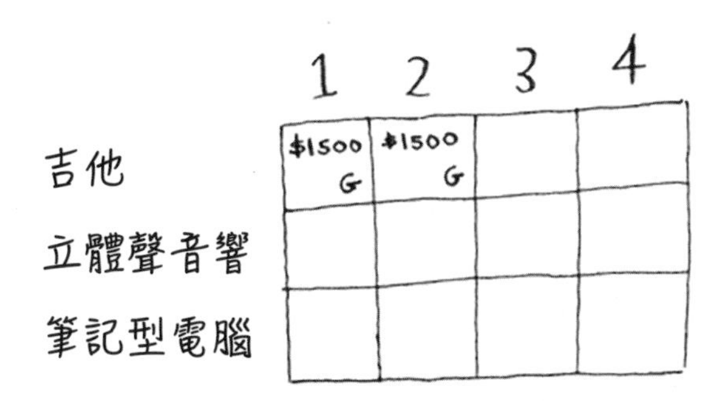

接著，對第一列的剩餘格子重複相同步驟。由於這是第一列，所以只有吉他一個選項，先假設現在還不能偷另外兩項物品。

	1	2	3	4
吉他	$1500 G	$1500 G	$1500 G	$1500 G
立體聲音響				
筆記型電腦				

你可能會覺得奇怪，不是要解決 4 磅背包的問題嗎？為什麼要處理 1 磅、2 磅、3 磅的背包問題呢？還記得先前提過動態規劃演算法是把大問題分割成許多小問題，解決完小問題後，就能解決大問題了！這個範例將問題拆解成 1 磅、2 磅、3 磅、4 磅的背包容量，處理完小背包後，自然就能解決大背包的問題了。請繼續看下去！

到目前為止，表格會長這樣：

	1	2	3	4
吉他	$1500 G	$1500 G	$1500 G	$1500 G
立體聲音響				
筆記型電腦				

別忘了，背包內的物品要具有最高價值，第一列所呈現的是目前最高價值。也就是說，小偷可以在 4 磅背包內裝入的最高價值是 $1,500。

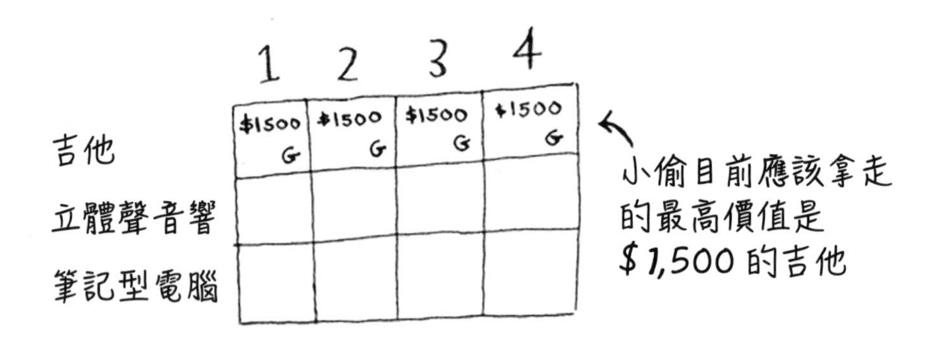

不過，這還不是最後的答案，在後續的演算過程中，會繼續更新最高價值。

立體聲音響列

接著繼續填入第二列的值，這是立體聲音響列。意思是除了吉他以外，還可以偷立體聲音響。**不論在哪一列，都可以偷該列或是該列之前的物品**，所以現在還不能偷筆記型電腦，但是可以偷立體聲音響或是吉他。同樣從第一格的 1 磅背包開始，目前能放入 1 磅背包的最大價值是 $1,500。

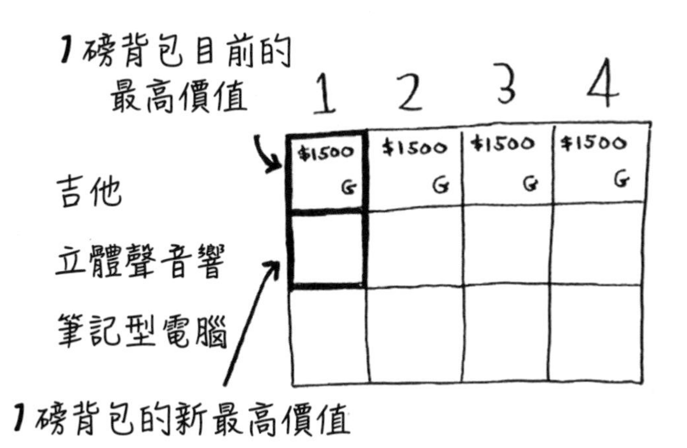

應該偷立體聲音響嗎？

第一格的背包容量是 1 磅，放得下立體聲音響嗎？放不下，立體聲音響太重了（重 4 磅）！因為放不下立體聲音響，所以 1 磅背包的最高價值還是 $1,500 的吉他。

	1	2	3	4
吉他	$1500 G	$1500 G	$1500 G	$1500 G
立體聲音響	$1500 G			
筆記型電腦				

接下來旁邊的兩個格子也一樣。2 磅及 3 磅的背包也裝不下立體聲音響 (4 磅)，它們原先的最高價值為 $1,500，請將最高價值直接往下填入格子。

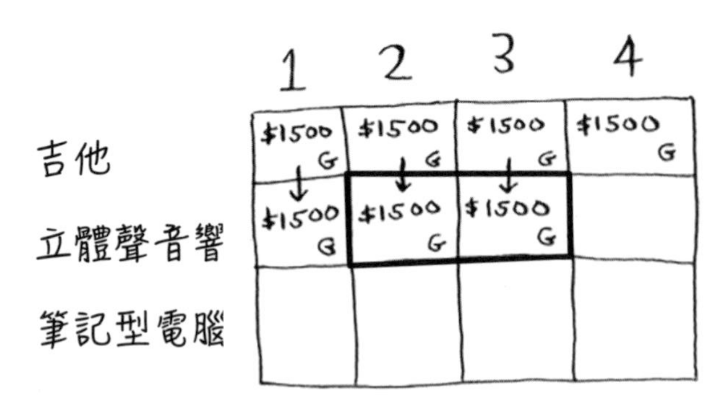

▲ 因為放不下立體聲音響，所以最高價值不變

繼續看 4 磅的背包容量，耶！可以裝得下立體聲音響！原本裝了吉他最高價值為 $1,500 元，若是不偷吉他改偷立體聲音響，那麼最高價值就變成 $3,000 了。當然要偷立體聲音響啊！

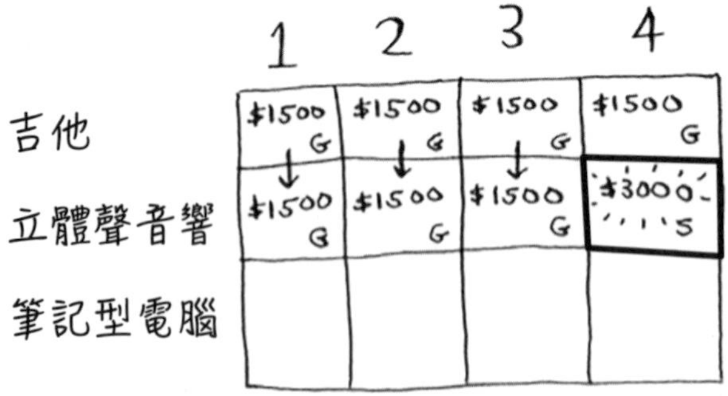

	1	2	3	4
吉他	$1500 G	$1500 G	$1500 G	$1500 G
立體聲音響	$1500 G	$1500 G	$1500 G	$3000 S
筆記型電腦				

現在更新了預估的最高價值！這就表示，背包容量為 4 磅，至少可以裝進價值 $3,000 的物品。從表格可看出，小偷的預估最高價值正在逐步調高。

	1	2	3	4	
吉他	$1500 G	$1500 G	$1500 G	$1500 G	← 舊的預估值
立體聲音響	$1500 G	$1500 G	$1500 G	$3000 S	← 新的預估值
筆記型電腦					← 最後答案

筆記型電腦列

筆記型電腦列同樣也是重複上述的步驟！筆記型電腦重 3 磅，所以無法放進 1 磅及 2 磅的背包裡，所以這兩格的預估價值仍然是 $1,500。

	1	2	3	4
吉他	$1500 G	$1500 G	$1500 G	$1500 G
立體聲音響	$1500 G	$1500 G	$1500 G	$3000 S
筆記型電腦	$1500 G	$1500 G		

3 磅背包的舊預估值為 $1,500，但是現在可以裝進價值 $2,000 的筆記型電腦，所以新的預估價值更新為 $2,000。

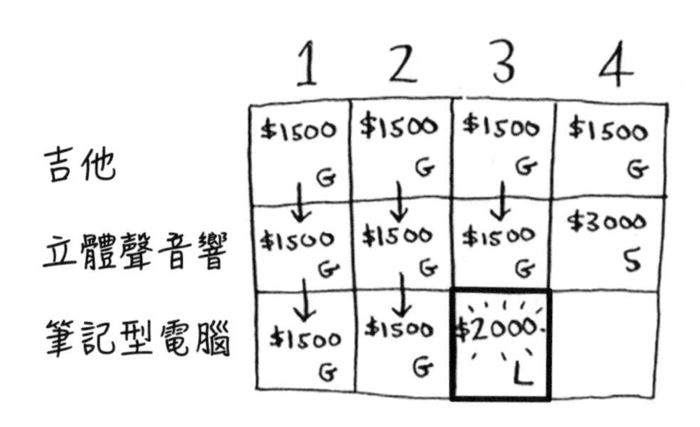

終於來到最後一格囉！這個格子很重要，4 磅背包目前的最高價值為 $3,000，小偷現在可以裝進筆記型電腦 (3 磅)，但筆記型電腦只值 $2,000。

$3000 vs $2000

立體聲音響　　筆記型電腦

如果裝進筆記型電腦，這樣新的預估值會比舊的還要低。咦，等一下！筆記型電腦的重量才 3 磅，所以還可以裝進重 1 磅的物品。

$3000 vs ($2000 + ???)

立體聲音響 (4 磅)　　筆記型電腦 (3 磅)　　還有 1 磅的容量

有什麼價值最高且重 1 磅的物品，可以放入這剩餘的 1 磅空間呢？來看看先前計算好屬於 1 磅的格子。

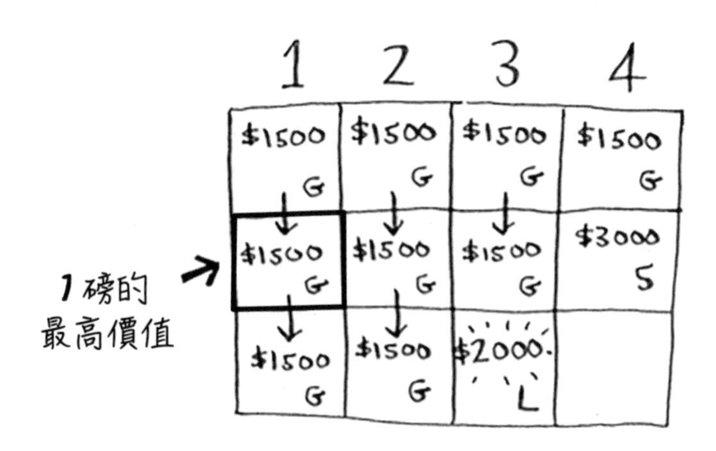

根據前面的估算結果，吉他可以放入這剩餘的 1 磅空間，吉他的價值為 $1,500。比較結果如下。

$3000 vs ($2000 + $1500)
立體聲音響　筆記型電腦　吉他

剛開始看這個範例時，你可能會覺得納悶，為什麼要計算小背包的最高價值，相信看到最後，你應該已經知道原因了！當遇到有剩餘空間的問題時，就可以從子問題的答案中知道要拿哪些物品來填補，不須再重算一遍。以本例而言，小偷應該偷總價值 $3,500 的筆記型電腦＋吉他！

完成的表格如下。

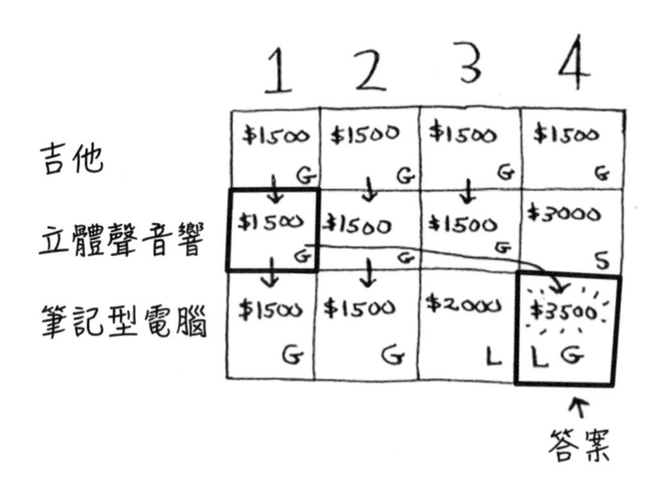

答案就是：4 磅背包可裝進最高 $3,500 的物品，也就是筆記型電腦＋吉他。

公式

你可能會覺得計算最後一格的公式和其他格不一樣。那是因為一開始在填寫其它格子的價值時，我跳過了一些不必要的複雜過程。其實每一格的公式都是相同的。

列 欄
格子[i][j] = 最大值 {
1. 先前的最高價值（格子 [i-1][j] 值）
vs
2. 目前物品的價值 + 剩餘空間能容納物品的價值
}
格子 [i-1][j-物品的重量]

這個公式可以套用到表格中的所有格子，並計算出所有格子的值。表格最後的結果會和公式計算的相同。

其實動態規劃演算法的重點在於：從之前的陣列 (即小問題的答案) 來算出後面的問題 (較大的問題)，所以較大的問題不用從頭算起，可提高程式執行效率。例如下圖有 1 磅及 3 磅的小背包，分別算出這兩個小背包的答案後，就能解決 4 磅背包的問題了。

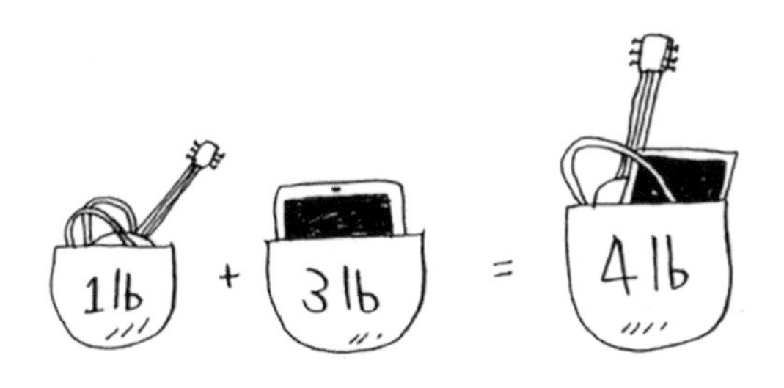

9-2 背包問題的 Q & A

看完背包問題你可能還是有點疑惑，這一節我們整理了一些常見的 Q&A，幫你解開心中的疑惑。

Q1：再加入一項可偷的物品該怎麼處理？

如果發現還有第 4 項物品可偷 (例如 iPhone 手機)。這麼一來，是不是要為了這支手機重新計算所有價值呢？

不需要！別忘了，動態規劃演算法會持續往上建立預估值，先前已經計算過的值已存入陣列中，不需要重新計算。目前的最高價值如下：

	1	2	3	4
吉他	$1500 G	$1500 G	$1500 G	$1500 G
立體聲音響	$1500 G	$1500 G	$1500 G	$3000 S
筆記型電腦	$1500 G	$1500 G	$2000 L	$3500 LG

根據上一節的計算結果，若背包容量為 4 磅，可偷走最高價值 $3,500 的物品（筆記型電腦 + 吉他）。加入 iPhone 後，就會產生新的解答（新最高價值）！

	1	2	3	4
吉他	$1500 G	$1500 G	$1500 G	$1500 G
立體聲音響	$1500 G	$1500 G	$1500 G	$3000 S
筆記型電腦	$1500 G	$1500 G	$2000 L	$3500 LG
iPhone				

新解答（指向 iPhone 列第 4 欄）

現在來填入 iPhone 這一列的最高價值吧！

從第一個格子開始，iPhone 重 1 磅，所以可以放入 1 磅的背包裡。這個背包原先的最高價值為 $1,500，但 iPhone 的價格為 $2,000，所以在此填入 iPhone 的價值 ($2,000)。

	1	2	3	4
吉他	$1500 G	$1500 G	$1500 G	$1500 G
立體聲音響	$1500 G	$1500 G	$1500 G	$3000 S
筆記型電腦	$1500 G	$1500 G	$2000 L	$3500 LG
iPhone	$2000 I			

第二格的 2 磅背包，除了可放入 iPhone 也可以放入吉他，所以填上這兩項物品的價值。

	1	2	3	4
吉他	$1500 G	$1500 G	$1500 G	$1500 G
立體聲音響	$1500 G	$1500 G	$1500 G	$3000 S
筆記型電腦	$1500 G	$1500 G	$2000 L	$3500 LG
iPhone	$2000 I	$3500 IG		

第三格也只能裝入 iPhone 和吉他，所以跟第二格一樣填入 $3,500。

最後一格就很關鍵了！目前的最高價值是 $3,500。如果只放入 iPhone，會剩餘 3 磅的容量。

$3500 vs ($2000 + ???)

先前的最高價值　　IPHONE　　3 磅的容量

除了 iPhone 外，剩餘的這 3 磅容量可以放入什麼價值高的物品呢？

先前我們已經計算過 3 磅背包的最高價值為 $2,000 (筆記型電腦)。現在就不用再重算了，只要將 iPhone ($2,000) 加上 3 磅背包的最高價值 ($2,000)，就是新的最高價值了！

最後完成的表格如下：

	1	2	3	4
吉他	$1500 G	$1500 G	$1500 G	$1500 G
立體聲音響	$1500 G	$1500 G	$1500 G	$3000 S
筆記型電腦	$1500 G	$1500 G	$2000 L	$3500 LG
iPhone	$2000 I	$3500 IG	$3500 IG	$4000 IL

新的解答

想想看：每一欄的價值會不會有減少的狀況？

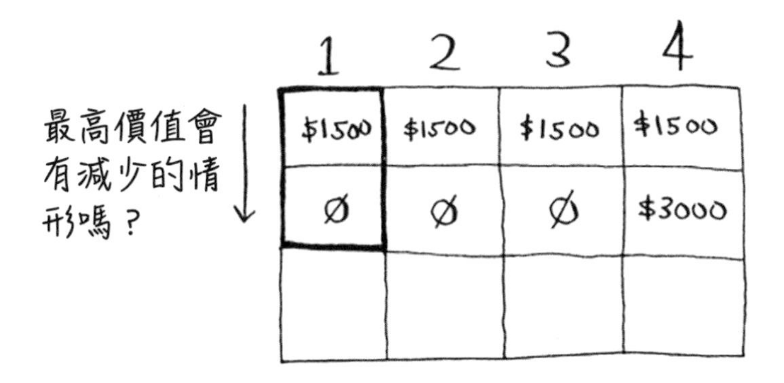

請先試著想一想這個問題，再繼續往下看。

答案：不會！因為每次疊代 (interation)，都會儲存目前的最高預估值，後續的預估值不會比之前的預估值還要低。

練習

9.1　假設還有一個重 1 磅、價值 $1,000 的藍牙耳機，該不該偷呢？

Q2：如果改變列的物品順序，最後的答案會不一樣嗎？

假設我們將列的物品順序改成：立體聲音響、筆記型電腦、吉他。那麼表格會變成怎樣呢？請先自己填寫表格，再繼續往下看。

改變列的物品順序後，表格長這樣：

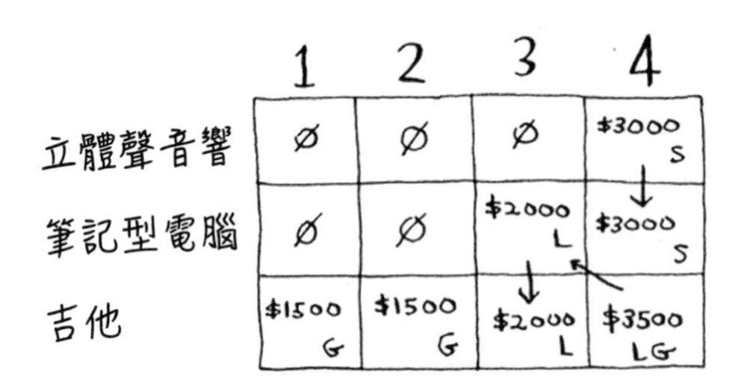

答案完全一樣！這說明了列的物品順序不會影響最後答案。

Q3：物品的填寫方式，能不能以欄為主而非以列為主呢？

請自己試試看囉！以小偷這個範例而言，不論將物品放在欄或是列，不會影響結果。但是有可能會影響其它問題的答案。

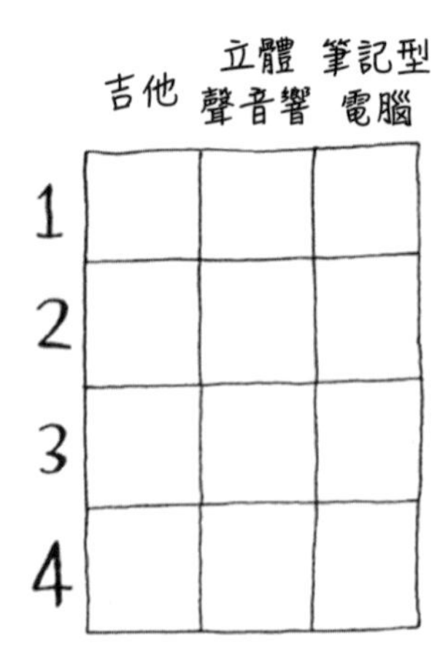

Q4：如果加入重量較輕的物品，答案會不一樣嗎？

假如還有一條重 0.5 磅，價值 $1,000 的項鍊可以拿。到目前為止，表格內的物品重量都是整數，如果決定偷項鍊，那麼會剩下 3.5 磅的容量。有什麼物品剛好可填滿 3.5 磅，且可以得到最高價值呢？不知道！

目前只計算了 1、2、3、4 磅的背包，我們不知道有什麼物品可以創造出 3.5 磅背包的價值！

為了這條項鍊，必須考量得更細微，表格也要做調整 (例如，將背包的容量切割得更細，以 0.5 為間距)。

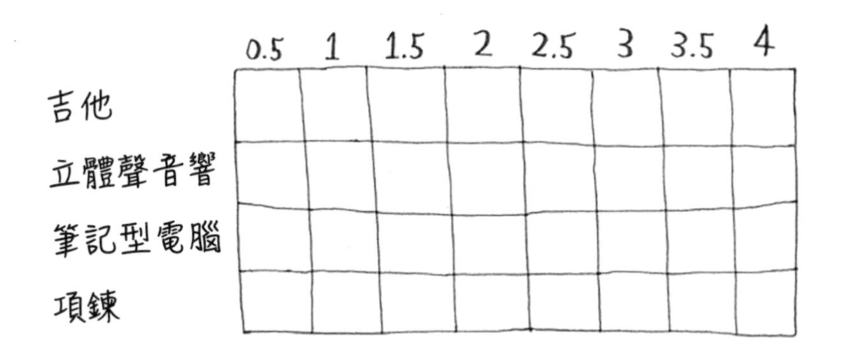

Q5：如果只偷走一袋物品的其中一部份，這樣有辦法計算嗎？

小偷進到雜貨店裡想偷米和豆子，他可以整袋偷走，但是如果背包裝不下，可以打開袋子只偷其中的一部份。所以小偷不是全部拿走，也不是完全不偷，而是只偷其中的一部份。這種情形用動態規劃要如何處理呢？

答案：沒辦法處理！動態規劃演算法只能用在全拿或不拿的情形，不適用在拿取部份的情形。

不過，這種情形倒是可以用貪婪演算法來解決！首先，盡可能拿走價值最高的物品，接著，再盡可能拿走價值第二高的物品，依此類推。

藜麥的每磅價值最高，所以能拿多少就拿多少！如果背包裝滿了藜麥，這就是最好的選擇。

如果藜麥全部拿完後，背包還有空間，那麼就選擇價值第二高的物品 (豆子)，並以此類推。

Q6：安排最佳旅遊行程

要去倫敦度假，但是想參觀的景點很多，沒辦法在兩天的時間內排入所有景點，要怎麼安排才能去最多景點呢！

我們先列出所有想去的景點，以及預計停留時間，並替每個景點設定一個想去指數（數值愈大代表愈想去）。透過這張表格，我們可以排出最佳的行程嗎？

景點	時間	想去指數
西敏寺	0.5天	7
環球劇場	0.5天	6
國家美術館	1天	9
大英博物館	2天	9
聖保羅大教堂	0.5天	8

其實這就是背包問題的翻版！只是將背包容量換成了有限的時間（兩天）。物品項目不是立體聲音響和筆記型電腦，而是換成了想去的景點。所以可以用動態規劃演算法來找答案，請依景點及停留時間畫出表格：

	0.5	1	1.5	2
西敏寺				
環球劇院				
國家美術館				
大英博物館				
聖保羅大教堂				

請試著將表格填滿。最後決定要參觀哪些景點呢？答案如下。

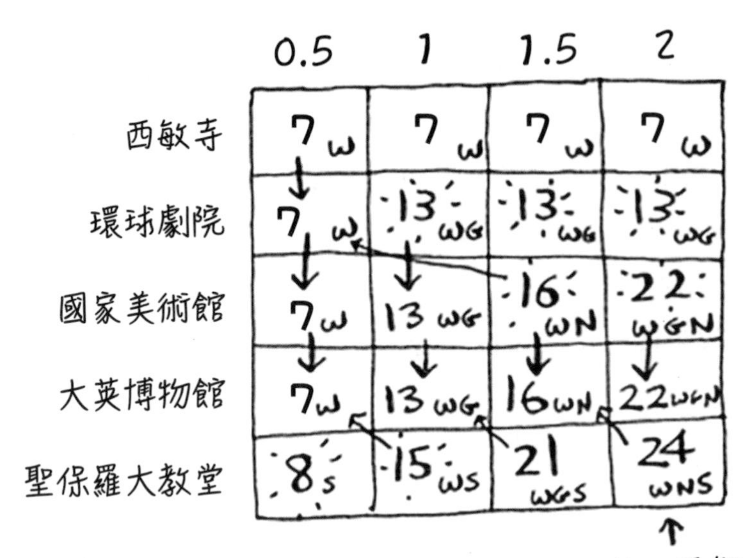

※ **編註：**為了方便查看每一格的「想去程度」以及「景點」，除了標示「想去程度」的數值外，也會標示景點的英文單字首字字母。

景點	首字字母
西敏寺 (Westminster Abbey)	W
環球劇院 (Globe Theatre)	G
國家美術館 (National Gallery)	N
大英博物館 (British Museum)	B
聖保羅大教堂 (ST Paul's Cathedral)	S

小編補充 動態規劃的過程

如果你能正確填寫表格中的數值，代表你已經學會動態規劃演算法了！如果還不是很熟，可參考以下的提示：

1. **西敏寺列**：西敏寺的停留時間為 0.5 天，第一個格子為 0.5 天時間剛好，所以在這個格子填入想去指數 7。接續的 1、1.5、2 天的格子，排入西敏寺時間也很充裕，所以也填入想去指數 7。

2. **環球劇院列**：環球劇院的停留時間為 0.5 天，但因為想去指數為 6，比西敏寺低，所以第一格填入西敏寺的想去指數 7。

   第二格為 1 天，由於西敏寺與環球劇院的停留時間都是 0.5 天，所以這個格子可排入兩個景點，其想去指數為 (7 + 6 = 13)，依此類推。

3. **國家美術館列**：國家美術館的停留時間需要 1 天，所以第一個格子同樣帶入西敏寺的 7。

   第二個格子如果直接填入國家美術館的想去指數，只有 9，但是西敏寺＋環球劇院的想去指數是 13 (7 + 6)，所以仍然是填入西敏寺＋環球劇院的想去指數 13。

   第三個格子可排入 1 天＋ 0.5 天的景點。國家美術館是想去指數最高 (9) 而且停留時間為 1 天的景點；而西敏寺是停留 0.5 天且想去指數最高 (7) 的景點。所以這一格就填入這兩個景點 (9 + 7 = 16)。

   大英博物館及**聖保羅大教堂**列就請依此類推，最後找出的最佳行程為：西敏寺、國家美術館及聖保羅大教堂。

Q7：處理具有相依性的項目

假設去了倫敦後又想去巴黎，所以在景點清單中又加入了幾個景點。

景點	時間	想去指數
艾菲爾鐵塔	1.5天	8
羅浮宮	1.5天	9
巴黎聖母院	1.5天	7

去這些景點需要花很多時間，因為得先從倫敦飛到巴黎。但這樣半天就沒了，如果玩完這三個景點，就需要四天半的時間。

等一下，這樣不對！因為你不需要每去一個景點就得從倫敦飛往巴黎。所以當抵達巴黎後，每個景點只需要一天的時間。實際的旅遊天數是半天的飛行時間加上每個景點的一天時間，總共是 3.5 天而不是 4.5 天。

如果將艾菲爾鐵塔放入背包，那麼羅浮宮就會「變得便宜」，會從 1.5 天變成 1 天。如何將這些資料用動態規劃來表示呢？

※ **編註：**這裡的意思是指，如果從倫敦飛往巴黎，先參觀艾菲爾鐵塔，那麼會用掉1.5 天的時間 (0.5 天的飛行時間 ＋ 1 天參觀艾菲爾鐵塔的時間)，由於參觀羅浮宮前就已經飛抵巴黎，所以不用再加上 0.5 天的飛行時間，所以參觀羅浮宮只需 1 天時間。

答案：沒辦法用動態規劃來表示。動態規劃之所以厲害是因為它能解決小問題，並根據小問題的答案來解決大問題。動態規劃演算法只適用每個獨立的小問題，不適用於具有相依性 (depend) 的小問題。也就是說，動態規劃演算法無法解決因參觀了艾菲爾鐵塔而更動了羅浮宮，這種具有相依性的問題。

Q8：是否有需要兩個以上的子背包，才能算出答案的情形？

有可能需要偷兩樣以上的物品才能得到最佳答案，但是動態規劃演算法的設計，最多只允許結合兩個子背包，所以不可能會有超過兩個子背包的情況發生。不過子背包可以有自己的子背包。

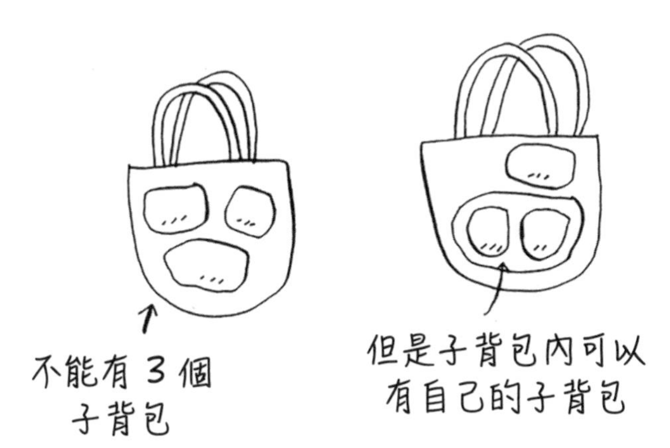

Q9：最佳答案是否可能無法裝滿背包？

答案：有可能。

假設有一顆鑽石可偷，這顆鑽石重 3.5 磅、價值 100 萬元，遠遠超過其它物品的價值，這當然要偷啊！雖然偷了鑽石，背包會剩餘 0.5 磅的容量，但是也沒有其他物品可填滿 0.5 磅的容量了。

9.2 如果打算揹一個容量 6 磅的背包去露營，可以帶去的物品如下，但是每個物品都有各自的重量以及露營的必備指數，數值愈高代表愈重要。

物品	重量	必備指數
水	3 磅	10
書	1 磅	3
食物	2 磅	9
外套	2 磅	5
相機	1 磅	6

請問，哪些是適合帶去露營的最佳組合？

動態規劃演算法的重點

前面透過範例帶你認識動態規劃演算法，相信你已經了解整個運作流程，為了加深所學，我們將重點整理如下：

- 當你試著在有條件限制的情況下找出最佳解答時，動態規劃演算法可以發揮其最大優勢。以背包問題為例，必須在背包容量的限制下，找出最高價值的物品組合。
- 動態規劃演算法適合用在可將問題分割成獨立的子問題，不適合用在具有相依性 (depend) 的子問題。

要推導出動態規劃的答案並不容易，而這也是本章的重點內容。以下提供三項要領：

- 每個動態規劃解答都一定會用到表格（編註：可用陣列實作表格達到 O(1) 的效率）。
- 一般來說，目的是將每個格子的值最佳化。以背包問題為例，每個格子的值就是物品的價值。
- 每個格子都是一個子問題，所以應該思考如何將原本的問題分割成小問題。這樣才有助於判斷表格的欄及列應該放什麼項目。

9-3 最長共用子字串 (Longest Common Substring)

接著，我們來看一個字典網站的範例。每當有人輸入單字，dictionary.com 就會回傳該單字的定義。

但如果使用者拼字錯誤，網站就得推測正確的字。Alex 原本想要搜尋 fish，但是不小心輸入成 hish。字典裡雖然沒有 hish 這個字，但會列出與這個字相似的所有單字。

Alex 輸入了 hish，但他原本想輸入的是 fish 還是 vista 呢？

建立表格

這個問題的表格會長怎樣呢？請先回答下列問題：

- 每個格子的價值是多少？
- 這個問題要如何分割成子問題？
- 表格的欄和列代表什麼？

動態規劃的目的在於得到最大化。而此範例我們希望找出這兩個字的**共用子字串** (common substring，substring 是指連續的字母，中斷的不算)。hish 和 fish 的共用子字串是什麼？ hish 和 vista 的共用子字串又是什麼呢？這就是本範例要處理的問題。

別忘了，格子裡的值就是要最佳化的對象。以此範例而言，格子裡的值會是數字，也就是兩個單字最長共用的子字串長度。

要如何將這個問題分成子問題呢？你可以從比較子字串開始著手，先比較 his 和 fis，而不是 hish 和 fish。每個格子會記錄這兩個單字的最長共用子字串長度。這也暗示著表格的欄和列可能是兩個要比較單字。所以表格應該會長這樣：

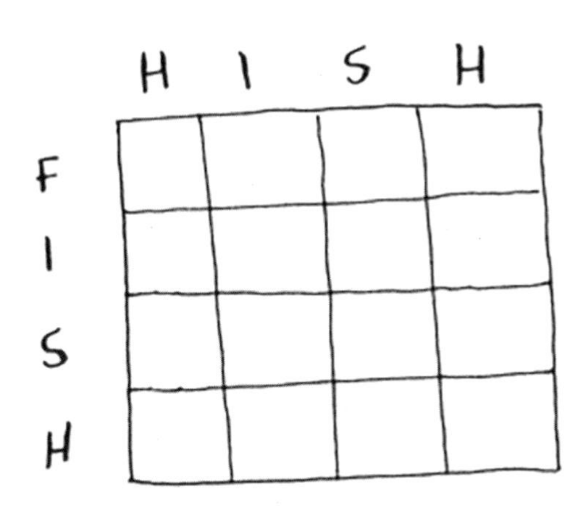

到目前為止，你可能看不懂這個問題的說明，不過沒關係，這原本就是不易理解的概念，所以才會放在本章最後一節，接下來透過詳細說明，你就能理解了！

填寫表格

知道表格怎麼畫之後，那麼填入格子的公式是什麼呢？剛才已經對答案做了一點提示，那就是 hish 和 fish 的共用子字串為 ish，其長度為 3。

不過，只有這個提示，仍然不知道公式是什麼？

事實上，沒有什麼簡單的方法可以用來計算這個問題的公式。只能透過不斷地嘗試，努力找出能用的公式。對於有些問題，演算法沒辦法提供精準的指示，只能提供一個架構，讓使用者以此為基礎，執行自己的想法。

請試著找出這個問題的解答。在此提供一個線索：部份格子的內容如下表所示：

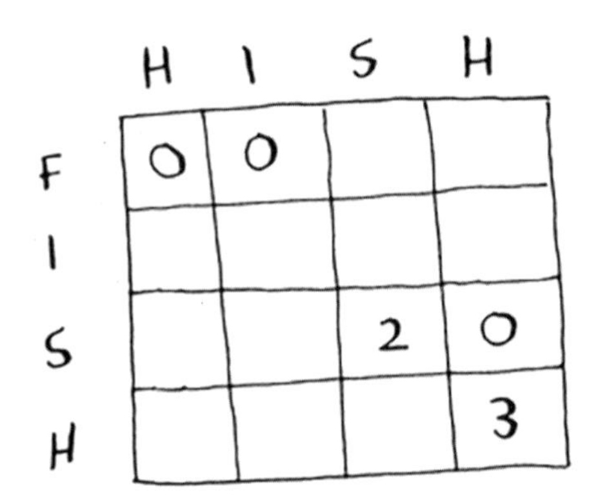

其它格子的值會是什麼呢？別忘了，每個格子都是一個子問題的值。為什麼格子 (3,3) 的值是 2 呢？為什麼格子 (3,4) 的值是 0 呢？

※ **編註：**格子 (3,3) 表示 (欄，列)，也就是指第 3 欄、第 3 列。

請先想出一個公式後，再繼續看下去。即使沒有答對，過程也有助於理解後面的說明。

解答

最後，表格填入的值如右：

	H	I	S	H
F	0	0	0	0
I	0	1	0	0
S	0	0	2	0
H	1	0	0	3

以下是我填入每個格子的公式：

1. 如果字母不同，值為 0

	H	I	S	H
F	0	0	0	0
I	0	1	0	0
S	0	0	2	0
H	1	0	0	3

2. 如果字母相同，值為左上方格子的值 +1

公式的虛擬碼如下：

```
if word_a[i] == word_b[j]  ←——— 字母相同
    cell[i][j] = cell[i-1][j-1]+1
else ←——————————————————— 字母不同
    cell[i][j] = 0
```

hish vs. vista 的表格如下：

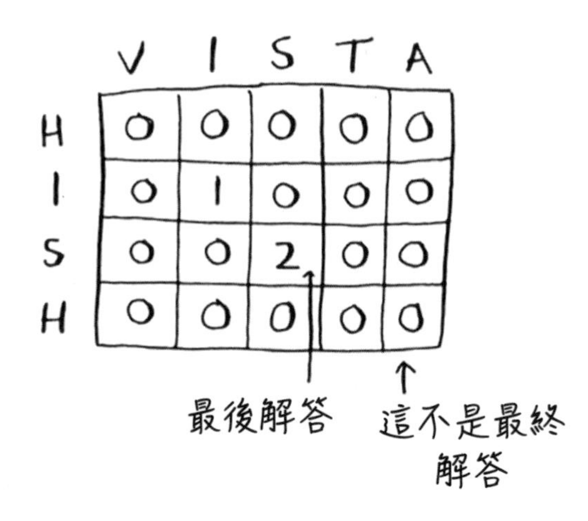

請注意！這個問題的最終解答不一定是在最後一格。背包問題的最終解答一定出現在最後一格。但是**最長共用子字串問題其答案是方格裡的最大數字**，所以未必是在最後一格。

再想想原先的問題：哪個字串與 hish 最相似（相同的字母最多）？hish 和 fish 的共用子字串長度為 3，而 hish 和 vista 的共用子字串長度為 2。

所以，演算法猜測 Alex 原本是要輸入 fish。

最長共用子序列 (Longest Common Subsequence)

假設 Alex 不小心輸入 fosh，那麼他原本是想輸入 fish 還是 fort 呢？

我們用最長共用子字串的公式做比較。

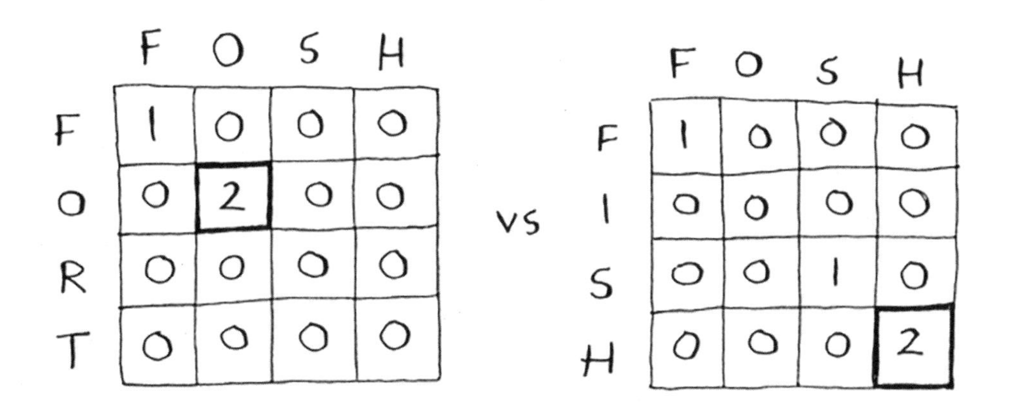

上圖中兩個字串的共用子字串長度都是 2，但是 fosh 比較接近於 fish (從下圖的字母數可看出來)。

FOSH
FISH = 3

FOSH
FORT = 2

上圖比較的是最長共用子字串，但實際上應該要比較**最長共用子序列** (Longest common subsequence)，意思是兩個單字共用序列中的字母數。那麼最長共用子序列如何計算呢？

Fish 和 fosh 的部分格子內容如下表所示：

	F	O	S	H
F	1	1		
I	1			
S		1	2	2
H				

請試試看能不能想出這個表格的公式。最長共用子序列與最長共用子字串很相似，公式也相似。請先自己找出這個問題的答案，我稍後會公布答案。

最長共用子序列 -- 解答

下圖是最終的表格：

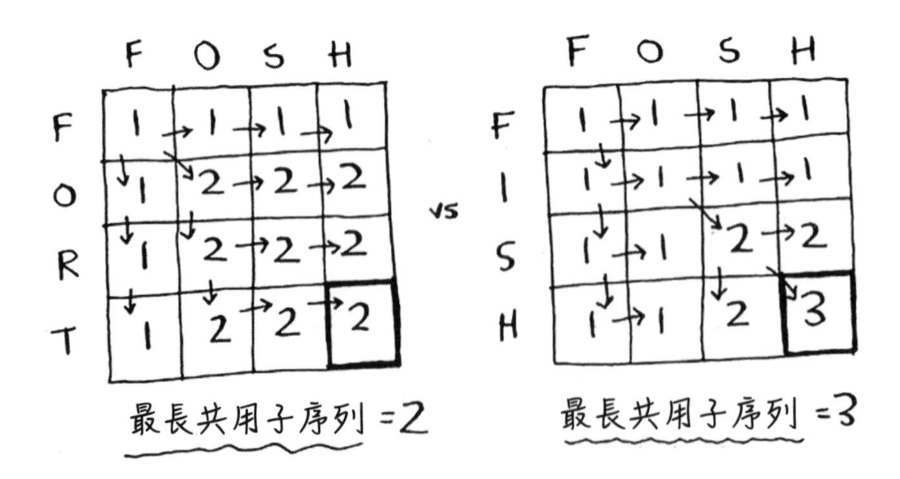

以下是我填入每個格子的公式：

與左上方相鄰格子比較

1. 若字母不同，以較大值為主
(編註：與最大共用子字串演算法
不同，字串斷掉，下一格不歸 0)

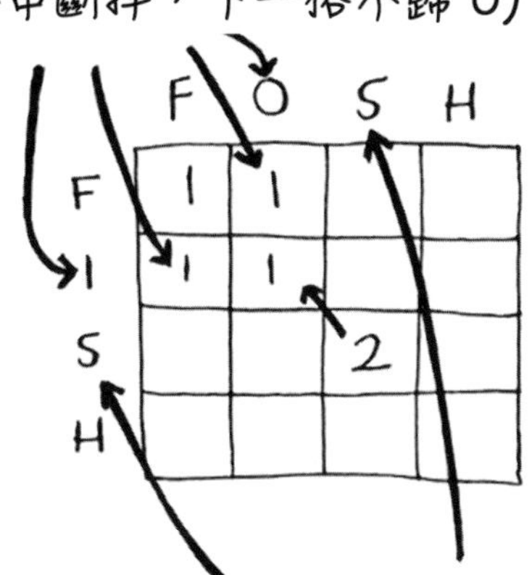

2. 若字母相同，就將左
上方相鄰的格子值 +1
(與最長共用子字串一樣)

公式的虛擬碼如下：

```
if word_a[i] == word_b[j]:  ←———— 字母相同
    cell[i][j] = cell[i-1][j-1] + 1
else:  ←———————————————————— 字母不同
    cell[i][j] = max(cell[i-1][j], cell[i][j-1])
```

恭喜你解決這個問題了！這是本書最難理解的章節。

現實生活中真的會用到動態規劃嗎？會的：

- 生物學家會用最長共用子序列找出 DNA 序列的相似處，藉此分辨兩種動物或疾病之間的相似程度。最長共用子序列也應用在尋找多發性硬化症 (multiple sclerosis) 的治療方式。
- 你是否用過比較差異 (diff) 的功能 (例如 git diff) ？ diff 就是使用動態規劃演算法指出兩個檔案之間的差異。

※ **編註：**git 是一種「分散式的版本控制系統」，而 git diff 是 git 中用來比對兩個版本差異的命令。在命令後面加上不同參數，可比對不同的內容。例如：git diff --cached、git diff -staged、……等。

- 以上探討了字串的相似度。有種演算法叫 **Levenshtein Distance** (萊文斯坦距離演算法，或稱「編輯距離演算法」)，它就是運用動態規劃來測量兩個字串的相似度。這種演算法的應用很廣，從拼字檢查到檢視使用者是否上傳受著作權保護的資料，都會用到該演算法。
- 你是否用過具有自動換行功能的程式 (例如：微軟的 Word) ？你有想過自動換行怎麼知道從哪裡換行才能保持每行的長度一致呢？其實關鍵就是使用動態規劃演算法！

練習

9.3 請繪製一個表格，計算 blue 和 clues 的最長共用子字串。

9-4 本章摘要

- ✓ 當你試著在有條件限制的情況下找出最佳解答時，動態規劃演算法可以發揮其最大優勢。以背包問題為例，必須在背包容量的限制下，找出最高價值的物品組合。
- ✓ 動態規劃演算法適合用在可將問題分割成獨立的子問題，不適合用在具有相依性 (depend) 的子問題。
- ✓ 每個動態規劃解答都一定會用到表格 (編註：可用陣列實作)。
- ✓ 動態規劃的目的是將每個格子的值最佳化。以背包問題為例，每個格子的值就是物品的價值。
- ✓ 每個格子代表一個子問題，所以如何將原本的問題分割成小問題就是關鍵。
- ✓ 動態規劃的解答沒有一定的計算公式。

MEMO

K-最近鄰演算法 (K-Nearest Neighbors Algorithm)

10

chapter

本章重點：

- 學會用 **K-最近鄰演算法** (K-Nearest Neighbors Algorithm，KNN) 來建立分類系統。
- 認識**特徵提 (萃) 取** (Feature Extraction)。
- 學會用**迴歸** (Regression) 做預測，例如，預測明天的股價，或是會員對電影的喜好程度。
- 了解 K-最近鄰演算法的使用案例及限制。

10-1 柳橙和葡萄柚的分類

你覺得這個水果是柳橙還是葡萄柚呢？通常葡萄柚比較大也比較紅。

我的思考邏輯是這樣的：在我腦海裡有一張如下的圖：

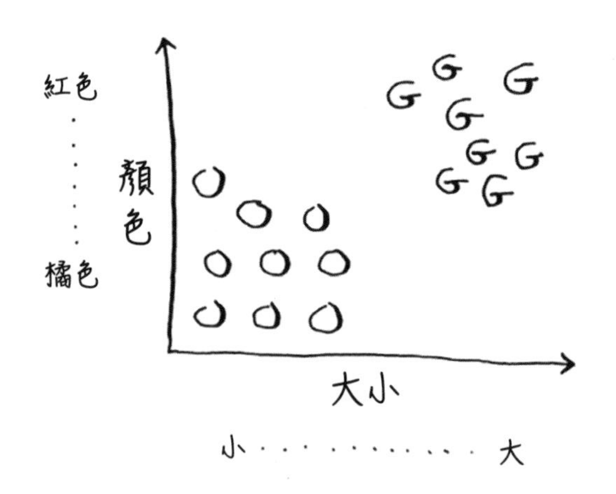

通常葡萄柚比較大也比較紅。而這個水果又大又紅，應該是葡萄柚。

但是如果還有一個像這樣的水果呢？

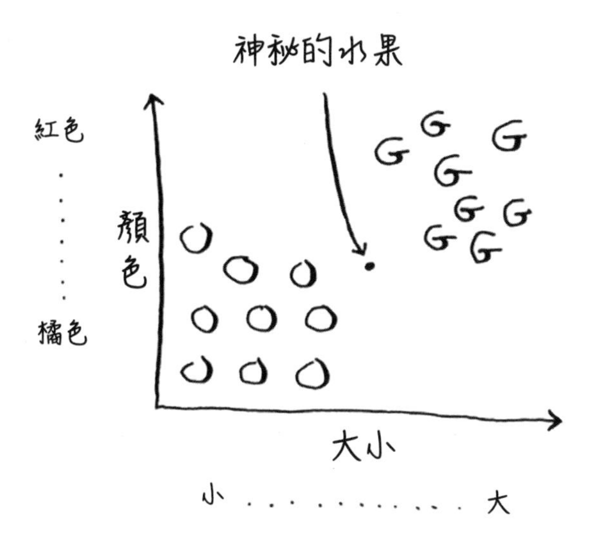

這個神秘的水果要分到哪一類呢？你可以觀察相鄰的水果，也就是看看離這個水果最近的 3 個水果是什麼。

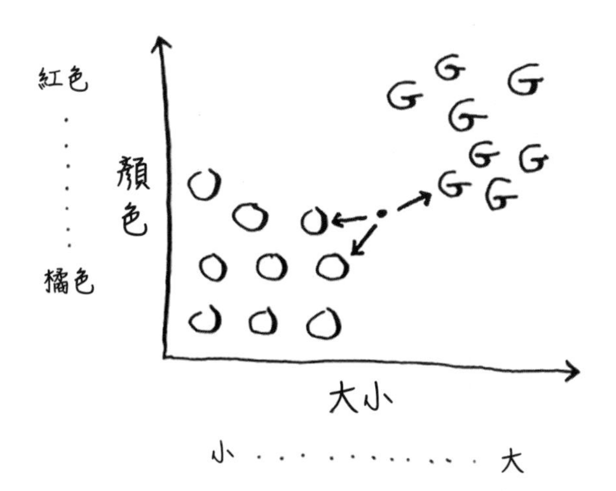

相鄰的柳橙比葡萄柚多，所以這個水果可能是柳橙。

剛才我們就是用 K- **最近鄰演算法** (K-Nearest Neighbors Algorithm，KNN) 來完成分類。KNN 這個演算法非常簡單：

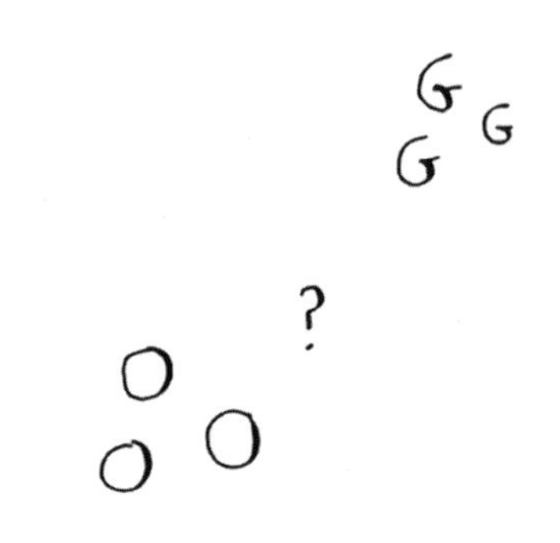

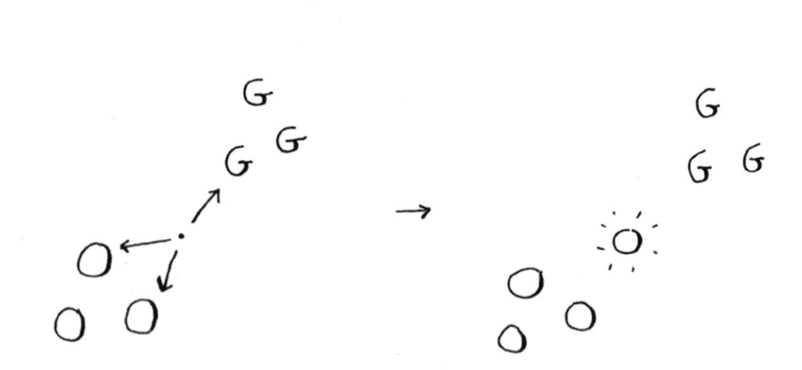

KNN 演算法既簡單又實用，當遇到分類問題時，不妨先試試 KNN。接下來舉幾個實例讓你更了解其運作方式。

10-2 建立電影推薦系統

Netflix 想打造一個會員電影推薦系統。從不同角度來看，這個例子與剛才的葡萄柚問題類似！

先將所有會員畫成以下的圖形：

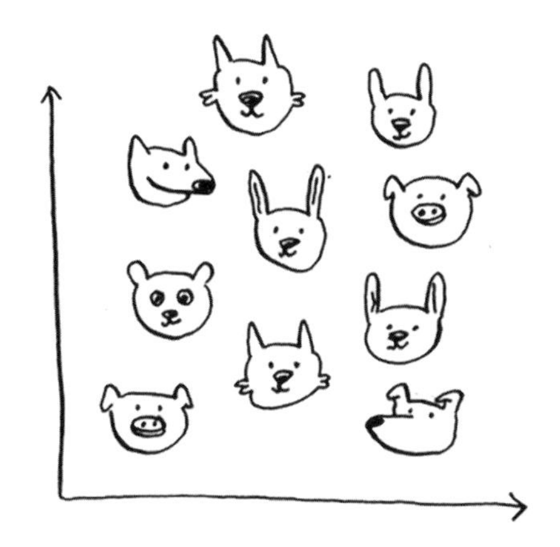

這些會員是依相似度繪製的，也就是將喜好類似的會員畫在一起。假設要推薦電影給 Priyanka，可以先找出離她最近的五位會員。

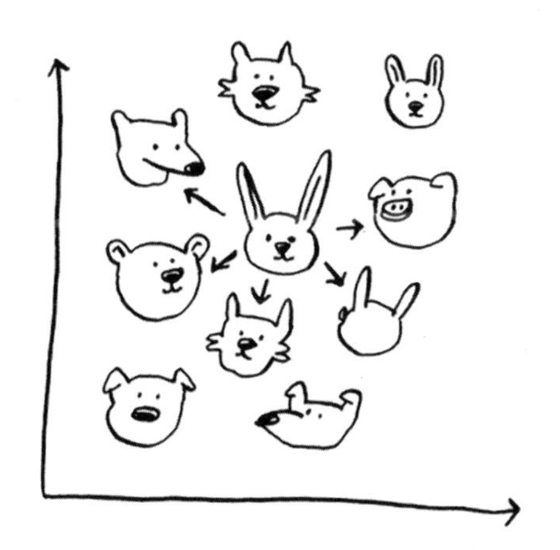

Justin、JC、Joey、Lance 和 Chris 對電影的喜好很相似。所以他們喜歡的電影，Priyanka 應該也會喜歡！

有了這張圖後，就能輕鬆打造推薦系統了。如果 Justin 喜歡某部電影，就可以將這部電影推薦給 Priyanka。

目前依會員對電影的喜好相似性來畫圖，可是要怎麼知道會員的相似程度呢？

特徵提取 (Feature Extraction)

在先前的葡萄柚範例中，是依據水果的大小和顏色來比較，所以大小和顏色就是拿來做比較的特徵 (feature)。假設有以下 3 個水果，我們可以如下提 (萃) 取特徵：

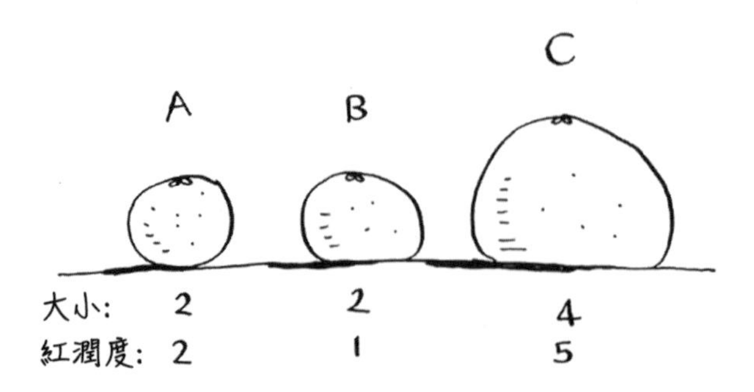

依據這 3 個水果的特徵，用下面的座標圖來呈現。

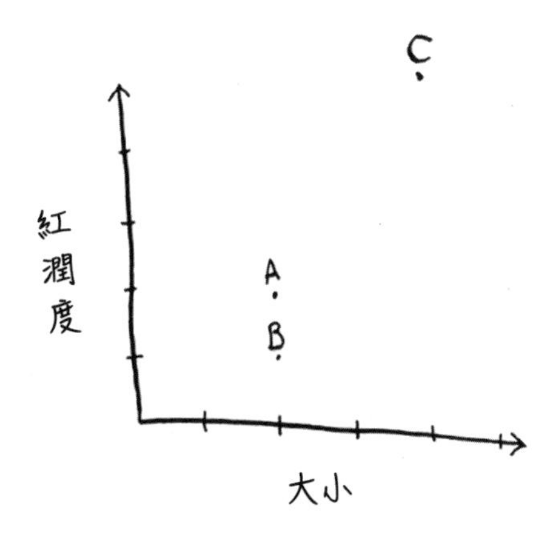

從上圖可得知，水果 A 和水果 B 類似，但是它們到底有多接近呢？可用**畢氏定理** (Pythagorean theorem) 公式來計算兩點之間的距離。

畢氏定理的公式：

$$\sqrt{(X_1-X_2)^2+(Y_1-Y_2)^2}$$

假設水果 A 和 B 的距離如下：

$$\sqrt{(2-2)^2+(2-1)^2}$$

$$=\sqrt{0+1}$$

$$=\sqrt{1}$$

$$=1$$

A 和 B 之間的距離是 1。我們可以用同樣的公式算出其他距離。

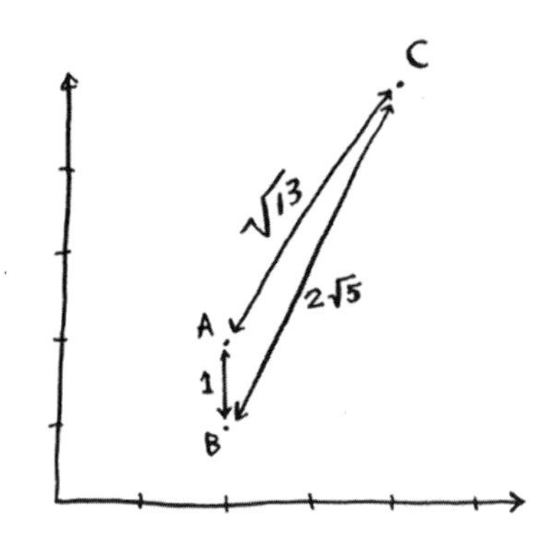

距離公式可以證明我們先前觀察的結果是對的，也就是水果 A 與 B 是相似的。

如果要比較的對象不是水果而是 Netflix 的會員，那就需要用特定的方法繪製圖形。我們要把會員用座標來標示，就像之前將水果用座標標示一樣。

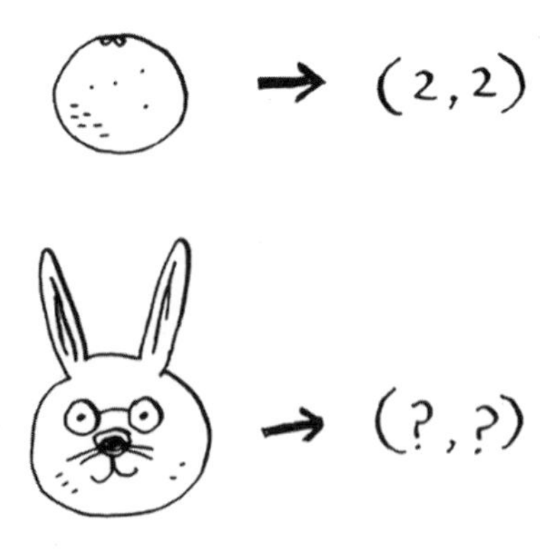

將會員圖形化後，就可以計算會員之間的距離了！

我們用以下的方法將會員轉換成一組數字。當會員登入 Netflix 時，請會員依個人喜好，對特定類型的電影做評分。這樣 Netflix 就能藉此取得每位會員對各類型電影的評分了。

Priyanka 和 Justin 喜歡愛情片但是討厭恐怖片。Morpheus 喜歡動作片，但是討厭愛情片（他討厭好好的動作片，被老套的愛情戲給毀掉）。之前在柳橙和葡萄柚的例子裡，每個水果都用 2 個數字來表示；在這個例子裡，每個會員都用 5 個數字的座標來表示。

→ (2,2)

→ (3,4,4,1,4)

數學家會說，這只是從原本的二維空間轉換成五維，但不論二維還是五維，使用的距離公式都一樣。

$$\sqrt{(a_1-a_2)^2+(b_1-b_2)^2+(c_1-c_2)^2+(d_1-d_2)^2+(e_1-e_2)^2}$$

差別就在於從原本的 2 個數字變成 5 個數字而已。

距離公式的應用很彈性，即使是由 100 萬個數字所組成的座標，也可以用同樣的距離公式來算出距離。不過你可能會問：「如果有 5 個數字，那麼算出來的距離到底代表什麼呢？」，其實算出來的距離代表這 5 個數字的相似程度。

$$\sqrt{(3-4)^2+(4-3)^2+(4-5)^2+(1-1)^2+(4-5)^2}$$
$$=\sqrt{1+1+1+0+1}$$
$$=\sqrt{4}$$
$$=2$$

上圖是 Priyanka 和 Justin 之間的距離。

Priyanka 和 Justin 的喜好相似。那 Priyanka 和 Morpheus 之間的距離呢？請先試著算出他們的距離，再繼續往下閱讀。

Priyanka 和 Morpheus 的距離是 sqrt(24)，你算對了嗎？距離透露出，Priyanka 的喜好與 Justin 比較接近，與 Morpheus 差比較遠。

既然如此，要推薦電影給 Priyanka 就很簡單了，只要是 Justin 喜歡的電影就推薦給 Priyanka，反之亦然。電影推薦系統就這樣完成了！

Netflix 會不斷地提醒會員：「請多多為電影評分，評分愈多，推薦的電影愈符合你的喜好！」，現在終於知道為什麼 Netflix 會這麼做了吧！評分的電影愈多，Netflix 就越能精準地判斷哪些會員的喜好與你相似。

※ **編註：**本章以 Netflix 的推薦系統為例來說明 KNN 的運作，但實際上 Netflix 是採用協同過濾 (Collaborative Filtering) 的方式來運作。

練習

10.1 上述的 Netflix 例子，使用距離公式計算兩位會員之間的距離。但是並非所有會員對電影的評分方式都一樣。假設 Yogi 和 Pinky 這兩位會員對電影的喜好相同。Yogi 只要覺得好看的電影，每部都評為 5 顆星，但是 Pinky 比較挑剔，只把 5 顆星留給最棒的電影。雖然他們的喜好相似，但以距離公式的結果來看，他們卻未相鄰。請問如何將他們的評分方式納入考量呢？

10.2 假設 Netflix 建立了一個「意見領袖」的群組，而 Quentin Tarantino 和 Wes Anderson 是 Netflix 的意見領袖，他們的評分比重比一般會員重要。請問要如何調整推薦系統才能突顯意見領袖的評分重要性呢？

N 要選多大呢？

雖然我們一直以 5 位會員為例，但 5 這個數字其實沒什麼特別之處，也可以用 2 位會員，或 10 位甚至 1000 位。這就是為什麼這個演算法叫做 K- 最近鄰演算法 (KNN)，而不是 5- 最近鄰演算法 (5NN)。

小編補充 K 的個值到底是 2 或是 5 或是 1000 呢？K 值如果太小（例如 1），那會受偶然因素（雜訊）影響，因為只和一點比對，客觀性太低，偏差（bias）會變大，K 值如果太大，則把不相關的點都納進來，準確率會降低。

迴歸 (Regression)

除了推薦電影的功能外，Netflix 還想加入其他功能，例如反過來，預測 Priyanka 對電影的評分。同樣可以參考離 Priyanka 最近的 5 個人。

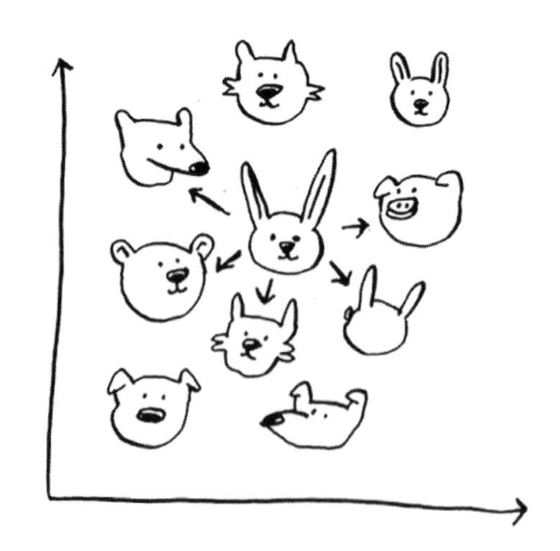

如果想預測 Priyanka 對**歌喉讚** (Pitch Perfect) 這部電影的評分，可以先參考 Justin、JC、Joey、Lance 及 Chris 的評分。

JUSTIN : 5
JC : 4
JOEY : 4
LANCE : 5
CHRIS : 3

將他們 5 位的評分平均後，會得到 4.2，這就叫做**迴歸** (regression)。K- 最近鄰演算法 (KNN) 基本上就是在進行**分類**和**迴歸**這兩件事：

- **分類** (Classification) 就是歸類成群組 (例如：進行水果的分類)。
- **迴歸** (Regression) 就是預測結果 (例如：預測出一個數值)。

迴歸非常實用，我們再舉一個例子來說明。假設你在美國的 Berkeley 經營麵包店，由於每天都要供應新鮮的麵包，所以你得預測每天要烤多少麵包，因此列出了以下幾個特徵 (影響因素)：

- 天氣好壞，等級由 1 到 5 (1 = 差；5 = 很好)。
- 週末或平日？ (1 = 週末或假日；0 = 平日)。
- 當天是否有比賽？ (1 = 是；0 = 否)。

你也記錄了以往在不同特徵組合下，可以賣出多少麵包。

A. (5, 1, 0) = 300 條麵包　B. (3, 1, 1) = 225 條麵包

C. (1, 1, 0) = 75 條麵包　D. (4, 0, 1) = 200 條麵包

E. (4, 0, 0) = 150 條麵包　F. (2, 0, 0) = 50 條麵包

假設今天是週末 (值為 1)，而且是好天氣，但沒比賽 (值為 0)，根據上面的資料，今天能賣多少麵包呢？我們用 KNN 演算法來算看看。首先，找出距離這個點最近的四個相鄰點 (K=4)。

(4, 1, 0) = ?

天氣好壞　週末或平日　是否有比賽

從下圖列出的距離來看，A、B、D 和 E 為最近的四個點。

A. 1 ←
B. 2 ←
C. 9
D. 2 ←
E. 1 ←
F. 5

將 A、B、D 和 E 這幾天賣出的麵包數加總平均後，得到 218.75 條麵包。這樣你就知道今天要烤幾條麵包了！

※ **編註：**218.75 是怎麼算的呢？就是將 A、B、D 和 E 加總後再除以四，(300 ＋ 225 ＋ 200 ＋ 150) / 4。

餘弦相似度 (Cosine Similarity)

到目前為止，我們都是用距離公式比較兩位會員之間的距離。但這是最好的公式嗎？是否還有更適合的公式呢？其實，還有另一個選擇，就是**餘弦相似度** (Cosine Similarity)。

假設有兩位喜好相似的會員，但是其中一人對評分較為保守。他們都喜歡 Manmohan Desai 導演的 **Amar Akbar Anthony** 電影。Paul 給五顆星，但是 Rowan 只給四顆星。如果用距離公式計算，這兩位會員的喜好類似，但是可能不會彼此相鄰。

餘弦相似度不是計算兩個向量之間的距離，而是比較兩個向量的角度，所以適合上述的情境。不過，餘弦相似度不在本書的討論範圍內，當你使用 KNN 時，建議你花點時間瞭解餘弦相似度的原理。

慎選特徵

為了建立推薦制度，Netflix 請會員對特定類型的電影評分，但是如果讓會員對貓咪的照片評分，會有什麼結果呢？這樣只會找到對貓咪照片評分的會員而已，對推薦系統毫無幫助，大概只有粗糙的推薦引擎才會這麼做，因為這些「特徵」(feature) 與電影的喜好一點關係也沒有！

或者，要求會員對電影評分以便為他們推薦電影，卻只要求他們對**玩具總動員** (Toy Story)、**玩具總動員 2** 和**玩具總動員 3** 評分的話，這樣也無法得知會員對電影類型的喜好！

※ **編註：**因為**玩具總動員**、**玩具總動員 2** 和**玩具總動員 3**，都是同一類型 (動畫類) 的電影，這樣的評分沒有意義。

使用 KNN 時，選擇正確的特徵進行比較是非常重要的。所謂正確的特徵是指：

- 要與推薦的電影有直接相關的特徵。
- 特徵不能偏頗 (例如，只要求會員對喜劇電影評分，這樣就不知道他們喜不喜歡動作片)。

你覺得透過評分來推薦電影是好方法嗎？可能我對 **The Wire** 的評分比 **House Hunters** 還高，但實際上我花較多時間看 **House Hunters**。請問如何改善 Netflix 的電影推薦系統呢？

再回到麵包店的例子，請分別舉例說明兩個正確的特徵和兩個不正確的特徵。如果你刊登了廣告，那麼可能需要準備更多麵包？或是需要在星期一準備更多麵包？

選擇特徵時沒有一定的標準答案，必須將各種不同情況都納入考量後，再做決定。

練習

10.3 Netflix 有數百萬會員，前面以 5 位距離最近的會員為例來建立推薦系統，請問這樣的數量太少還是太多？

10-3 機器學習簡介

KNN 是非常實用的演算法，也是進入機器學習領域的入口。機器學習的目的是讓電腦變得更聰明。前面說明的推薦系統就是機器學習的應用之一，接著，我們再看看其他的範例吧！

OCR

光學字元辨識 (Optical Character Recognition，OCR) 是指將影像中的文字轉換成電腦能夠識別的電子訊號。Google 就是透過 OCR 技術將書本內容數位化。

那麼 OCR 是怎麼運作呢？以底下這個數字為例：

要辨識這個數字，可以用 KNN 來處理：

1. 瀏覽大量的數字影像，並從中提取這些數字的特徵。
2. 當有新的影像需要辨識時，提取新影像的特徵，並檢視與新影像最接近的相鄰影像！

這個問題與先前提到的柳橙和葡萄柚問題一樣。一般而言，OCR 演算法用在量測直線、點和曲線。

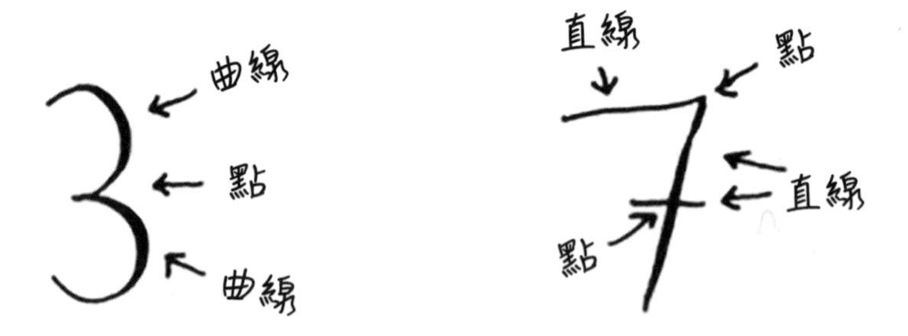

同理，要辨識新的數字時，就可以如上圖所示，提取該數字的特徵。

OCR 的特徵提取要比上述的水果例子複雜許多。但重點是，即使再複雜的技術也能以 KNN 這種簡單的概念來建構。相同的概念也可以應用到語音辨識或是臉部辨識。將照片上傳 Facebook 時，系統有時會自動用標籤自動標示照片中的人，這就是機器學習的應用！

進行 OCR 辨識的第一步，就是要掃描大量的數字影像並提取特徵，這個階段稱為**訓練** (Training)。大部分的機器學習演算法都有訓練階段，意思是電腦必須先完成訓練才能執行任務。

接下來，再舉一個過濾垃圾郵件的範例。

建立垃圾郵件過濾器

垃圾郵件過濾器採用了**單純貝式分類器** (Naive Bayes classifier) 的演算法。首先，你必須用一些資料先訓練單純貝式分類器。

主旨	垃圾郵件？
"請重新設定密碼"	非垃圾郵件
"你中了 1 百萬元"	垃圾郵件
"將你的密碼傳給我"	垃圾郵件
"生日快樂"	非垃圾郵件

如果收到一封主旨為「立即領取你的 1 百萬！」的郵件，這會是垃圾郵件嗎？先將這個句子拆開成單詞，然後檢視每個單詞出現在垃圾郵件中的機率有多高。在這個簡單的模型裡，「百萬」只出現在垃圾郵件內。單純貝式分類器會計算某個項目是否為垃圾郵件的機率。單純貝式分類器的應用與 KNN 類似。

單純貝式分類器也可以用來分類水果。例如，有個又大又紅的水果，是葡萄柚的機率有多高？單純貝式分類器是一種既簡單又有效的演算法！

小編補充 單純貝氏分類器 (Naive Bayes classifier)

在機器學習的領域中，**貝氏定理** (Bayes Theorem)，被應用在「用已知事件的發生機率，來預測未知事件的機率」，以幫助未知事件做分類。例如，某個信件主旨含有「特價」這個詞，用貝氏定理就可以計算出是廣告信的機率。

但是如果直接使用貝氏定理，會大幅增加計算成本，為了降低計算成本，我們將各個事件簡化為互相獨立的事件，以簡化貝氏定理，這種由簡化後的貝氏定理所產生的分類器就稱為**單純貝氏分類器**。

想更進一步了解貝氏定理與單純貝氏分類器，可參考旗標出版的「機器學習的數學基礎：AI、深度學習打底必讀」一書。

預測股票行情

要預測股票的漲跌是機器學習很難辦到的事。我們要如何從股票市場提取有效的特徵呢？「如果有人說昨天股價上漲，所以今天還會繼續漲。」，這是正確的特徵嗎？又或者「有人說五月股票一定會跌。」，真的會這樣嗎？沒有人能保證用過去的數字就能準確地預測未來。預測未來是很困難的事，尤其是在多個變數下，幾乎是不可能的任務。

10-4 本章摘要

讀完本章後，希望你對 KNN 和機器學習能有個初步的概念。機器學習是個有趣的領域，值得深入研究。

✓ KNN 基本上就是在進行**分類**和**迴歸**這兩件事。

✓ **分類** (Classification) 就是歸類成群組 (例如：進行水果的分類)。

✓ **迴歸** (Regression) 就是預測結果 (例如：預測出一個數值)。

✓ 特徵提取是指將一個項目 (例如水果或會員)，轉換成可以互相比較的數字。

✓ 篩選出正確的特徵是讓 KNN 演算法能順利運作的關鍵。

MEMO

進階之路：推薦十種演算法

11 chapter

本章重點：

- 簡介**平行演算法**、**分散式演算法**、**SHA 演算法**、**線性規劃**、…等十種演算法的特色及使用場合。

11-1 樹狀結構

在介紹樹狀結構前，我們先回顧第 1 章**二元搜尋法** (Binary Search) 所介紹的範例。當使用者登入 Facebook 時，Facebook 會從大型陣列中搜尋使用者名稱是否存在。在說明此範例時，我們提到二元搜尋法是搜尋大型陣列最快速的方法，不過有個缺點，那就是二元搜尋法只能用在已經排序好的陣列，當有新的使用者註冊時，必須將新的使用者建立到陣列裡，並且重新排序。

如果可以直接將新的使用者名稱存到正確的陣列索引位置該有多好，這樣就不需要重新排序了。其實，這就是**二元搜尋樹** (Binary Search Tree) 背後的概念，我們來認識一下二元搜尋樹吧！

二元搜尋樹就像下圖這樣。

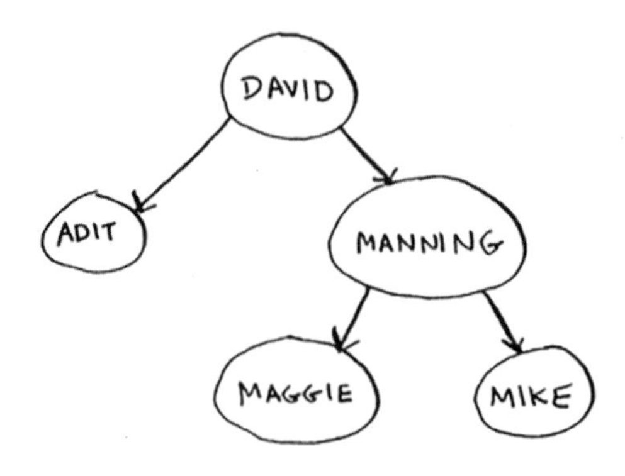

簡單地說，二元搜尋樹左邊的節點值比較小；右邊的節點值比較大。請看下圖的說明：

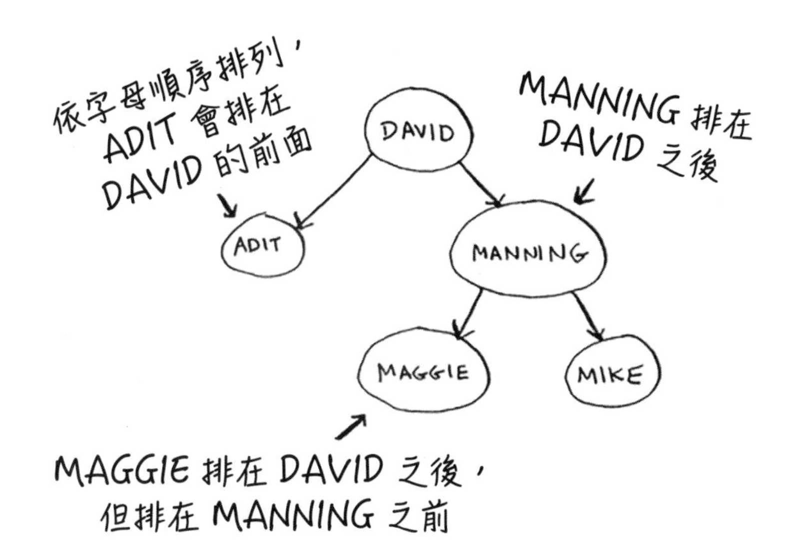

如果從**根節點** (root node) 開始搜尋 MAGGIE：

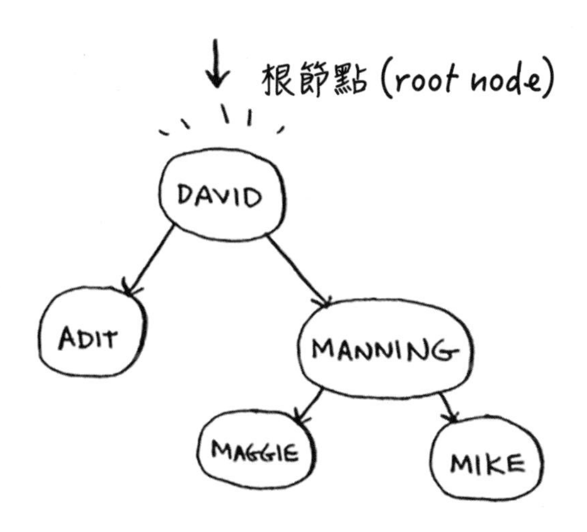

MAGGIE 在 DAVID 之後 (M 字母順序排在 D 字母後面)，所以往右走。

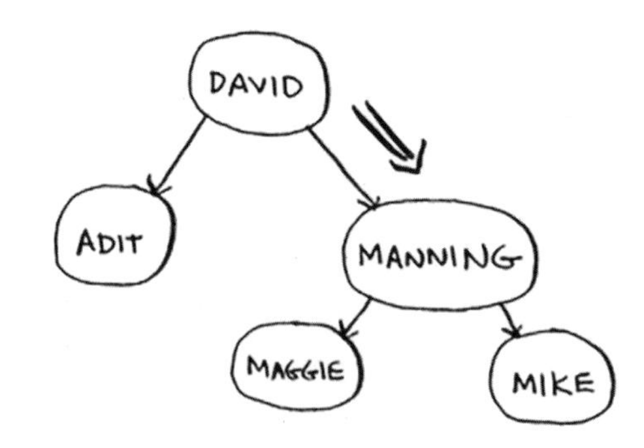

MAGGIE 在 MANNING 之前 (MAG 的字母順序在 MAN 之前)，所以往左走。

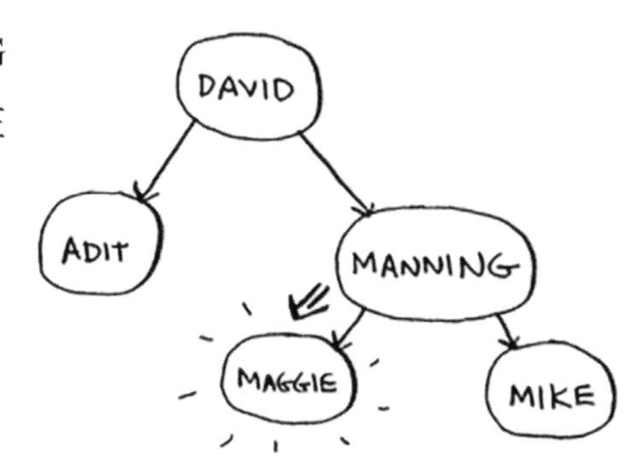

找到 MAGGIE 了！這和執行二元搜尋法很像。用二元搜尋樹尋找一個元素的平均時間為 O(log n)，而最差的情況為 O(n)。搜尋一個排序好的陣列，在最差情況下為 O(log n)，所以會讓人覺得排序好的陣列是比較好的選擇。雖然是這樣沒錯，但是二元搜尋樹的平均插入和刪除速度卻明顯比陣列快很多 (因為不用搬動大量的元素)。

	陣列	二元搜尋樹
搜尋	O(Log n)	O(Log n)
插入	O(n)	O(Log n)
刪除	O(n)	O(Log n)

二元搜尋樹也不是沒有缺點，例如，**不能隨機存取**就是其中一項缺點 (編註：白話文就是不能用索引 (index) 存取資料)。所以我們無法指定「存取搜尋樹的第五個元素！」。上一頁的圖其執行時間是平均時間，而且前提是搜尋樹的節點分配必須是平衡的。如果搜尋樹的節點像右圖這樣，就是分配不平衡。

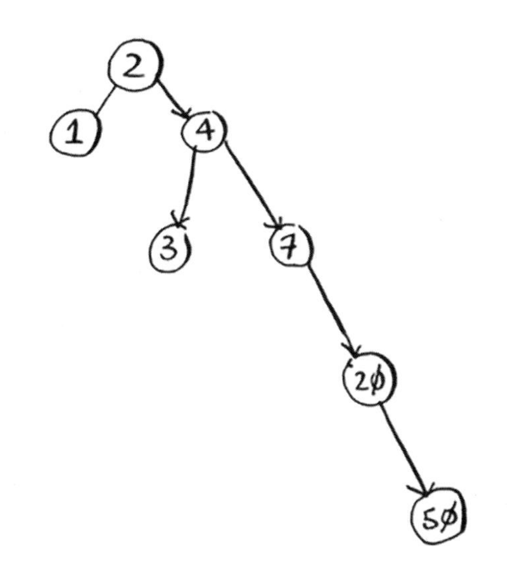

右圖的搜尋樹偏向右側傾斜，因為節點分配不平衡，所以效能也不好。

進階的搜尋樹

有些特別的二元搜尋樹會自己保持平衡。其中一種就是**紅黑樹** (red-black tree)。**B- 樹** (B-tree) 也是一種特殊的二元搜尋樹，常用來將資料儲存到資料庫。若是對資料庫或是更進階的資料結構有興趣，不妨進一步研究底下的項目：

- B- 樹。
- 紅黑樹 (red-black tree)。
- 堆積樹 (heap tree)。
- 展開樹 (splay trees，或稱「伸展樹」) 。

11-2 反向索引 (Inverted index)

第 5 章我們介紹雜湊表時提到一般是用「鍵」(key) 來尋找「值」，本節所要介紹的**反向索引** (Inverted index) 剛好相反，是用「值」來找「鍵」，反向索引是搜尋引擎或文件檢索系統常用的資料結構，底下用簡單的例子來說明：

假設有 A、B、C 三個網頁 (鍵)，每個網頁各記錄了一些單字 (值)，其內容如下圖所示：

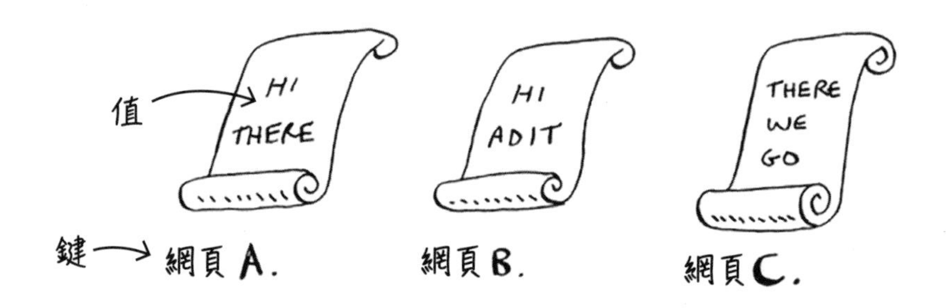

若建立成雜湊表也就是下圖的樣子：

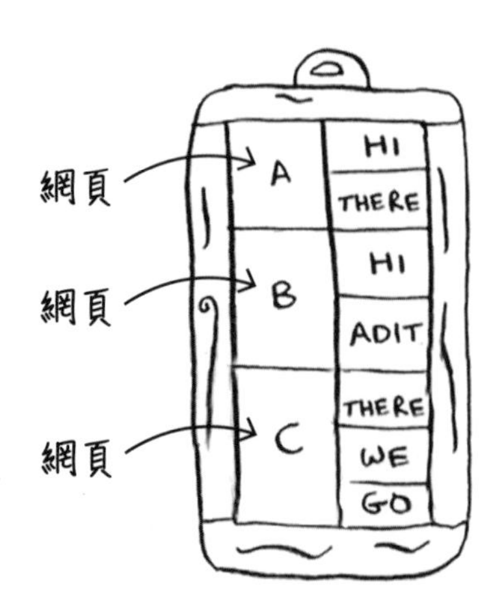

上圖雜湊表的「鍵」是網頁，例如，網頁 A、網頁 B、網頁 C；而「值」是每個網頁裡的單字。如果使用者搜尋了 HI，則搜尋引擎就會利用反向索引，由「值 (HI)」反向查得「鍵 (A、B)」，顯示 HI 出現在 A 和 B 網頁了。

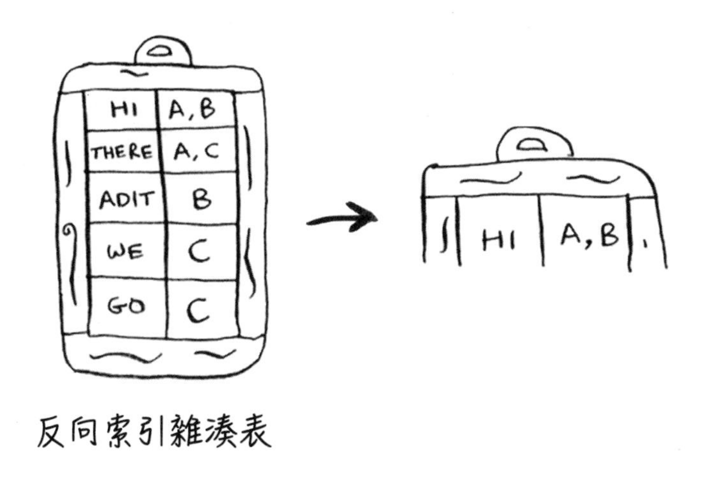

▲ 找到 HI 了，HI 出現在 A 和 B 網頁，系統將找到的網頁呈現給使用者

假如使用者搜尋「THERE」，利用反向索引就會知道這個單字出現在 A 網頁和 C 網頁中。沒有想像中困難吧？這是很實用的資料結構，透過雜湊表將單字對應到顯示的位置。如果對搜尋有興趣，可以進一步研究反向索引。

11-3 傅立葉轉換 (Fourier transform)

傅立葉轉換 (Fourier transform) 是非常優秀的演算法，不僅效能佳而且用途廣泛，已經有百萬個以上的使用案例。在 Better Explained (以深入淺出的方式解析數學) 網站中，有很多傅立葉轉換的比喻，例如：拿出一杯優格，傅立葉轉換會解析出它的成分※。或是唱首歌，傅立葉轉換就會將它分解成個別的頻率。

※ **註**：您可以連到 Better Explained 網站，參考由 Kalid 發表的「An Interactive Guide to the Fourier Transform」，https://betterexplained.com/articles/an-interactive-guide-to-the-fourier-transform/。

這個簡單的概念，有很多應用案例。例如，如果可以將一首歌分成多個頻率，那就可以增強或抑制某個頻率，你可以依喜好來增強低音、降低高音。傅立葉轉換非常適合處理訊號，也可以用來壓縮音樂。首先將音訊檔分解成個別頻率，再由傅立葉轉換判別每個頻率對整首歌的比重，依據這些判別剔除掉不重要的頻率。MP3 格式就是這樣運作的！

數位訊號不只有音樂一種，JPG 檔案格式是另一種數位訊號壓縮格式，運作原理與音樂相同。此外，還有人試圖用傅立葉轉換來預測地震和分析 DNA。

傅立葉轉換也能打造像 Shazam 這樣的音樂辨識軟體 (猜猜看正在播放的是什麼歌)。傅立葉轉換的應用範圍很廣泛，任何人都有機會用到。

11-4 平行演算法 (Parallel Algorithm)

接下來的三個主題都與擴充性以及處理大量資料有關。過去，電腦的處理器 (CPU) 發展速度驚人，當時若想要提升演算法的速度，只要等幾個月的時間升級硬體，電腦本身的運算速度就能提升了。但是，現在的筆電和桌機除了提升 CPU 運算速度，更往多核心的處理器發展，若要提升演算法的速度，就必須運用平行演算法，才能夠真正發揮多核心處理器的優越能力！

例如，排序演算法最快的執行速度約為 O(n log n)，除非是使用**平行演算法** (Parallel Algorithm)，否則要在 O(n) 的時間內完成陣列排序是不可能的！此外，快速排序法 (Quick Sort) 有平行化的版本，可以在 O(n) 的時間內完成陣列排序。

平行演算法很難設計，即使將筆記型電腦的核心從一個提升為兩個，並不代表演算法的執行速度會提升為兩倍。原因如下：

- **平行性的管理上限**：假設要排序含有 1,000 個元素的陣列。如何將排序任務分給兩個核心處理呢？每個核心是否分別處理 500 個元素，再將兩個排序好的小陣列合併成一個排序好的大陣列呢？別忘了，合併兩個陣列也需要時間。

- **負載平衡 (Load balancing)**：假設有 10 個任務要執行，每個核心各分配 5 個任務。A 核心分配到的任務都是比較容易處理的，所以在 10 秒內就執行完畢。但是 B 核心分配到的都是比較難的任務，耗時 1 分鐘才處理完成。這表示當 B 核心還在工作時，A 核心閒置了 50 秒。要如何平均地分配工作，才能讓兩顆核心的工作負載相同呢？

如果對效能和可擴展性 (scalablility) 的理論有興趣，可深入研究平行演算法！

11-5 MapReduce

分散式演算法 (Distributed Algorithm) 是一種特別的平行演算法，而且應用愈來愈廣泛。如果只需要用 2 ～ 4 顆核心來運算，那麼在筆記型電腦上執行平行演算法就已經足夠。但如果需要同時在很多台電腦上的數百顆核心做平行運算時該怎麼辦？這時就得使用分散式演算法。MapReduce 是很受歡迎的分散式演算法。可與 Apache Hadoop 開放原始碼工具套件一起搭配使用。

分散式演算法的適用時機

假設我們要對資料表執行複雜的 SQL 查詢，但是該資料表是由數十億或好幾兆資料列所組成，無法用 MySQL 來執行，因為在執行幾十億列之後會超出負荷，遇到這種情形我們會用具有 MapReduce 功能的 Hadoop 來執行！

當你要處理 100 萬個任務，每個任務需要 1 秒的處理時間，如果只在一部電腦上執行，需要 10 幾天才能處理完成！但同時分散在 1000 台電腦上執行，就能在 10 幾分鐘內處理完畢。分散式演算法適合用在處理大量工作的場合。

MapReduce 是由 map 函式和 reduce 函式建構而成的，以下簡單說明其概念。

map 函式

map 函式可將一個陣列轉換到另一個陣列。例如，將下圖中 arr1 陣列內的每個元素乘以 2，再儲存為 arr2 陣列：

```
>>> arr1 = [1, 2, 3, 4, 5]
>>> arr2 = map(lambda x:2 * x, arr1)
[2, 4, 6, 8, 10]
```

一個運算任務，任何合適的函式都可以

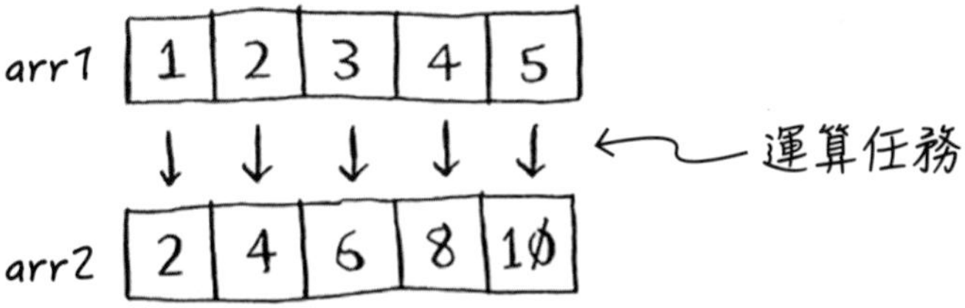

arr2 陣列的值為 [2, 4, 6, 8, 10]，也就是將 arr1 陣列內的每個元素都乘以 2 (編註：就是把 arr1 陣列資料交給 " 把資料乘以 2" 這任務 (task) 去運算)。將元素的值乘 2 不需要太多處理時間，看起來沒什麼。但如果函式需要較長的處理時間，例如底下的虛擬碼：

```
>>> arr1 = # A list of URLs
>>> arr2 = map(download_page, arr1)
```

下載任務

arr1 是一份網址清單，我們要依清單逐一下載網頁內容，並將內容存到 arr2。處理每個網址需要花數秒的時間，如果要處理 1,000 個網址，可能得花數小時！

如果能同時用 100 部電腦來處理，並讓 map 自動在各電腦間分配工作，豈不是很棒？這樣就能同時下載 100 個網頁內容，而整體的處理時間也會大幅下降。這就是 MapeReduce 的「map」概念：**任務分配交辦**。

reduce 函式

reduce 函式的概念為：「**將資料彙總**」。以右圖為例，想知道 [1, 2, 3, 4, 5] 的加總結果，雖然可以用迴圈來撰寫程式，但是用 Reduce 函式會更簡潔：

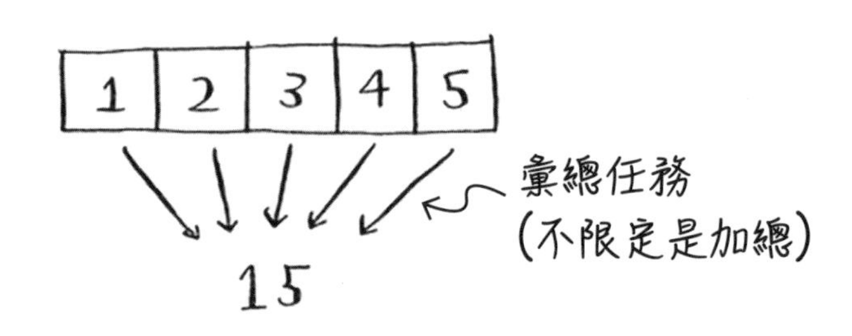

程式範例如下，這個範例加總了陣列內的所有元素：1 + 2 + 3 + 4 + 5 = 15。

```
>>> arr1 = [1, 2, 3, 4, 5]
>>> reduce(lambda x,y: x+y, arr1)
15
```

彙總任務

本書不會深入探討 reduce，網路上有很多相關的教學可參考，您可以自行搜尋。

MapReduce 用這兩個簡單的概念，將運算任務交辦給多部電腦執行，運算完畢再彙總結果。即使資料量非常龐大 (例如數十億列)，用 MapReduce 只需要幾分鐘時間；若用傳統的資料庫查詢，可能得花好幾個小時。

小編補充 MapReduce 的應用

看完前面的 MapReduce 說明，你可能還是不太懂實際的運作，底下舉兩個例子來說明，應該就會比較有概念了。MapReduce 簡單來說就是將原本龐大的運算任務拆成好幾個相同的子任務，並分散 (map) 到各處去做運算，接著再將處理好的子任務收回，重新組合 (reduce) 在一起並輸出。

假設某一連鎖超商要盤點庫存，如果總公司只派一個人逐店盤點，不但曠日廢時而且幾乎不可能！因為在台中盤點時台北的庫存已經更動了 (進了貨又賣了貨)。所以總公司的做法是把一張列好庫存品項的 Excel 表發給各店長，約定某日 (如：12/31) 營業後各店同時盤點，將各品項的庫存量填入 Excel 表，再傳回總公司。最後總公司的會計只要把各 Excel 表加總就可以了！

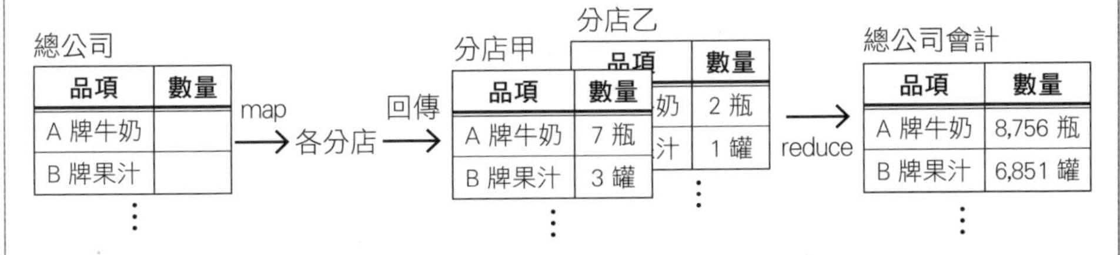

再舉一個例子，選舉時中央選委會會把選票和選舉人名冊分送 (map) 到各縣市的選委會再分送 (map) 到各投票所，各縣市的選民會在戶籍地投票，當投票時間截止，各地的投票所就會開始計票，最後將所有投票所的每位侯選人票數加總起來 (reduce)，再傳回各縣市選委會，各縣市選委會再加總 (reduce) 各個侯選人的票數，最後傳回中央選委會加總 (reduce)，算出最終結果。試想，如果全國只有一個投開票所 (一台電腦)，那要投開票到何年何月？

更多 MapReduce 的說明，可參考 https://www.youtube.com/watch?v=b-IvmXoO0bU&t=235s (在影片的 1:32 秒左右有選舉計票的例子)。

11-6 布隆過濾器 (Bloom filter) 和 HyperLogLog

每當有使用者張貼連結時，Reddit 論壇 (編註：類似台灣的 PTT) 的管理者會檢查之前是否貼過相同的連結。因為從未發表過的貼文才具有話題性，所以得先檢查是否有人貼過。

Google 搜尋引擎的運作也需要建立網頁索引 (index)，建立索引時需要爬取 (crawl) 網頁資料，Google 只希望爬取尚未爬過的網頁，所以得先判別哪些網頁已經爬取，哪些還沒有爬過。

又或者，bit.ly 網站 (提供短網址轉換服務) 擁有一份「不安全的網站」清單，網站管理者不希望將使用者導向到任何有安全疑慮的網站，所以在轉址前必須先核對網址是否在這份清單中。

這些範例有共同的問題，那就是都有非常龐大的資料。

假設有個新網址，想知道該網址是否屬於惡意網址，就可以用雜湊演算法快速找到答案。另外，假設 Google 有個大型的雜湊表，其「鍵」代表所有曾經建立索引的網址 (如下圖)。

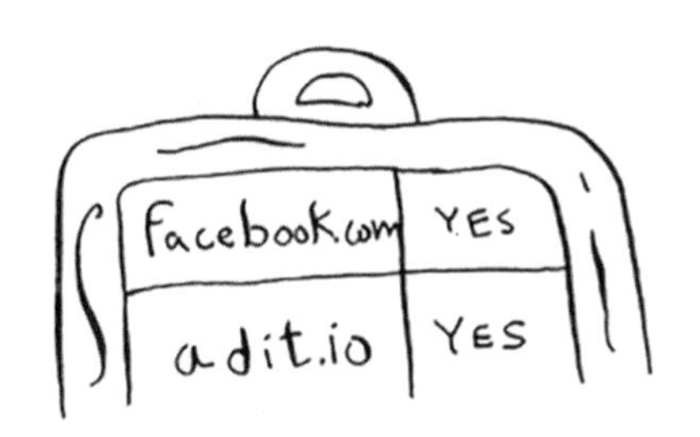

想確認 adit.io 這個網站是否已建立索引，可從雜湊表查詢。

adit.io → YES

▲ adit.io 是雜湊表的「鍵」，表示已經建立索引了！

adit.io 如果在雜湊表內就表示已經建立索引了，雜湊表的平均查詢時間是 O(1)，只用常數時間就能找到答案。很棒吧！

不過，缺點是這個雜湊表非常龐大，Google 每天會建立幾億個網站索引。如果雜湊表儲存了所有已建立索引的網址，將會佔用大量空間。Reddit 和 bit.ly 同樣也有儲存空間的問題。當有龐大的資料要處理時，就得花點巧思。

布隆過濾器 (Bloom Filter)

布隆過濾器 (Bloom Filter) 是一種**機率資料結構** (Probabilistic Data Structure)，提供的解答可能是對的，也有可能是錯的。除了使用雜湊外，也可以問布隆過濾器是否已經替某個網址建立索引。雜湊表的答案是「絕對準確的」，但是布隆過濾器只提供「可能」正確的答案：

- 可能會發生**誤肯定** (false positive are possible)。例如，尚未替某個網址建立索引，但 Google 可能顯示「已對此網址建立索引」。

- 不可能發生**誤否定** (false negative aren't possible)。例如，如果布隆過濾器判斷尚未替該網址建立索引，那就可以肯定還沒有替此網址建立索引。

布隆過濾器的優點在於佔用空間非常少，因為雜湊表必須儲存所有 Google 建立的索引，但是布隆過濾器不需要這麼做。布隆過濾器適合用在不需要精準答案的場合。例如，bit.ly 這個網站只要跟使用者說「我們覺得這有可能是惡意網站，請小心！」這樣就夠了。

HyperLogLog

與布隆過濾器類似的演算法還有 **HyperLogLog**。假設 Google 要統計使用者的搜尋次數，又或者 Amazon 想統計使用者當日瀏覽過的品項有多少。回答這些問題都得佔用很大的空間！以 Google 為例，必須先對所有的搜尋建立一個記錄檔，當使用者搜尋某個項目時，必須與記錄檔做比對。如果記錄檔裡沒有這個項目，就要將該項目加入記錄檔內，光是一天的記錄量就非常可觀了！

HyperLogLog 會對集合內的不同元素取近似值。和布隆過濾器一樣只提供非常近似的答案，而不提供準確答案。同樣地，佔用的空間非常少。

如果你需要處理大量資料，而且不需要百分之百正確的答案，不妨瞭解一下這些機率演算法！

11-7 SHA 演算法 (Secure Hash Algorithm)

在介紹**安全雜湊演算法** (Secure Hash Algorithm，SHA) 之前，我們先回顧一下第 5 章介紹過的雜湊表範例。假設，設定好一個「鍵」，想將對應的「值」存入陣列中。

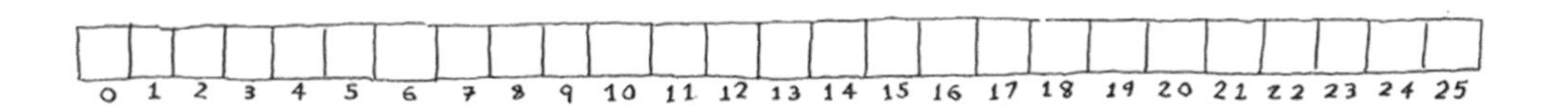

用雜湊函式可以決定值應該放入陣列中的哪個位置。

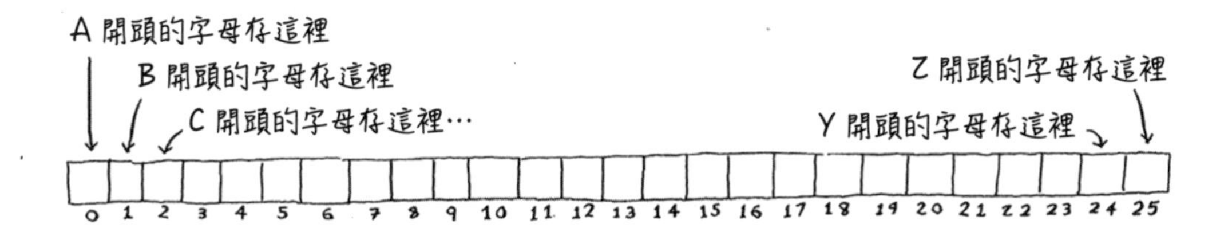

接著，再將數值存入。

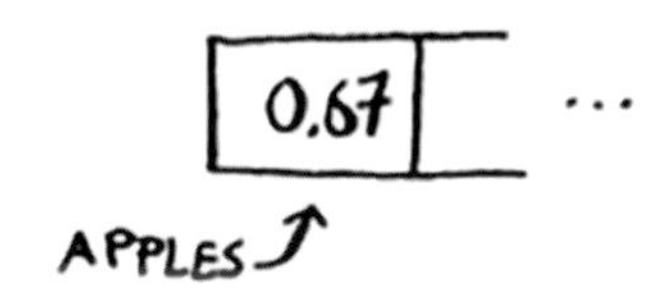

這麼一來就能以常數時間查詢。如果想知道鍵對應的值，只需再次執行雜湊函式，就能在 O(1) 時間內得知要存取哪個位置。

檔案比較

安全雜湊演算法 (Secure Hash Algorithm，SHA) 函式是雜湊函式的一種，只要輸入字串，SHA 就會輸出與該字串對應的雜湊。

"hello" ⇒ 2cf24db...

這裡的專有名詞很容易混淆，我們做個整理。SHA 是一個會產生雜湊的**雜湊函式** (hash function)，所產生的雜湊就只是一個字串。雜湊表的雜湊函式是將字串對應到陣列的索引，而 SHA 是將字串對應到字串。

SHA 會針對不同的字串產生一組唯一的雜湊。

"hello" ⇒ 2cf24db...
"algorithm" ⇒ b1eb2ec...
"password" ⇒ 5e88489...

Note SHA 雜湊是長雜湊，不過為了方便解說，這裡刻意截短。

SHA 可以用來判斷兩個檔案是否一樣，尤其是處理大型檔案時很實用。假設你有一個 4GB 的檔案，你想知道朋友是否有相同的檔案，這時不需要透過電子郵件互寄這個大檔案，只要計算 SHA 並做比對就可以了。

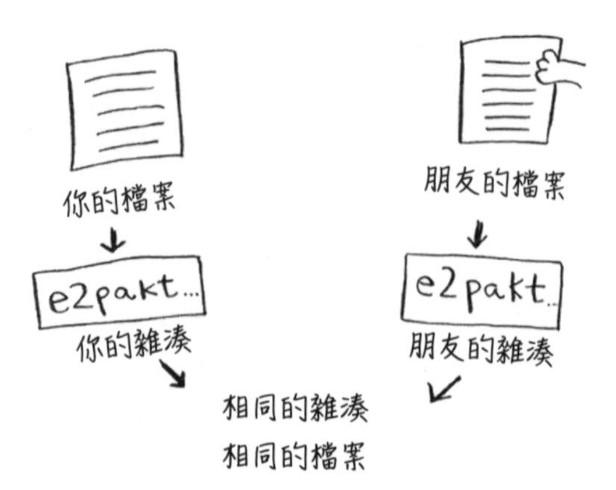

檢查密碼

SHA 也能在不顯示原始字串的情況下比較字串。假設 Gmail 遭到駭客攻擊，所有使用者的密碼都被竊取，那我們的密碼是否會公諸於世呢？不會的，因為 Google 儲存的不是原本的密碼，而是儲存密碼的 SHA 雜湊！當我們輸入密碼時，Google 會對密碼做雜湊處理，並與資料庫裡的雜湊做比對。

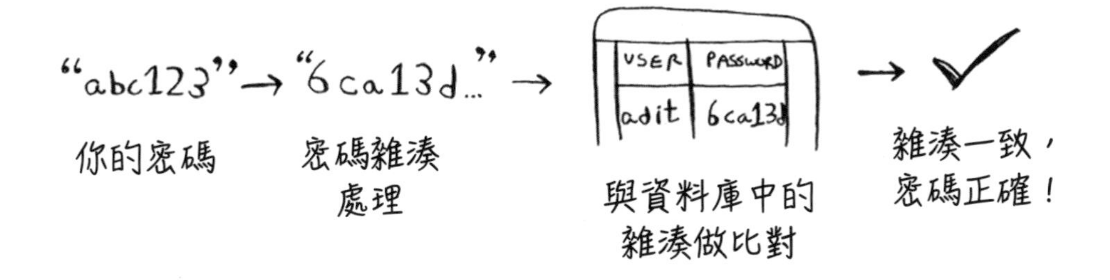

換句話說，Google 只比對雜湊，所以不需要儲存我們的密碼。SHA 被廣泛應用在密碼的處理。

SHA 是一種單向雜湊，可以針對字串產生雜湊。

abc123 → 6ca13d

但是沒辦法從雜湊反向產生原本的字串。

? ← 6ca13d

這代表駭客從 Gmail 偷走 SHA 雜湊後，無法將雜湊轉換回原本的密碼（所以你的密碼不會被偷）。密碼可以轉換為雜湊，但雜湊無法轉換回密碼。

SHA 已經發展成一個系列：SHA-0、SHA-1、SHA-2 和 SHA-3。在撰寫本書時，SHA-0 和 SHA-1 還有些缺點。如果要用 SHA 演算法為密碼產生雜湊，請務必使用 SHA-2 或 SHA-3。目前密碼雜湊函式的最高標準為 bcrypt 加密 (不過世上還沒有萬無一失的方法)。

11-8 局部敏感雜湊 (Locality-Sensitive Hashing)

SHA 還有另一個重要的特性，那就是**局部敏感雜湊** (Locality-Sensitive Hashing)。例如，將下圖的「dog」字串產生雜湊：

dog → cd6357

如果改變了字串中的某個字元，那麼再次產生雜湊，就會截然不同。

dot → e392da

這個機制可以防止駭客透過比對雜湊來破解密碼。

但有時候我們反而不希望雜湊有太多變化，這時候就是**局部敏感雜湊**函式登場的時候了，而 Simhash (類似雜湊) 也可以在此時派上用場。小幅度修改字串後，Simhash 所產生的雜湊只有些許不同。這樣就能透過比較雜湊，確認兩個字串間的相似度，這是非常實用的雜湊函式！以下是幾個實例：

- Google 在建立網頁索引時，會用 Simhash 偵測是否有重複。
- 老師可以用 Simhash 確認學生是否從網路抄襲論文。
- Scribd（一家文件分享網站）允許使用者上傳文件或書籍與他人分享。但是 Scribd 不允許使用者上傳受著作權保護的內容！例如，該網站會用 Simhash 檢查上傳的內容是否與哈利波特的書相似，如果相似，則自動拒絕上傳。

Simhash 非常適合用來比對兩個項目的相似度。

11-9 迪菲赫爾曼金鑰交換 (Diffie-Hellman key exchange)

迪菲赫爾曼演算法 (Diffie-Hellman Algorithm) 是非常值得一提的演算法，因為它用優雅的方式解決存在已久的問題。那就是如何對訊息加密，並只讓指定的人解讀。

最簡單的加密方式就是利用數字做對應，例如：a = 1、b = 2 依此類推。請傳一則「4, 15, 7」的訊息給朋友，再由朋友轉譯成「d, o, g」。如果這麼做，就必須先和朋友制定好加密的方式，而且不能透過電子郵件來制定，因為郵件可能會被駭客竊取並破解加密方式。此外，即使跟朋友面對面制定加密方式，也會有人猜中其中的涵義，畢竟這不是很複雜的規則。為了避免被破解，就只能每天更換數字涵義了，但這麼一來，就必須每天跟朋友見面！

即使每天更改數字涵義，但太過簡單的加密方式，仍然很容易被暴力法 (Brute-force attack) 破解。例如，訊息是「9, 6, 13, 13, 16, 24, 16, 19, 13, 5」。先試試看 a = 1，b = 2 的加密方式。

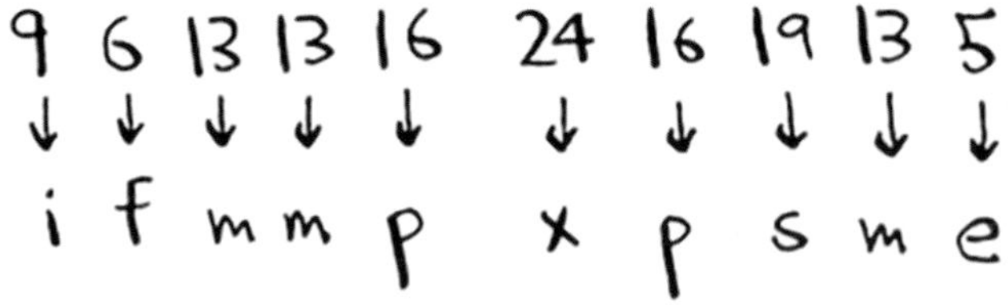

9 6 13 13 16 24 16 19 13 5
↓ ↓ ↓ ↓ ↓ ↓ ↓ ↓ ↓ ↓
i f m m p x p s m e

完全看不出字義。接下來，試試看 a = 2、b = 3 依此類推 (從頭開始，逐一試過的方法就叫做暴力法)。

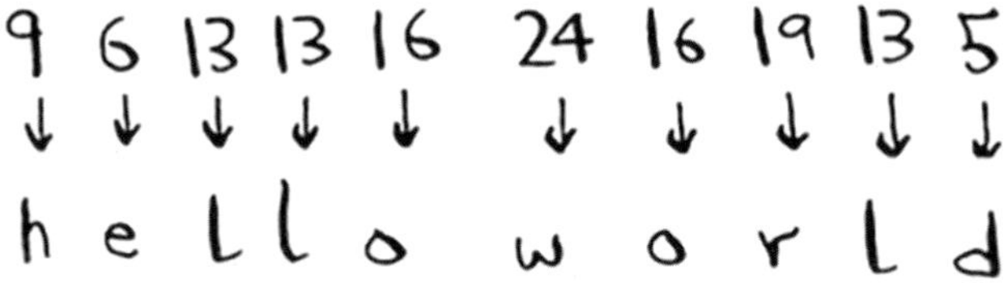

9 6 13 13 16 24 16 19 13 5
↓ ↓ ↓ ↓ ↓ ↓ ↓ ↓ ↓ ↓
h e l l o w o r l d

破解了！上圖這種簡單的加密方式很容易被暴力法破解。德軍在第二次世界大戰中使用的加密方式遠比此範例還要複雜，最終還是被破解了。

迪菲赫爾曼具有以下兩大特色：

- 雙方不需要知道加密方式，更不需要見面約定數字的涵義。
- 要破解加密後的訊息非常困難。

迪菲赫爾曼演算法有兩個金鑰，分別為「公開金鑰」和「私密金鑰」。正如其名，公開金鑰是百分之百公開的，可以放到網站上，或是透過電子郵件寄給朋友，不需要將它藏起來。當傳訊息給朋友時，就用公開金鑰加密，但加密後的訊息只能用私密金鑰解密。只要你是唯一擁有私密金鑰的人，那就唯有你可以解開訊息！

迪菲赫爾曼演算法目前仍然用於加密演算，不過後來新起了一個 RSA 演算法。如果對密碼學有興趣，可從迪菲赫爾曼開始研讀，這個演算法既優雅，而且不會很難學。

※ **編註：**有關 SHA 演算法、迪菲赫爾曼演算法，作者在本書的勘誤網頁中有更多補充說明，有興趣的讀者可以連到 https://adit.io/errata.html 瀏覽。

11-10 線性規劃 (Linear Programming)

線性規劃 (Linear Programming) 是我覺得最酷的演算法。線性規劃適用在受限的條件中獲取最大效益 (取得最大值)。

假設有間公司只生產襯衫和手提包兩種產品。襯衫需要 1 公尺的布和 5 顆鈕扣；手提包需要 2 公尺的布和 2 顆鈕扣。目前的原料只有 11 公尺的布和 20 顆鈕扣。一件襯衫的利潤為 2 元，一個手提包的利潤為 3 元。請問應該生產幾件襯衫和手提包才能獲得最大的利潤呢？

公司希望獲得最大利潤，但是卻受限原料的數量，這就是一個線性規劃的問題。

再舉一個例子，有位政治家希望贏得最多選票。根據研究顯示，平均需要工作 1 小時 (行銷、研究等等) 才能得到舊金山市民的一票；而要獲得芝加哥市民的一票，平均需要工作 1.5 小時。為了贏得選舉，政治家至少要得到 500 張舊金山市民的票和 300 張芝加哥市民的票。競選時間只有 50 天。每說服一位舊金山市民的成本是 2 元，而每說服一位芝加哥市民的成本是 1 元。選舉資金為 1,500 元。請問舊金山加上芝加哥共可以獲得幾票？

這個問題的目標是盡可能得到最多選票，但是卻受限於時間和成本，這也是個線性規劃的問題。

你可能會感到疑惑：「前面的章節提到很多最佳化的主題，這和線性規劃有什麼關係呢？」，其實所有圖形演算法都可以用線性規劃來取代。線性規劃就像一個廣義的架構，而圖形問題是這個架構下的一個子集。是否讓你大開眼界了呢？

線性規劃採用了**單形演算法** (Simplex Algorithm，或稱「單純形法」)。這是一種很複雜的演算法，所以不在本書的討論範圍裡。如果對最佳化有興趣，可以深入研究線性規劃！

11-11 結語

本章藉由這 10 種演算法的介紹讓讀者一窺演算法的奧妙，並鼓勵大家繼續探索演算法的世界。我認為最好的學習方法就是找個有興趣的主題，然後深入研究。看完本書你已經奠定良好的基礎，可以繼續鑽研更深入的主題了。

習題與解答

appendix

 第一章

1.1 假設有一份經過排序的清單，清單內有 128 個名字，若用二元搜尋法來尋找名字，請問最差情況下需要多少個步驟？

答案 7。

1.2 如果清單的長度增加一倍，最多會需要幾個步驟？

答案 8。

請用 Big O notation 寫出以下情境的執行時間。

1.3 在電話簿中以名字來找出某個人的電話號碼。

答案 O(log n)。

1.4 在電話簿中以電話號碼來找出某個人的名字。(提示：必需將整個電話簿搜過一遍！)

答案 O(n)。

1.5 讀取電話簿內所有人的電話號碼。

答案 O(n)。

1.6　讀取所有名字為 A 開頭的人的電話號碼。(這題是陷阱題！會用到第 4 章才介紹的概念。看了解答後可能會讓你大吃一驚！)

答案 O(n)。你可能會認為：「只需要對 26 個字母的其中一個字母做搜尋，所以執行時間應該是 O(n/26) 才對！」。請記住一個簡單的規則，忽視加、減、乘、除的數字。這些都不是 Big O notation 的執行時間：O(n+26)、O(n-26)、O(n*26)、O(n/26)，這些其實都是 O(n)！如果覺得很好奇，可以先翻閱 4-3 節的「進一步了解 Big O notation 的執行時間」有關常數部份的說明。(常數就是一般數字，本例的常數就是 26)。

第二章

2.1　假設你要寫一個記錄每天花費的記帳程式，到月底時檢視及加總當月的費用。像這樣的情況，插入資料的需求比較多，而讀取的需求較少。你應該選擇陣列還是鏈結串列呢？

1. 雜貨
2. 電影
3. SFBC 會員

答案 由於每天都會新增支出記錄，但每個月讀取支出記錄的次數不多。以陣列的特性而言，其讀取速度快、插入速度慢；而鏈結串列的讀取速度慢，插入速度快。由於此範例的插入比讀取頻率還高，所以選擇鏈結串列較合適。此外，鏈結串列只有在隨機讀取陣列元素時比較慢。此範例因為要讀取每個元素，所以使用鏈結串列在讀取上的表現較佳。

2.2　假設你正在替餐廳開發顧客點餐系統，服務生會持續將新的訂單輸入到系統裡，而廚師則會從系統中取出訂單。這是一個訂單「佇列」(queue)：服務生將新訂單加到佇列的末端，廚師則是從佇列的前端取出第一筆訂單，並進行烹煮。

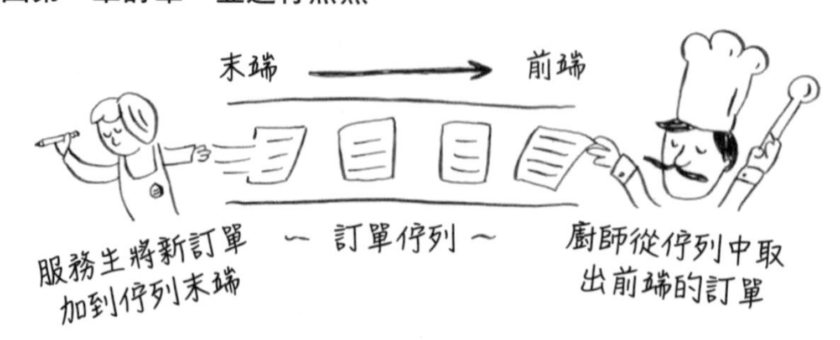

請問你該使用陣列還是鏈結串列來處理訂單佇列呢？(提示：鏈結串列的強項是新增和刪除；而陣列的強項是隨機存取)。這種情況你會採取哪一種資料結構呢？

答案 鏈結串列。因為過程中有許多插入的動作 (服務生新增訂單)，這剛好是鏈結串列的強項，廚師每次只會從佇列中拿取第一張訂單，所以不需要搜尋或是隨機存取 。

2.3 我們來進行一個小小的思考訓練。假設 Facebook 有一份使用者名單，每當有使用者嘗試登入 Facebook 時，就會搜尋該使用者名稱。若在使用者名單中找到該使用者名稱，就能登入 Facebook。登入 Facebook 的人很多，所以會頻繁地搜尋使用者名單。若 Facebook 採用二元搜尋法來搜尋，二元搜尋法需要隨機存取，以確保可以立即從使用者名單的中間開始搜尋。在這樣的前提下，應該選擇陣列還是鏈結串列呢？

答案 使用排序好的陣列。陣列允許隨機存取，可以立即取得陣列的中間元素。用鏈結串列是辦不到的，若要讀取鏈結串列的中間元素，必須從第一個元素開始依序逐一讀取，直到讀取中間的元素。

2.4 Facebook 註冊的人數很多，假如選用陣列來儲存使用者名單，插入新使用者時會遇到哪些問題？還有，如果用二元搜尋法搜尋登入資料，在陣列中新增使用者時會發生什麼事呢？

答案 陣列的插入 (新增) 速度慢，而且若用二元搜尋法搜尋使用者名稱，陣列得先完成排序。假設 Adit B 註冊了 Facebook 帳號，他的使用者名稱會被插入在陣列的末端。所以每次新增使用者時都得重新排序！

2.5 事實上，Facebook 不用陣列也不用鏈結串列來儲存使用者資訊。也許我們可以考慮一個混合的資料結構，假設有一個由 26 個儲存槽組成的陣列，每個儲存槽都指向一個鏈結串列。例如，陣列的第 1 個儲存槽指向一個鏈結串列，這個鏈結串列存放了所有 A 開頭的使用者名稱。第 2 個儲存槽指向存放所有 B 開頭的使用者名稱，依此類推。

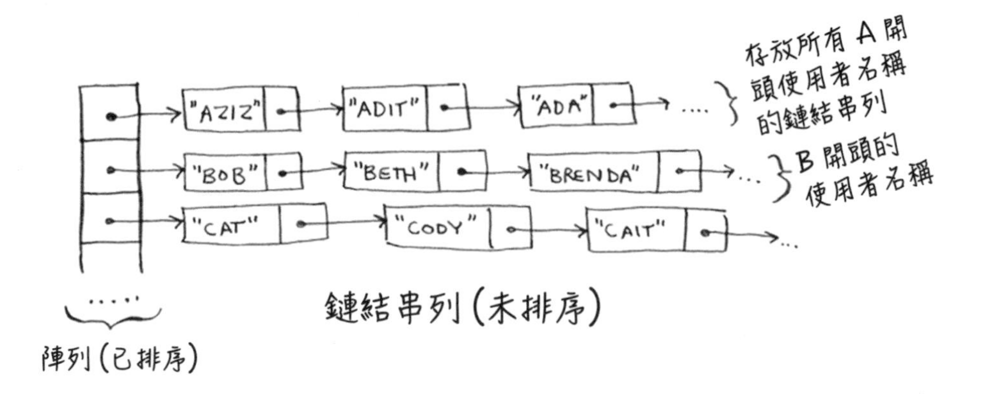

假設 Adit B 註冊了 Facebook 帳號，為了將 Adit B 加入使用者名單。得先到陣列的第 1 個儲存槽，再進入第一個儲存槽所指向的鏈結串列，然後將 Adit B 加到鏈結串列的最後一個位置。若要搜尋 Zakhir H，首先要到陣列的第 26 個儲存槽，這個儲存槽會指向存放 Z 開頭使用者名稱的鏈結串列。接著搜尋這個鏈結串列並找出 Zakhir H。

將這個混和型的資料結構與陣列和鏈結串列做比較。它在搜尋和插入的速度比陣列和鏈結串列快還是慢？這題不需要用 Big O 執行時間，只要回答混合型的資料結構比較快或比較慢即可。

答案 搜尋：比陣列慢、但是比鏈結串列快。插入：比陣列快，但是與鏈結串列的執行時間一樣。換句話說，混和型的資料結構在搜尋時，其速度比陣列慢，但在其他方面比鏈結串列快或是一樣快。我們之後會說明另一種混合型的資料結構 – **雜湊表**。你可以從此範例了解如何從簡易的資料結構建構出較複雜的資料結構。那麼 Facebook 到底使用哪種資料結構呢？實際上可能使用了數十種不同資料結構的資料庫。像是雜湊表、B-樹或其他資料結構。陣列和鏈結串列是建構這些複雜的資料結構的基礎。

第三章

3.1　假設有個如右圖的 Call Stack，請問你從這個 Call Stack 得到什麼資訊？

答案　以下是一些你可能觀察到的訊息：

- greet 函式會先被呼叫，且 name 的值為 maggie。
- 接著，greet 函式會呼叫 greet2 函式，且 name 的值為 maggie。
- 此時，greet 函式尚未執行完畢，處於暫停的狀態。
- 目前的函式呼叫是 greet2。
- 當這個函式呼叫執行完以後，greet 函式會繼續執行。

3.2　假設不小心寫了一個無限循環 (沒有停止點) 的遞迴函式，如前面所說，電腦會為堆疊內的每個函式呼叫分配記憶體。如果遞迴函式不斷執行，最後會變成怎樣？

答案　堆疊會無限地增長。每個程式都會限制堆疊的可用空間，當空間用完時 (終究會達到限制)，程式就會因為**堆疊溢位** (stack overflow) 而停止執行。

第四章

4.1　請撰寫上述 sum 函式的程式碼。

答案

```
def sum(list):
  if list == []:
    return 0
  return list[0] + sum(list[1:])
```

4.2 請寫出一個回傳陣列元素數量的遞迴程式。

答案

```
def count(list):
  if list == []:
     return 0
  return 1 + count(list[1:])
```

4.3 請找出陣列內最大的數字。

答案

```
def max(list):
  if len(list) == 2:
     return list[0] if list[0] > list[1] else list[1]
  sub_max = max(list[1:])
  return list[0] if list[0] > sub_max else sub_max
```

4.4 還記得第一章的二元搜尋法嗎？它也是一個 D&C 的演算法，請列出二元搜尋法的 Base Case 和 Recursive Case。

答案 二元搜尋法的 Base Case：只有一個元素的陣列。若要搜尋的目標元素與陣列內的元素相符，就表示找到目標元素，否則就表示目標元素不在此陣列中。二元搜尋法的 Recursive Case 為：將陣列分成兩半，先將其中一半擱置在旁，並用二元搜尋法搜尋另一半。

請以 Big O notation 描述以下各項操作會耗費多久的時間。

4.5 印出陣列內的所有元素。

答案 O(n)。

4.6 將陣列內所有元素的數值加倍。

答案 O(n)。

4.7 只將陣列內第 1 個元素的數值加倍。

答案 O(1)。

4.8 用陣列內的所有元素組成乘法表。如果陣列為 [2, 3, 7, 8, 10]，那麼你必須將所有元素先乘以 2，再乘以 3，然後乘以 7，依此類推。

答案 $O(n^2)$。

第五章

下列哪些雜湊函式的輸入與輸出都是一致的？

5.1 f(x) = 1 ⟵ 無論傳入什麼，結果都是「1」

答案 結果一致。

5.2 f(x) = rand () ⟵ 每次都回傳隨機的值

答案 結果不一致。

5.3 f(x) = next_empty_slot () ⟵ 回傳雜湊表下一個空儲存槽的索引值

答案 結果不一致。

5.4 f(x) = len(x) ⟵ 以字串的長度當作索引值

答案 結果一致。

假設以下四種雜湊函式都可以處理字串：

A. 不論輸入什麼，都回傳「1」。

B. 以字串的長度當作索引。

C. 以字串的第一個字母當作索引。意思是第一個字母為 a 開頭的所有字串都會被存到同一個儲存槽，依此類推。

D. 將每個字母對應到一個質數，例如：a=2、b=3、c=5、d=7、e=11，依此類推。字串的雜湊函式是「用對應的數字加總除以雜湊表的長度後所得的餘數」作為索引。例如，雜湊表長度為 10，字串為「bag」，其索引就是 (3+2+17)%10 = 22 %10 =2。

※ **編註**：在 Python 中 % 是**求餘數** (remainder) 的運算符號。

請問下列的 3 個範例，使用上述的哪些雜湊函式可以得到最好的分配 (複選) ? 雜湊表的預設大小為 10。

5.5 **以電話簿裡的姓名為「鍵」，電話號碼為「值」。姓名分別為：Esther、Ben、Bob 和 Dan。**

答案 雜湊函式 C 和 D，能提供較好的分配。

5.6 **將電池大小對應到電量。電池大小分別為：A、AA、AAA 和 AAAA。**

答案 雜湊函式 B 和 D，能提供較好的分配。

5.7 **將書名對應到作者。書名分別為：Maus、Fun Home 和 Watchmen。**

答案 雜湊函式 B、C 和 D，能提供較好的分配。

第六章

請用廣度優先搜尋法處理這些圖形，並找出解答。

6.1 **請找出起點和終點的最短路徑。**

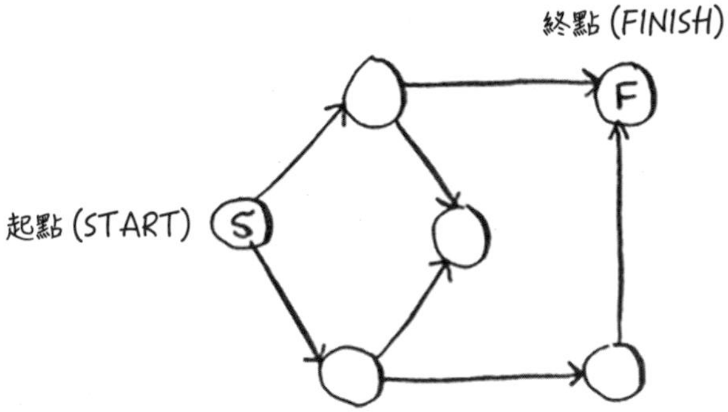

答案 最短路徑的步驟數為 2。

6.2 **請找出從「CAB」到「BAT」的最短路徑。**

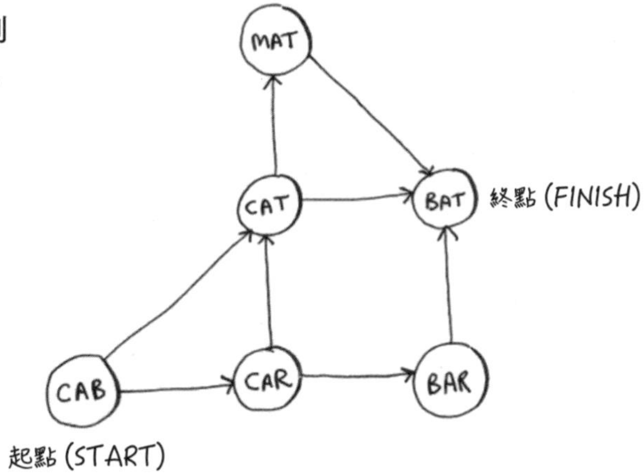

答案 最短路徑的步驟數為 2。

6.3 **以下三種情形，哪些正確？哪些不正確？**

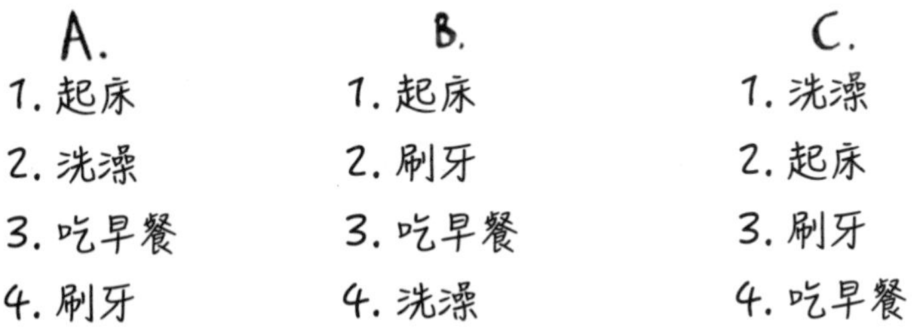

答案 A – 不正確；B – 正確；C – 不正確。

6.4 請為底下這張圖列出一份正確的順序表。

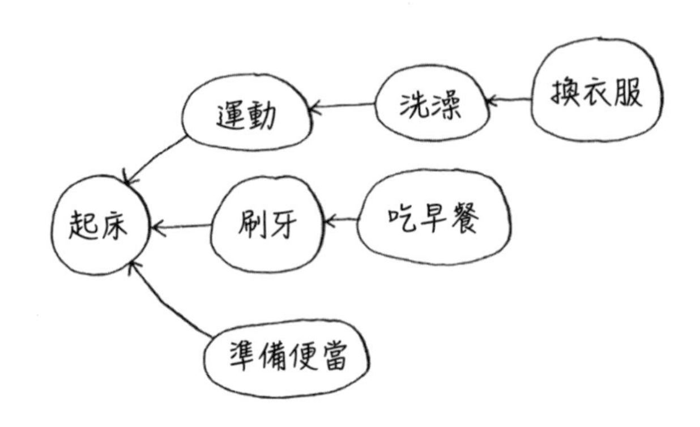

答案 1 － 起床；2 － 運動；3 － 洗澡；4 － 刷牙；5 － 換衣服；6 － 準備便當；7 － 吃早餐。

6.5 以下哪些圖形為「樹」？

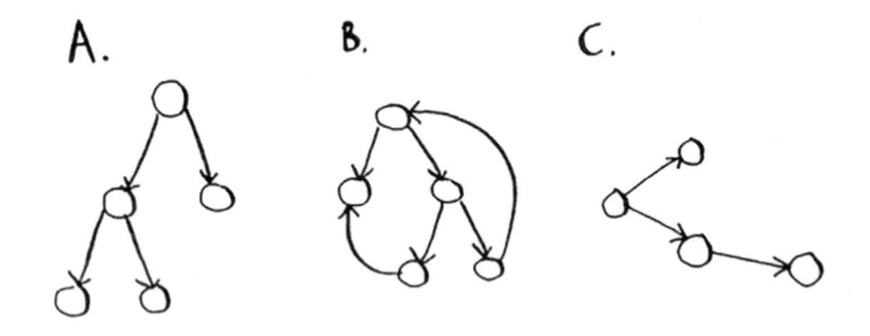

答案 A － 樹；B － 不是樹；C － 樹。

最後一個圖是橫向的樹。樹是一種圖形的子集，所以樹都是圖形，但是圖形不一定是樹。

第七章

7.1 請問，以下各圖形從 START 到 FINISH 最短路徑的權重分別是多少？

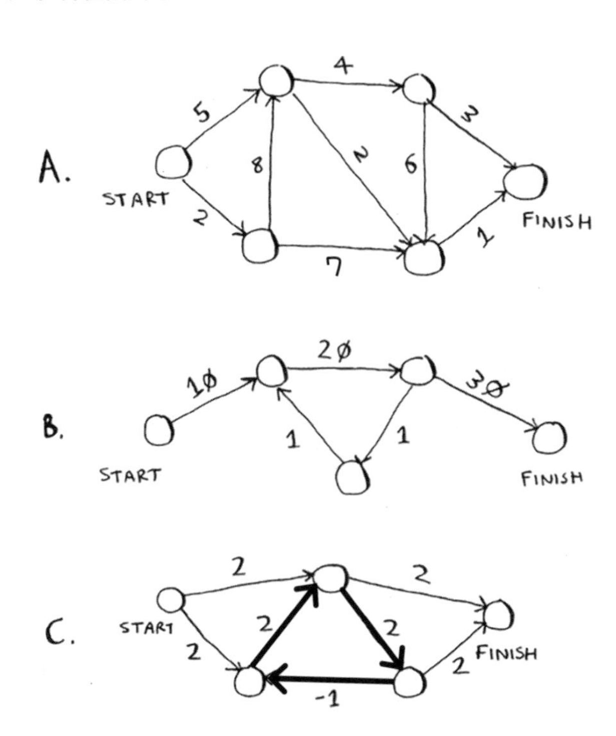

答案 A：8 (5 + 2 + 1)；B：60 (10 + 20 + 30)；C：是陷阱題。

以 C 的圖形而言，其最短路徑是 4 (2 + 2)。讀者一開始看到圖形上有負權重，可能會覺得這個圖形沒有最短路徑 (因為 Dijkstra 演算法不適合用來計算負權重)。但圖形中間有個迴路 (cycle)，雖然邊線上有負值，但是順著迴路走到最後的總權重會是正值。只是每走一次迴路總權重就會變多 (例如，選擇 START 下方的路徑，走一次迴路，總權重為 9；走二次迴路，總權重為 12、…依此類推)，**所以跟著迴路走絕對找不到最短路徑，因為總權重會愈來愈多**。

第八章

8.1 傢具公司的員工必須將傢具運送到全國各地，因此得將一箱箱的貨品搬到貨車上，但是箱子的大小不一，要如何挑選適當的箱子，讓貨車發揮最佳的利用空間呢？請試試用貪婪策略，看能不能得到最佳的解決方案！

答案 貪婪策略的重點在於選擇能放進剩餘空間的最大箱子，並重複這個步驟直到無法再放入箱子，所以貪婪演算法無法替這個範例提供最佳解答。

8.2 到歐洲旅遊時，希望能在七天內盡可能遊覽最多景點。你可以事先替每個景點設定一個數值，數值愈高代表愈想去，並估算預計停留時間。要怎麼做才能在這趟旅程中排入最多想去的景點呢？請利用貪婪策略，看能不能得到最佳的解決方案。

答案 持續挑選最想去且能填滿剩餘時間的景點，直到無法再選擇下個景點為止。貪婪演算法無法替這個範例提供最佳解答。

請問，下列幾種演算法是否為貪婪演算法？

8.3 快速排序法

答案 否。

8.4 廣度優先搜尋

答案 否。

8.5 Dijkstra 演算法

答案 是。

8.6 郵差準備送信到 20 戶人家。他希望找出最短路徑來完成這 20 戶人家的信件遞送。這是 NP-Complete 問題嗎？

答案 是。

8.7 **在一群人裡面找出最大的「朋友圈」(「朋友圈」是指彼此認識的人組成的小圈子)。這是 NP-Complete 問題嗎？**

答案 是。

8.8 **繪製美國地圖時，相鄰的兩個州必須用不同顏色塗滿。如果要用最少的顏色繪製地圖，又要確保相鄰的州以不同顏色標示。這是 NP-Complete 問題嗎？**

答案 是。

第九章

9.1 **假設還有一個重 1 磅、價值 $1,000 的藍牙耳機，該不該偷呢？**

答案 該偷。因為這麼一來就能拿走藍牙耳機、iPhone 和吉他，總價值為 $4,500 元。

9.2 **如果打算揹一個容量 6 磅的背包去露營，可以帶去的物品如右，但是每個物品都有各自的重量以及露營的必備指數，數值愈高代表愈重要。**

請問，哪些是適合帶去露營的最佳組合？

物品	重量	必備指數
水	3 磅	10
書	1 磅	3
食物	2 磅	9
外套	2 磅	5
相機	1 磅	6

答案 應該要帶水、食物和相機。

9.3 **請繪製一個表格，計算 blue 和 clues 的最長共用子字串。**

答案

	C	L	U	E	S
B	0	0	0	0	0
L	0	1	0	0	0
U	0	0	2	0	0
E	0	0	0	3	0

第十章

10.1 上述的 Netflix 例子，使用距離公式計算兩位會員之間的距離。但是並非所有會員對電影的評分方式都一樣。假設 Yogi 和 Pinky 這兩位會員對電影的喜好相同。Yogi 只要覺得好看的電影，每部都評為 5 顆星，但是 Pinky 比較挑剔，只把 5 顆星留給最棒的電影。雖然他們的喜好相似，但以距離公式的結果來看，他們卻未相鄰。請問如何將他們的評分方式納入考量呢？

答案 你可以將資料**正規化** (normalization)。先檢視每個人的平均評分。例如，Pinky 的平均評分為 3，而 Yogi 的平均評分為 3.5。所以將 Pinky 的平均評分往上提高到 3.5 後，就可以在同一個平等的情況下比較兩個人的評分了。

10.2 假設 Netflix 建立了一個「意見領袖」的群組，而 Quentin Tarantino 和 Wes Anderson 是 Netflix 的意見領袖，他們的評分比重比一般會員重要。請問要如何調整推薦系統才能突顯意見領袖的評分重要性呢？

答案 使用 KNN 時，可以加重意見領袖的評分權重。假設有三個相鄰點：Joe、Dave 和 Wes Anderson (意見領袖)。他們給 **Caddyshack (瘋狂高爾夫)** 的評分分別為 3、4 和 5 顆星。由於 Wes Anderson 是意見領袖，所以不依照原本取平均值的方式 (3 + 4 + 5 / 3 = 4 顆星)，而是加重 Wes Anderson 的權重：3 + 4 + 5 + 5 + 5 /5 = 4.4 顆星。

10.3 Netflix 有數百萬會員，前面以 5 位距離最近的會員為例來建立推薦系統，請問這樣的數量太少還是太多？

答案 太少。若只觀察少數的相鄰點，最後可能會出現明顯的偏差。通常如果有 n 個會員，就應該觀察 sqrt(n) 個相鄰點。

白話演算法！

培養程式設計的邏輯思考

白話演算法！

培養程式設計的邏輯思考